金沙江下游梯级水电站施工期水文气象预报技术与实践

程海云　郭彬　官学文　董先勇　周新春　闵要武 等　著

·北京·

内 容 提 要

本书基于2004年以来开展的金沙江下游梯级水电站施工期水文气象预报服务，结合实践服务经验，全面概括归纳了水电站施工期水文气象预报服务的工作内容和关键技术。根据工程施工期对水文气象预报的需求，从涉及的流域暴雨洪水特征及分析、水文信息采集与处理、施工期气象预报、施工期水文预报、防洪应急预报技术与实践等关键技术进行了阐述，对今后类似水电站施工时做好水文气象服务具有参考价值和推广意义。

本书可供防汛抗旱、水文气象、防洪减灾、水利工程规划及施工期建设管理等领域的技术、科研人员和项目管理人员参考。

图书在版编目（CIP）数据

金沙江下游梯级水电站施工期水文气象预报技术与实践 / 程海云等著. -- 北京 : 中国水利水电出版社, 2022.11
ISBN 978-7-5226-1121-1

Ⅰ. ①金… Ⅱ. ①程… Ⅲ. ①金沙江－水力发电站－工程施工－气象预报－研究 Ⅳ. ①TV752.7

中国版本图书馆CIP数据核字(2022)第214342号

书　　名	金沙江下游梯级水电站施工期水文气象预报技术与实践 JINSHA JIANG XIAYOU TIJI SHUIDIANZHAN SHIGONGQI SHUIWEN QIXIANG YUBAO JISHU YU SHIJIAN
作　　者	程海云　郭彬　官学文　董先勇　周新春　闵要武　等　著
出版发行	中国水利水电出版社 （北京市海淀区玉渊潭南路1号D座　100038） 网址：www.waterpub.com.cn E-mail：sales@mwr.gov.cn 电话：(010) 68545888（营销中心）
经　　售	北京科水图书销售有限公司 电话：(010) 68545874、63202643 全国各地新华书店和相关出版物销售网点
排　　版	中国水利水电出版社微机排版中心
印　　刷	北京印匠彩色印刷有限公司
规　　格	184mm×260mm　16开本　15.25印张　371千字
版　　次	2022年11月第1版　2022年11月第1次印刷
定　　价	**128.00**元

前言

长江流域蕴含了丰富的水能资源。为加强流域水资源利用，1990年，长江水利委员会提出了《长江流域综合利用规划要点报告》，并获得国务院批准。该报告规划了长江流域以三峡工程为骨干的一大批控制性水库群，其中金沙江下游按乌东德水电站、白鹤滩水电站、溪洛渡水电站、向家坝水电站四级开发。2002年，乘着西部大开发的东风，为实施西电东送工程，开始了大规模西部水电建设，中国长江三峡集团有限公司（以下简称“三峡集团”）根据国家批复着手金沙江下游梯级水电站的建设工作，其中分溪洛渡、向家坝和乌东德、白鹤滩两个阶段先下后上滚动开发。2003年，三峡集团金沙江开发有限责任公司筹建处[现为中国三峡建工（集团）有限责任公司，以下简称“建工集团”]成立，正式启动梯级建设工作，向家坝、溪洛渡水电站分别于2012年、2013年蓄水发电，乌东德、白鹤滩水电站分别于2020年、2021年蓄水发电。

2004年起，建工集团委托长江水利委员会水文局逐步开展金沙江下游4个梯级水电站的施工期水文预报服务工作，为工程的设计、施工、运行提供技术保障支撑。水文气象监测和预报是保障民生的重要非工程措施，也是保障水电站安全度汛和科学运行的重要技术支撑。在金沙江下游各梯级枢纽工程施工期内开展水文气象监测及预报工作，可以及时地提供可靠的水文情报预报信息，为施工期工程安全度汛、运行期的调度提供科学依据。

水文气象保障服务在金沙江下游梯级水电站建设过程中不断探索、完善，逐步形成了一套成熟的保障技术体系。在金沙江下游梯级水电站开工建设初期，金沙江流域水文气象监测预报技术较为落后，建工集团与长江水利委员会水文局面对金沙江下游梯级水电站施工任务重、难点多的问题，依托水电站建设任务，加速对水文气象监测技术、预报技术、应急调度技术的研究，于2004年编制《金沙江流域梯级水电枢纽工程施工期水文气象保障服务系统建设规划》，完成水文气象预报方案编制、水文气象遥测系统和预报系统的开发规划等工作，并在后续近20年的实践过程中不断深化、完善和实施。

本书为金沙江下游梯级水电站施工期水文气象预报服务实践工作的经验总结和技术提炼，围绕金沙江下游梯级乌东德、白鹤滩、溪洛渡、向家坝等水电站施工期水文气象监测预报关键技术，从水文气象预报的理论依据——流域本身基本暴雨洪水特性等水文基础分析、数据支撑——数据采集处理、技术原理——施工期全周期水文气象预报技术的应用、应急应对——应急技术处理技术四个方面，从做好施工期水电站水文气象预报服务全流程的角度，针对近20年来的水文气象监测预报实践应用中的主要问题和关键点进行阐述，总结金沙江下游梯级施工期水文气象监测预报经验，后续也可为其他水电站开展水文气象服务工作提供参考。

本书由中国三峡建设管理有限公司和长江水利委员会水文局的程海云、郭彬、官学文、董先勇、周新春、闵要武、张继顺、唐从胜、秦蕾蕾、冯宝飞、尹晔、张俊、王汉涛、曾明、师义成、张晓皓、杜泽东、杨雁飞、邢雯慧、王巧丽、张涛、彭万兵、王进、董丽梅、郭卫、訾丽、张莉等共同编写，李玉荣、陈瑜彬、许银山、张潇、秦昊、顾丽、严方家、李洁、陈力、段唯鑫、田逸飞、徐雨妮、葛松华、邹红梅等参与了本书相关的研究工作。

全书分为7章，其中第1章为概述部分，第7章为结语及展望，第2～6章内容如下：

第2章为暴雨洪水特征及分析。该章主要为水文基础分析，对金沙江流域暴雨洪水、历史洪水、设计洪水以及典型洪水组成和遭遇进行研究，是明确流域特性、确定信息采集和预报方法的基础。

第3章为水文信息采集与处理。主要介绍水文信息从前端到用户使用的全过程技术，包括站网布设、信息采集与处理技术信息系统建设和报汛方式，并针对金沙江流域自然地理特性和工程实际需求简述了该项技术的应用和效果。

第4章为施工期气象预报。针对水电站施工期气象预报服务特点及难点，提出了施工期不同时空尺度的气象预报服务技术体系，并通过金沙江下游梯级水电站施工期气象预报服务中的案例说明了实践效果。

第5章为施工期水文预报。针对水电站施工期水文预报的内容及特点，介绍了施工期各阶段洪水预报技术，构建了金沙江下游梯级洪水预报体系，并选择典型实例对金沙江下游梯级水文预报服务效果进行总结评价。

第6章为防洪应急预报技术与实践。根据水电站施工期可能遭遇的应急事件，提出了施工期应急预报调度相关技术，包括上游水库应急拦洪预报调度技术和堰塞湖溃坝洪水监测预报预警技术，并依托实例简述了技术应用流程和效果。

限于编写人员的水平，书中难免存在疏漏和不当之处，敬请广大读者指正。

作 者

2022年8月

目　录

第1章 基本情况概述

1.1 流域概况

1.1.1 自然地理概况

金沙江流域位于我国青藏高原、云贵高原和四川盆地的西部边缘，东经90°23′～104°37′，北纬24°28′～35°46′，跨越青海、西藏、四川、云南、贵州5省（自治区），金沙江源头至宜宾干流全长约3500km，总落差5100m，分别占长江全长的55.5%和干流总落差的95%，流域面积约50万km^2。

金沙江流域地势北高南低，西高东低，逐渐向东南倾斜，跨越青南川西高原、横断山脉、川滇山地及四川盆地等区。流域以山区为主，占全流域总面积的93%。金沙江流域在漫长的地质历史中，地壳活动性强，新构造运动剧烈，使河谷下切，形成典型的深谷河流。“高山峡谷”是其地貌的显著特征。

金沙江源头为唐古拉山脉中段格拉丹东雪山的姜根迪如峰的南侧冰川，汇北侧冰川成为东支支流，与尕恰迪如岗雪山的两条支流汇合后称纳钦曲，为单一的古冰川槽谷；纳钦曲与切美苏曲汇合后称沱沱河，波陇曲汇入后折转东流，至囊极巴拢由南岸汇入当曲后称通天河，干流过玉树巴塘河口始称金沙江。

金沙江干流巴塘河口（通常也以直门达表示）至宜宾全长约2316km，由于水流长期侵蚀切割作用，河谷深切，相对高差最大在2500m以上。干流由直门达至藏曲口后转向南流，与怒江、澜沧江并流，形成著名的“三江并流”景观。穿行至石鼓后成一急转弯流向东北，形成了“万里长江第一湾”，弯道上举世闻名的虎跳峡大峡谷的两岸是玉龙雪山和哈巴雪山，高程达5000余m，峡谷全长17km，落差210m，平均比降1.24‰，是金沙江短距离落差最集中的河段。干流流至三江口，从左岸汇入水洛河，又急转向南流至金江街，从石鼓至金江街是金沙江上最大弯道。金江街以下，干流又折向东流至攀枝花市，两岸岭谷差在1000m左右，河谷较上游宽。在攀枝花水文站下游约15km处，从左岸汇入最大支流雅砻江，河道折向南流，至龙街右岸加入龙川江，河流即折向东北向流，经142km到达金沙江中下游最大险滩老君滩，在滩尾下约1.6km处从右岸汇入普渡河，河流向下流经巧家，经194km在花坪子处右岸汇入牛栏江，再经雷波、永善至新市镇，河流折向东流，经屏山、安边，右岸汇入横江后，再经28.5km到达宜宾。金沙江流至宜宾与左岸岷江汇合后称长江。金沙江干流以石鼓和攀枝花为界，分为上、中、下三段。

直门达—石鼓为金沙江上段，区间流域面积7.65万km^2，河段长约984km，落差约1720m，河道平均比降1.75‰，加入的主要支流左岸有赠曲、巴曲、松麦河，右岸有多曲藏布、热曲。

石鼓—攀枝花为金沙江中段，区间流域面积4.5万km^2，河段长约563.6km，落差约836m，河道平均比降1.48‰，加入的主要支流左岸有右水洛河，右岸有渔泡江。

攀枝花—宜宾为金沙江下段，区间流域面积21.4万km^2，河段长约768.4km，落差约712.6m，河道平均比降0.93‰，加入的主要支流左岸有雅砻江、黑水河、西溪河、美姑河，右岸有龙川江、普渡河、小江、牛栏江、横江。

金沙江干流直门达以下，江面狭窄，弯多流急，险滩密布，巴塘—石鼓416km的河段有大小险滩约150处，平均每2.7km有1处险滩；中江街—宜宾河段险滩集中，仅特等险滩就有19处，甲等险滩有67处，以急、窄、险著称；著名的老君滩长4200m，落差41m，河道平均比降10‰，是常年出现的特等险滩，最大流速达9.7m/s。

金沙江支流大多呈南北向流动，较大支流在通天河河段有当曲、楚玛尔河；直门达以下，左岸有松麦河、水洛河、雅砻江，右岸有龙川江、普渡河、牛栏江、横江等。金沙江最大支流雅砻江发源于青海省巴颜喀拉山南麓，流经高山峡谷，于攀枝花市区汇入金沙江，是典型的峡谷型河流，全长1571km，总落差3870m，流域面积12.86万km^2[1]。

金沙江直门达以下面积大于3000km^2的一级支流有15条，主要支流基本特性见表1.1。

表1.1 金沙江主要支流基本特性表

序号	名称	河段	岸别	流域面积/km^2	河道总长/km	天然落差/m	流域地处省份（自治区）
1	赠曲	上段	左岸	5472	228	1658	四川
2	多曲藏布	上段	右岸	4600	120.5	1623	西藏
3	热曲	上段	右岸	5450	144.7	1668	西藏
4	巴曲	上段	左岸	3183	151	2166	四川
5	松麦河	上段	左岸	12163	251	2750	四川
6	水洛河	中段	左岸	13972	334.6	3084	四川、云南
7	渔泡江	中段	右岸	4058	193	1296	云南
8	雅砻江	下段	左岸	128600	1571	3870	青海、四川、云南
9	龙川江	下段	右岸	9470	260.9	1474	云南
10	普渡河	下段	右岸	11751	379.6	1830	云南
11	小江	下段	右岸	3122	134.4	1479	云南
12	黑水河	下段	左岸	3591	173	1931	四川
13	牛栏江	下段	右岸	13787	423	1725	云南、贵州
14	美姑河	下段	左岸	3183	170	2983	四川
15	横江	下段	右岸	14894	307	2079	云南、贵州、四川

1.1.2 水文气象特性

1.1.2.1 气候特性

1. 气候

金沙江流域南北跨越12个纬度，东西横跨15个经度，地域辽阔，地形地貌十分复杂，高原、盆地、高山、峡谷、丘陵交错相间，形成了复杂多样的气候特征。

金沙江上游地势高亢，远离水汽源地，气候寒冷干燥，雨量稀少，日照时间较长。每年8—9月开始降雪，10月结冰，11月河流封冻至次年5月解冻，多年平均年降水量为213.5～659.3mm，多年平均气温为－5.6～7.8℃，多年平均年蒸发量为1139～1910mm，径流来源以融雪为主。

金沙江中游地处横断山脉地带，地形高差悬殊，地势由北向南倾斜，由于受地形影响，气候在水平和垂直方向差异很大，立体气候明显。冬春季节主要受青藏高原南支西风环流影响，天气晴朗干燥，降雨偏少；夏秋季节西南暖湿气流加强，降雨偏多，强度较大。多年平均年降水量为300～1500mm，多年平均气温为5.6～14.5℃，多年平均年蒸发量为1490～2320mm。

金沙江河谷地区及其支流下段（北纬27°以南）是金沙江干热河谷区，区内地形相对平坦，气温最高，长夏无冬。多年平均气温为10.1～21.7℃，其中河谷区最高极端气温可达42.7℃，多年平均年降水量为560～1310mm，多年平均年蒸发量为1530～3840mm。

金沙江下游属亚热带季风气候区，区内干湿季节分明，高程影响的垂直变化及纬度影响的南北变化较大。区内多年平均气温均在10℃以上，谷底气温较高，如元谋、华弹等地，极端最高气温可达41℃以上，最低气温一般高于－1℃。

2. 降水

金沙江流域地形复杂，降水在地区分布上很不均匀。从多年平均年降水量等值线图可以得出，在金沙江上中游约有30万km^2的地区，年降水均值小于800mm，其中小于400mm的干旱地区约7万km^2，是长江流域降水量最小的地区。如果按照降水大小划分地带，金沙江上游地区约7万km^2小于400mm属半干旱带，其余大部分地区为800～1600mm，属湿润带，小部分地区为400～800mm，属半湿润带。

金沙江流域降水量的总体分布是自西北向东南递增，接近源头的楚玛尔河多年平均年降水量为239mm，出口处宜宾站多年平均年降水量为1154.9mm（增加了3.83倍）。但由于地形、地势及天气系统等因素的差别，降水量存在地区差别大、地形影响明显、年内分配不均等特点。年内降水主要集中在汛期6—10月，5个月的降水量一般占年降水量的75％～85％，最高的达91％（楚玛尔河），最低的为63％（维西）。汛期降雨又主要集中在6—9月，尤以7月、8月的雨量最大。金沙江流域地域辽阔，地形复杂，降水高值区和低值区的年际变化较小且相差不明显。

3. 蒸发

流域内有两个年水面蒸发量（E_{601}）超过2000mm的高值区，一个高值区在丽江、宁蒗、盐源、普格、会理、会东、宁南、宣威一线以南地区，其中元谋高达3927mm；另一个高值区在乡城一带，乡城年蒸发量2314mm。年蒸发量的低值区在昭觉、金阳、雷波、大关、盐津—宜宾一带，一般在1600mm以下，最小的宜宾仅933mm，流域内其他各站为1600～2000mm。年蒸发量的年内分配，夏半年大于冬半年，一般以5月为最大，11月或12月为最小。水面蒸发量与气温有密切关系，气温高，蒸发量大，反之则小。

4. 其他气象要素

（1）风。流域内多年平均风速一般不超过4.0m/s，其中以沱沱河站4.2m/s为最大，玉树站1.0m/s为最小。冬半年平均风速比夏半年大，一般也不超过5m/s。历年最大风速一般在20.0m/s左右，道孚、甘洛、德昌、宁南、太华山、汤丹、落雪、大理、攀枝花等站达30～40m/s，虎跳峡峡谷内的穿堂风，最大瞬时风速已超过40m/s。最大风速大都带偏北的风向。除屏山、清水河、太华山、华坪等少数站外，最大风速均出现在冬半年。全年最多风向为偏南和偏北两大类。大风日数在全长江流域中最多，且具有自上而下、由西北向东南递减的趋势。金沙江聂恰曲入汇口以上、雅砻江阿干贡马以上及甘孜附近地区，大风日数均超过了75d，且有70%超过100d。金沙江聂恰曲入汇口—雄松、水洛河水洛以上、雅砻江阿干贡马—洼里区间的大风日数为50～75d，金沙江雄松、水洛河水洛、雅砻江洼里以下至金沙江大兴区间，大风日数为10～50d，大兴以下大部分地区小于5d。

（2）湿度。年平均相对湿度一般是东部和东南部高于中部和北部，下游高于上游，雅砻江高于金沙江的川滇峡谷区。全流域以得荣的45%为最小，以呈贡的86%为最高，其余多为60%～80%。一年中7—10月湿度最大，1—4月最小。最小相对湿度，除少数站外均在5%以下，其中以上游地区较为突出。湿度与气温及地势高低关系较大，东川与落雪、太华与昆明、得荣与德钦，相对湿度往往相差20%左右。

（3）霜冻。金沙江流域年霜冻日数以班玛、阿坝、色达、壤塘地区最高，均在200d以上；以牟定、姚安、元谋地区和横江汇口以下地区最低，均小于5d。雅砻江中上游为年平均霜日数最多地区，长达100d以上，而金沙江干流区间为霜日最少的地区，不足10d，其中宜宾为3.3d。

（4）雾。金沙江流域年雾日数的分布中，有两个年雾日数超过了50d的高值区和三个年雾日数小于1d的低值区。两个高值区为雷波、绥江地区和威宁—六盘水区间。三个低值区为：①玉树附近地区；②金安桥坝址—乌东德坝址区间，包括雅砻江流域内的九龙、冕宁、西昌、德昌等地区在内的地区；③炉霍、道孚地区。

1.1.2.2 水文特性

金沙江流域广阔，支流众多，河川径流比较丰富且稳定，多年平均年径流量达1498亿m^3，构成长江干流比较稳定的基本流量。

金沙江水系径流分布情势与降水分布相应，具有中下段径流增长较快、山地降水大于河谷、地带性水平分布和局部地区垂直分布相互交织的特点。下游河段两侧山地年降水量约为900～1300mm，相应径流深为500～900mm，特别是大凉山地区年降水量高达1500mm以上，径流深达1200～1400mm。中上游属高山峡谷区，降水和径流垂直分布明显，两岸山地年降水量为600～800mm，径流深为400～700mm，而河谷地区年降水量仅400～600mm，径流深仅200～400mm，其中白玉—塔城、金江街—龙街段年径流最小，仅有150～200mm。

金沙江降雨径流主要来源于石鼓以下及支流雅砻江。石鼓以上河段属于横断山区，流域狭窄且又位于金沙江纵向河谷少雨区，降水量在600mm以下，两岸无较大支流汇入，石鼓以上多年平均年径流量为435亿m^3，石鼓站多年平均流量约1380m^3/s，金沙江上段径流量约只占金沙江总来水量的27%，在中段由于降水量增大，又有最大支流雅砻江汇入，河川径流倍增，龙街多年平均流量为3760m^3/s，至金沙江出口控制站屏山站多年平均流量达4610m^3/s。多年平均年径流量金沙江中游控制站攀枝花站约572亿m^3，雅砻江小得石站约524亿m^3，两者几乎相当，屏山站多年平均年径流量约占长江宜昌以上总径流量的1/3。金沙江实测年最大径流量：屏山站为1971亿m^3（1998年）、攀枝花站为763亿m^3（1998年）、石鼓站为564亿m^3（1954年）。

金沙江的径流和降雨都集中在汛期6—10月，屏山、攀枝花、石鼓、小得石等站6—10月径流量均约占其全年径流总量的75%；7—9月更为集中，上述各站7—9月径流量约占全年径流总量的55%。

金沙江是长江泥沙的主要来源之一。在金沙江梯级水电站建设前，屏山站多年平均年输沙量约2.55亿t，约为宜昌站多年平均年输沙量5.21亿t（1950—1989年）的49%。金沙江输沙量同样主要集中在汛期6—10月，约占全年沙量的96%，约80%集中在7—9月。金沙江由于谷深坡陡，断裂发育、岩层破碎，地面松散固体物质多，崩塌、滑坡等现象极为常见。历史上多次发生崩坍堵江现象，如1880年巧家县石膏地垮山、1935年会理县鲁车山崩、2018年白格滑坡等，因堰塞体造成的堰塞湖溃决对两岸危害较大。

1.1.3 主要水文测站

金沙江干支流上先后设立的国家基本水文站、水位站及专用站共130多个，现继续存在的有97个。其中干流现有基本水文站10个、基本水位站5个，支流上现有水文站72个、水位站10个。金沙江干流主要水文测站基本情况见表1.2。

表1.2 金沙江干流主要水文测站基本情况表

站名	控制集水面积/万km^2	至宜宾的距离/km	水位实测系列	流量实测系列	泥沙实测系列
直门达	13.7732	2316	1956年7月至今	1956年7月至今	1957年、1959年至1961年7月、1963年至今
岗托	14.9072	2055	1956年6月至今	1956年6月至1961年2月、1966—1968年、1971年4月至今	1956年6月至1961年2月
巴塘	18.0055	1756	1953年至1956年3月、1959年4月至今	1953年至1956年3月、1959年4月至1968年、1971年至1989年4月、1992年至今	1963年5月至1965年12月、1966年6月至1968年3月、1971年5月至1989年4月、1997年至今
奔子栏	20.3320	1529	1959年11月至今	1966年5月至1968年3月、1985—1989年、1990年至今	

续表

站名	控制集水面积/万 km^2	至宜宾的距离/km	水位实测系列	流量实测系列	泥沙实测系列
石鼓	21.4184	1332	1939年2月至1948年、1953年4月至今	1953年4月至1968年、1971年4月至1984年5月、1985年1月至今	1958年1月至1968年12月、1971年1月至今
金江街（中江）	24.4489	955	1939年3月至1948年、1957年5月至今	1965年10月至1967年1月、1985—1987年、1988年至今	
攀枝花	25.9177	782	1965年5月至今	1965年6月至今	1966年1月至1968年12月、1970年1月至今
三堆子	38.8571	768	1958年1月至今	2006年6月至今	
龙街			1939—1945年、1953年至今	1953年至1973年12月	
乌东德	40.6184		2003年8月至今	2003年8月至今	2003年8月至今
华弹（巧家）	42.5948	423	1939年4月至1949年9月、1951年12月至今	1939年4月至1944年12月、1952年6月至2015年6月	1958年1月至2015年6月
白鹤滩	43.0308		2014年5月至今	2014年5月至今	2014年5月至今
屏山	45.8592	59.4	1939年至今	1939年8月至1948年5月、1950年7月至2012年6月	1956年1月起，2012年6月迁右岸，变更为水位站
向家坝	45.8800		2012年6月至今	2012年6月至今	2012年6月至今

金沙江下段干流主要水文测站有攀枝花、三堆子、乌东德、华弹（巧家）、白鹤滩（六城）、屏山（二）、向家坝等站。

1. 攀枝花水文站

攀枝花水文站位于四川省攀枝花市。1965年5月设立为渡口水文站。1975年7月测流断面下迁60m，改为电动缆道岸上操作。1987年3月更名为攀枝花站，1988年1月基本水尺断面下迁60m，与测流断面一致，称攀枝花（二）站，观测至今。

2. 三堆子水文（位）站

三堆子水位站于1958年设立，控制集水面积38.8571万km^2。1967年6月下迁3km左右，称三堆子（二）站。2004年4月1日，三堆子（二）站基本水尺断面上迁50m，更名为三堆子（三）站。2006年6月增加流量测验，2008年，基本水尺断面与测流断面重合，更名为三堆子（四）站。

3. 乌东德水文站

乌东德水文站为金沙江干流上游的基本站，位于云南省禄劝县乌东德镇，集水面积为40.6184万km^2。乌东德水文站于2003年3月查勘建站，2003年8月投入运行。初为乌东德水电站专用站，2005年变更为国家基本站。考虑到工程截流影响，2015年下迁7.5km至乌东德电站坝下，改为乌东德（二）站，2014年汛期开始与乌东德老水文站比测运行，2015年汛期正式投入运行。目前观测的项目有水位、流量、单样含沙量、悬移质输沙率、悬移质颗粒分析、降水量等。

4. 华弹（巧家）水文站

华弹（巧家）水文站位于四川省宁南县华弹乡。该站于1939年4月在云南省巧家县新华乡设立水位站，1949年停测，1951年11月恢复，1952年5月改为水文站，1957年上迁2km，1975年10月在基本断面上游120m的左岸新设立基本水尺进行水位比测，1977年1月1日基本水尺断面正式迁往左岸新断面，并改名为华弹站，观测至2015年6月后变更为水位站。

5. 白鹤滩（六城）水文站

白鹤滩（六城）水文站位于白鹤滩水电站坝址上游左岸约6km处，1997年建成并投入使用，隶属成都勘测设计研究院，测验项目有水位、流量、降水、泥沙、水温。自白鹤滩2020年年底进行导流洞下闸封堵后，因测验条件改变，停止流量报汛。

6. 白鹤滩水文站

白鹤滩水文站为金沙江干流下游的基本站，位于云南省巧家县，集水面积为43.0308万km^2，是为控制普渡河、小江、以礼河、黑水河等支流汇入金沙江后的水情，供流域规划、金沙江下游水资源开发、水文分析及水情预报的要求以及为国民经济建设的需要而收集水文资料的基本水文站。2014年4月设立水文站，为华弹水文站迁建至白鹤滩水电站坝下4.5km并改名为白鹤滩水文站，隶属于长江水利委员会水文局（以下简称长江委水文局）。目前观测的项目有水位、水温、流量、单样含沙量、悬移质输沙率、悬移质颗粒分析、降水量、蒸发量等。

7. 屏山（二）水文站

屏山水文站位于岷江入汇口上游59.5km的四川省屏山县。该站于1939年8月原设立于县城小南门外的燕耳崖，1948年6月以后流量停测。1950年7月恢复测流，1953年5月基本水尺及测流断面下迁5km至高石梯。1986年1月至1987年1月基本水尺断面上迁5km回到燕耳崖，改名为屏山（二）站，1987年1月后又下迁5km回到高石梯，仍名为屏山站，观测至2012年6月后改为水位站。

8. 向家坝水文站

因受向家坝蓄水影响，屏山站于2012年下移至向家坝水库坝下约2km处，变更为向家坝水文站。向家坝水文站集水面积为45.8800万km^2，下游约1km处为横江与金沙江汇合口，距离河口约2.9km，测验河段顺直，断面呈U形，河床由乱石夹沙和岩石组成，右岸是混凝土堤防，左岸是混凝土护坡，岷江、横江中高水对断面有顶托现象。

1.2 金沙江下游梯级概况

1.2.1 水电开发工程概况

金沙江是我国重要的水电规划基地。根据《长江流域综合规划（2012—2030年）》，金沙江上游规划“一库十三级”开发方案，总装机容量12040MW；金沙江中游规划“一库八级”方案，总装机容量14545MW；金沙江干流下段规划建设的4个梯级，总装机容量41700MW。金沙江流域已建（含在建）主要水电站分布如图1.1所示。

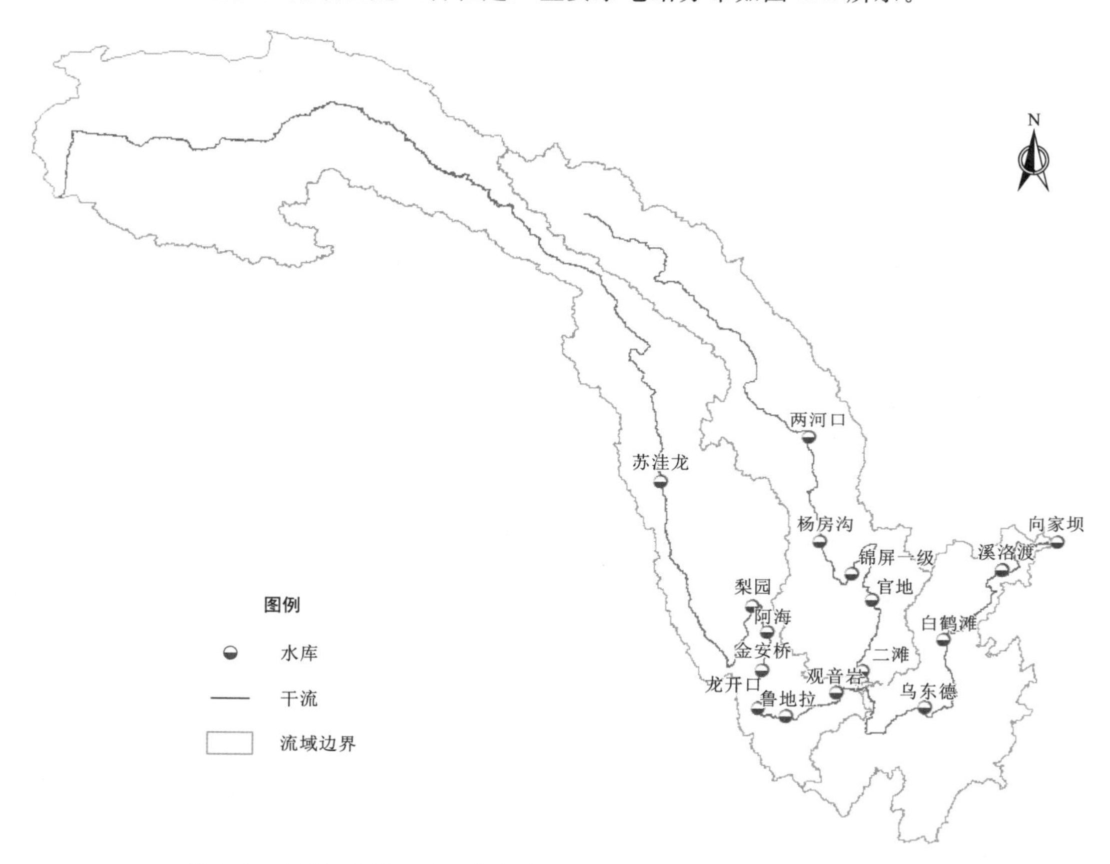

图1.1 金沙江流域已建（含在建）主要水电站分布图（截至2021年）

金沙江干流下段4个梯级分别为乌东德、白鹤滩、溪洛渡、向家坝水电站，采用自下而上开发的顺序。溪洛渡水电站于2004年率先开工，接着向家坝开始建设，分别于2013年、2012年首台机组发电；乌东德水电站于2015年开工，2020年首台机组发电；白鹤滩水电站于2017年最后开工建设，2021年首台机组发电。金沙江下游4个梯级具体介绍如下。

1. 乌东德水电站

乌东德工程为金沙江干流下段首级枢纽，控制集水面积406142km^2，是一座以发电为主、兼顾防洪的特大型水电站。电站建成后可发展库区航运，具有改善下游河段通航条件和拦沙等作用，正常蓄水位 975m，汛限水位 952m，相应防洪库容 24.4 亿 m^3，死水位 945m，调节库容 30.2 亿 m^3，具有季调节性能。电站装机容量为 10200MW，设计多年平均发电量为 389.1 亿 kW·h/376.9 亿 kW·h（考虑龙盘/不考虑龙盘）。

乌东德水电站于 2015 年 4 月实现大江截流，2015 年 12 月正式开工建设，2016 年第一季度开始基坑开挖，第四季度开始大坝混凝土浇筑，2020 年 6 月底首台机组投产发电，2021 年 6 月全部机组投产发电。

2. 白鹤滩水电站

白鹤滩工程为金沙江干流下段第 2 级枢纽，控制集水面积 430308km^2，是一座以发电为主、兼顾防洪的千万千瓦级巨型电站，工程建成后还有拦沙、发展库区航运和改善下游通航条件等综合利用效益，是“西电东送”的骨干电源点之一。水库正常蓄水位 825m，汛期限制水位 785m，防洪库容 75.0 亿 m^3，死水位 765m，死库容 85.70 亿 m^3，调节库容 104.36 亿 m^3，具有年调节能力。电站总装机容量为 16000MW，多年平均发电量为 610.94 亿 kW·h/624.43 亿 kW·h（龙盘投入前/龙盘投入后）。白鹤滩水电站于 2014 年 11 月导流洞过流，2015 年 11 月实现大江截流，2016 年 6 月围堰投入运行，2017 年 3 月大坝主体混凝土浇筑，2021 年 6 月底首批机组投产发电，2022 年 7 月全部机组将投产发电。

3. 溪洛渡水电站

溪洛渡工程为金沙江干流下段第 3 级枢纽，控制集水面积 454373km^2，占金沙江流域面积的 96%，是一座以发电为主，兼顾拦沙、防洪等综合效益的巨型水电站，并为下游电站进行梯级补偿。水库正常蓄水位 600m，总库容 129.14 亿 m^3，其中死库容 51.1 亿 m^3，调节库容 64.6 亿 m^3，防洪库容 46.5 亿 m^3，具有不完全调节能力。电站装机容量 13860MW，远期多年平均发电量 619.9 亿 kW·h。

溪洛渡水电站于 2005 年年底正式开工，2007 年 11 月实现大江截流，2013 年 5 月初期蓄水完成，2013 年 7 月首批机组发电，2014 年 6 月底 18 台机组全面投产发电。

4. 向家坝水电站

向家坝工程为金沙江干流下段第 4 级枢纽，控制流域面积 458821km^2，占金沙江流域面积的 97%。向家坝水电站是一座以发电为主，兼有航运、灌溉、拦沙和防洪等综合效益的特大型电站，并具备为上游梯级电站进行反调节的作用。向家坝水电站正常蓄水位 380m，汛限水位 370m，死水位 370m，总库容 51.85 亿 m^3，调节库容 9.03 亿 m^3，为不完全季调节水库。电站装机容量 6400MW，远期多年平均发电量 308.8 亿 kW·h。

向家坝水电站于 2006 年 11 月开工建设，2008 年 12 月实现大江截流，2012 年 10 月初期蓄水完成，2012 年 11 月首台机组投产发电，2014 年 7 月 7 日 8 台机组全面投产发电；2018 年 5 月升船机正式试通航。

溪洛渡、向家坝主体建设周期内（2004—2014 年），金沙江中游梯级（梨园、阿海、金安桥、龙开口、鲁地拉、观音岩）、雅砻江梯级（锦屏、官地、桐子林）也在同步建设。乌东德、白鹤滩主体建设周期内（2015—2021 年），金沙江中游、雅砻江主要水库已正式投入运行，且距离乌东德、白鹤滩传播时间较短，上游水库拦洪、调峰、泄洪改变了天然洪水的传播规律，对乌东德、白鹤滩短期水文预报影响较大，传统洪水预报方法的适用性面临挑战，因此，研究水库影响下的洪水预报方法意义重大。预报员通过开展此类预报工作，积累实践经验，可显著提升预报精度。

1.2.2 金沙江下游梯级防洪作用

金沙江下游乌东德、白鹤滩、溪洛渡和向家坝四座梯级水库是长江流域保护与治理开发的骨干工程，工程开发任务是以发电为主，兼顾防洪、航运和促进地方经济社会发展。金沙江下游梯级水库总调节库容208.21亿m^3，预留防洪库容154.93亿m^3，装机容量46460MW，保证出力16140MW，多年平均发电量约1878.7亿kW·h，不仅是“西电东送”的骨干电源，也是长江上游“一个核心、一组骨干和五大群组”防洪体系的骨干工程，在防洪、发电、航运、生态、枯期补水等方面发挥了巨大的综合效益。根据长江防洪总体安排，金沙江下游梯级水库不仅承担提高川渝河段防洪标准的任务，还承担配合三峡水库对长江中下游防洪的任务[2]。

1.3 施工期水文气象监测预报概述

1.3.1 水文气象监测预报的必要性

（1）水文监测预报是保障梯级水电站施工安全的需要。在梯级枢纽工程施工过程中，水文气象保障服务是保障施工安全不可或缺的重要环节，也是保障工程后期运行安全的重要非工程措施。在梯级枢纽工程施工期内开展水文气象监测预报工作，可以及时地提供可靠的水文气象情报预报信息，为施工期工程安全度汛、应急响应和决策提供科学依据，减少洪水对工程施工造成的破坏和影响，同时保障工程的施工进程。

（2）水文监测预报是保障水电站运行期调度方式优化和综合效益发挥的重要前提。在工程完成初期蓄水并转入运行期后，大坝上下游河道洪水传播特性和局地气候将发生改变，流域产汇流规律变化，水文预报作为水库调度的重要支撑，其结果可靠与否、预见期长度很大程度上决定了水电站运行管理的综合效益。因此，从建设初期开始开展水文监测及水文气象预报工作，可逐步积累水文气象长系列观测资料，熟知流域暴雨洪水规律，构建较成熟的预报体系和方案，积累预报经验，为水电站运行期管理和调度方式优化提供重要前提支撑。

（3）水文监测预报是提升流域内水旱灾害防御和水资源综合利用水平的重要举措。金沙江下游流域受自然地理条件影响，水文气象条件复杂，同时由于前期水文站网基础建设相对落后，流域内站网稀疏、资料积累年限较短，诸多原因造成开展水文观测及预报较为困难。结合梯级开发建设，加快、加密流域站网建设，可更好地为流域内开展水资源综合利用、水旱灾害防御等工作提供支撑。

1.3.2 施工期水文气象监测预报服务内容及要点

水文气象监测预报工作采用“规划先行、精准施策、现场值守”的原则开展。

1. 规划先行

根据金沙江流域特性和下游梯级水电站建设、运行的先后时序，为充分利用现有资源、避免重复建设、便于协调管理，将施工期水文气象保障服务系统建设总体原则确定为“统一规划，分期实施”。从水雨情站网、水文气象信息采集和处理、监测预报及服务系统、水文气象预报、现场服务体系等方面进行统一规划，作为金沙江流域乌东德、白鹤滩、溪洛渡、向家坝水电枢纽工程施工期水文气象保障服务系统设计、建设、运行、管理的依据。

2. 精准施策

梯级水电站作为涉水工程，其施工期不同阶段的安全性均需水文气象监测预报支撑。水文气象预报采用“常态＋精准”的模式，在日常提供常态化水文气象预报，支撑施工现场的常规水情、气象实况及预报信息的报送传达，根据施工单位的需求，定制化开展水情气象保障服务工作，精准提供所需点位的实况预报信息、编写分析材料供决策参考。同时，也根据施工期的不同阶段（如截流期、围堰挡水期等），及时调整站网布设情况和水文气象服务内容，达到全面满足现场施工需求、全力保障施工安全的目的。

3. 现场值守

为快速响应施工现场的水情需求，及时了解施工进度、提前调整部署水情服务内容，施工期水电站水情服务采用现场驻点值守的方式。现场配置技术力量强大的专业管理队伍，并选择专业对口、具有相应资质条件、有类似大型工程施工专项服务经验的单位承担专项委托服务和技术保障工作。现场成立水文气象中心，按现场工程建设部的部门类别划归相应部门进行管理。制定完善可行的服务流程、预报预警流程及各项配套制度，对水文气象测报及预报工作和现场人员实施全面管理，保障成果的准确性及时效性，并提供全方位的水文气象技术咨询服务。

1.3.3 水文气象监测预报技术服务体系

1. 水文气象监测

金沙江流域原有水文气象站网密度偏稀，原因主要有：①山高地僻，建站条件差且报汛条件有限；②仅有主要针对长江防洪单一需求而建设的控制站，水电建设未全面启动，需求不强；③地方上也仅有一些针对一般需求而建设的气象监测站。为满足金沙江流域各梯级枢纽工程施工的要求，以现有国家和地方的基本水文气象站网为基础，在考虑交通、通信条件、便于维护管理前提下，对施工期水文气象站网进行科学论证和布设，并对不具备报汛条件的测站进行适当改造，其中水文站网需按坝址来水预报预见期和坝址水文流量监测要求布设流域、坝（库）区水文（位）站，气象站网主要依托于省、市、地方气象部门监测成果在施工区布设气象站网，按照施工区气候、地理条件选择适宜的仪器进行水文气象要素监测。

2. 水文气象预报

施工期水文气象预报分为短期、中期和长期预报，其中，短期以定量的过程预报为主且精度较高，现场每日滚动开展；中期和长期预报以趋势预报为主，现场按年、季、月、旬定期或不定期（按需）开展。在施工现场服务时，采用短期、中期、长期融合实时制作及发布预报成果，并按施工期现场度汛要求设计预警发布流程，按流程做好预警信息发布。

施工期气象预报包括施工区天气预报和流域面雨量定量预报，预报要素不同、预报时间尺度不同，所采用的技术方法各异。施工区短期天气预报服务于施工现场，以雷达监测为主要手段，以短时大风、暴雨为主要预报对象，结合卫星云图、天气动力学模型进行天气预报；流域面雨量预报作为水文预报的降雨输入，根据水文预报方案对流域进行合理分区，综合应用数值预报、天气学指标、天气雷达和卫星云图等手段形成流域面雨量预报模式。

施工期水文预报需要编制短期、中长期水情预报方案。其中，施工期短期水情预报方案包括河系预报、坝区来水预报和坝区重要部位水位预报，以及根据河道水系拓扑结构形成洪水预报体系。为满足防汛和施工安全对水文预报的预见期和精度的要求，需要采用多模型、多方案综合会商等手段或方式开展预报工作。

3. 自动测报系统、预报服务系统建设

为了保证梯级枢纽施工期及时掌握流域内气象变化和各枢纽下泄流量及各区间的水雨情信息，为工程施工、安全度汛、水库防洪、运行提供科学依据，在金沙江下游梯级施工期前期建设了水文气象自动测报系统和预报服务系统，并在使用过程中逐步更新完善。

（1）自动测报系统。金沙江下游自动测报系统由遥测站网、水情信息采集传输系统和中心站数据接收处理系统组成。遥测站网分为中心站、遥测站运行维护分中心站和遥测站三个部分，中心站主要设在三峡梯调中心和水电站现场。当在溪洛渡开展现场服务时，中心站设在溪洛渡，当溪洛渡完成建设、乌东德水电站开工进场后，中心站迁移至乌东德；分中心站依托长江委水文局、地方水文部门现有分中心站建设；水情信息采集传输系统是根据流域的通信资源条件选择数据传输方式。现场配备两套数据库储存监测数据，并对测报系统中包含的站点每月统计数据畅通率。

（2）预报服务系统。预报服务系统包括水情数据预处理、水雨情信息查询、预报模型（方法）指定、作业预报计算、考虑预见期降雨的预报计算、调度方案比较、水文预报成果交互式分析和预报精度评定等功能，集成了构建的水文气象预报方法，提供较准确的短期、中期、长期和临近天气预报，流域分区面雨量预报，实现各坝址上游来水的短期、中期、长期水文预报，提供满足各枢纽施工期和运行期对水情信息的短期、中期、长期水文预报成果，建立满足施工要求以及为今后电站运行服务的交互式水文气象预报系统。

第2章 暴雨洪水特征及分析

暴雨洪水分析是揭示流域水文特征的重要基础成果，也可为流域防洪、区域内水工程设计和建设提供重要依据。通过分析流域暴雨洪水特性，可明确流域暴雨时空变化特征和流域内洪水的基本变化规律；分析历史出现的洪水过程、计算电站的设计洪水，可为电站大坝参数确定提供直接的调算依据；分析洪水组成和洪水遭遇程度，可进一步从实际径流的角度分析对流域防洪不利的情况，支撑水电站优化设计和施工、运行期间的安全保障。

2.1 暴雨洪水特征

2.1.1 暴雨特征

金沙江暴雨的时空分布极不均匀[3-5]。上段及雅砻江上游基本属无暴雨区，暴雨主要分布在中下游及雅砻江下游。流域内暴雨一般出现在6—10月，其中以7—9月居多，中下游在此期间出现暴雨的频率在80%以上。金沙江流域从5月开始受西南或东南季风影响，暖湿气流不断输入该流域，降雨逐渐增多，一般雨季开始时间上游早于下游，雨区也自上游向下游移动发展。金沙江中上游、雅砻江上游基本无大暴雨（日降雨量为100～200mm），流域其余地区年大暴雨日数小于0.5d。金沙江石鼓以下，5月才有暴雨；雅砻江中游只有7月、8月才有暴雨出现。金沙江岗托、雅砻江甘孜以北地区，地处青藏高原，气候严寒，不仅无暴雨（日降雨量超过50mm）发生，日降雨量25mm以上也很少出现。根据多年实测资料统计，该区域平均最大日降雨量23mm，是金沙江流域的少雨区。金沙江岗托以南至奔子栏、雅砻江甘孜以南至洼里区间，海拔高程递减，气温渐增，但地处横断山山区，受崇山峻岭阻隔，西南暖湿气流很难到达，实测最大日雨量均值为25～35mm，很少出现大于或等于50mm的降雨，基本属无暴雨区。

流域内的暴雨强度和暴雨量从上游向下游逐步增加。由于暴雨主要发生在金沙江奔子栏、雅砻江洼里以南地区，该地区高程相对较低，河谷多南北向，有利于来自孟加拉湾的西南暖湿气流入侵，年降水量及时段降雨量都有较大增加，汛期时有暴雨发生。金沙江上游地区最大24h点雨量不足100mm，中游地区不足250mm，雅砻江下段安宁河、金沙江下游普渡河、牛栏江、横江等支流曾出现250mm以上的点暴雨。中段石鼓站实测最大日降水量80余mm，实测最大雨强35mm/h；下段安宁河中心实测最大日降水量达236mm；其他已超过200mm的还有宁蒗站（227.8mm）、屏山站（214.5mm）、龙海站（208.7mm）和三堆子站（203mm）。

金沙江流域暴雨多为两次以上的连阴雨天气形成，一次暴雨过程的历时上游约为 1～3d，中下游约为 3～6d。由于地形影响，上游、中游、下游的暴雨强度悬殊较大，其中，北纬 30°以北的青藏高原区降雨量小且强度不大，极少出现暴雨，最大 1d 降雨量不足 100mm；北纬 30°以南的横断山纵谷区和云贵高原区，平均海拔高程约 2600mm，夏季盛行西南、东南暖湿气流，降雨量和强度都明显大于上游，最大 1d 降雨量多达 100～200mm。

金沙江流域局部地区降雨不会形成出口断面的大洪水。形成大洪水的降雨，一般都有两个天气成因不同的雨区：一个是高原雨区，另一个是中下游雨区。高原雨区具有强度小、历时长、降雨面广、雨区多呈纬向带状分布的特点，且区内地势平坦，河道坡度小，汇流时间长，造成上游洪水平缓、量大、历时长，对下游洪水起垫底作用。中下游雨区具有雨强大、历时短、暴雨呈多中心分布的特点，中心范围多在石鼓—金江街、雅砻江下游和牛栏江一带，对下游洪水起造峰作用，是形成出口断面大洪水的重要因素。

金沙江流域径流主要来自降水，上游有部分融雪补给。径流年内分配与降水的季节变化基本一致。5 月以前，径流以融雪、融冰水为主；5 月以后径流以降雨为主，10 月以后降雨逐渐减少，金沙江上游及部分支流的上游地区，又以降雪为降水的主要形式。根据资料统计，金沙江流域丰水期（6—11 月）径流量占全年的 81.1%，其中 7—9 月为降雨最集中的季节，其径流量占全年的 53.9%，枯水期（12 月至次年 5 月）径流量占全年的 18.9%，年最小流量多发生在 3—4 月[6]。金沙江出口控制站屏山（向家坝）站实测历年最大流量为 29000m^3/s（1966 年 9 月 2 日），最小流量为 1060m^3/s（1943 年 3 月 14 日、1960 年 4 月 3 日和 1995 年 3 月 19 日），多年平均流量为 4560m^3/s（1940—2018 年）。

2.1.2　洪水特性

金沙江流域洪水是在上游降水和融雪（冰）水的基础上加入中下游暴雨洪水所形成，洪水特性与暴雨特性基本一致。受流域形状及河网分布等影响，金沙江洪水具有发生时间较集中、年际变化相对较小、地区分布不均、过程多为复式形状、大洪水多由各地区洪水遭遇形成等特点。

金沙江流域面积广大、地形地势差异极大，同时发生全流域性暴雨的机会较小，但场次降水可在不同地区连续发生，加之流域形状狭长，汇流历时长，致使不同河段洪峰发生时间并不相应。干流各站整个汛期的洪水过程，基本上为不断叠加的复式峰型，前一次洪水过程尚未退尽，后一场洪水又接着开始起涨，一般 7 月起涨，10 月消退。从年最大洪水过程来看，一般历时 30～60d，下游较上游持续时间长，下游洪水主要由上游洪水推进和区间大范围降水造洪与上游洪水叠加共同影响造成。

金沙江流域年最大洪峰主要发生在 7—9 月三个月，约占总数的 95%以上，其余 5%可发生在 6 月下旬和 10 月上、中旬。

从年最大洪水出现时间来看，下游出现早、结束晚，多年平均洪峰模数，下游大于上游，雅砻江小得石站大于金沙江干流各站。根据石鼓、小得石、屏山 3 个水文站年最大洪水统计，单峰出现次数占洪水总次数的 25%，双峰占洪水总次数的 28%～37%，复峰占洪水总次数的 37%～47%。一次洪水历时，单峰约 10～20d，双峰约 20～30d，复峰过程在 30d 以上。屏山（溪洛渡）站年最大单峰洪水过程一般约 22d，复峰洪水过程一般约 30～50d。大洪水发生时间主要集中在每年的 6—10 月，其中 7—9 月出现次数最多。

金沙江干流各站洪峰流量特性见表 2.1。

表 2.1　金沙江干流各站洪峰流量特性统计表

项目		站名					
		石鼓	金江街	渡口	小得石	巧家	屏山
面积/km^2		214184	244489	259177	116490	425948	458592
历年最早出现洪峰	时间	1994-06-22	1976-07-03	1976-07-03	1994-06-22	1994-06-22	1994-06-23
	流量/(m^3/s)	2590	4940	4760	5410	11600	12200
历年最晚出现洪峰	时间	1979-10-08	1986-10-10	1977-09-23	1989-10-11	1989-10-12	1989-10-20
	流量/(m^3/s)	3820	4310	5220	5410	12700	13700
历年最大洪峰流量	时间	1970-07-19	1966-09-01	1966-08-31	1965-08-10	1966-09-01	1966-09-02
	流量/(m^3/s)	7800	10900	12200	11100	25800	29000
历年最小洪峰流量	时间	1994-06-22	1994-08-26	1994-09-05	1967-07-24	1967-07-28	1967-08-08
	流量/(m^3/s)	2590	2970	3340	3840	8570	10500
最大洪峰模数/[m^3/(s·km^2)]		0.0364	0.0446	0.0471	0.0953	0.0606	0.0632
最小洪峰模数/[m^3/(s·km^2)]		0.0121	0.012	0.0129	0.033	0.0201	0.0229
最大洪峰模数与最小洪峰模数比值		3.01	3.67	3.65	2.89	3.01	2.76

根据金沙江干流石鼓和支流雅砻江小得石站同步峰、量系列统计，分析屏山站以上洪水组成，可知屏山站洪水的主要来源为支流雅砻江，其次为干流石鼓以下河段（表 2.2）。

表 2.2　金沙江屏山站以上洪水组成特性表　%

项目	站名		
	石鼓	小得石	石鼓、小得石—屏山区间
集水面积占屏山站的比例	46.7	25.5	27.8
洪峰流量占屏山站的比例	29.5	40.5	30.0
最大 1d 洪量占屏山站的比例	29.5	40.3	30.2
最大 3d 洪量占屏山站的比例	29.1	38.9	32.0
最大 7d 洪量占屏山站的比例	29.1	38.9	33.3
最大 15d 洪量占屏山站的比例	29.4	37.1	33.5
最大 30d 洪量占屏山站的比例	29.7	36.9	33.4

根据屏山（溪洛渡）站 1939—2018 年洪水资料统计，年最大洪峰最早出现在 6 月（1994 年 6 月 23 日），最晚出现在 10 月（1989 年 10 月 20 日），以出现在 7—9 月为最多，占总次数的 95.8%，实测年最大洪峰流量系列的最大值为 29000m^3/s（1966 年 9 月 2 日），最小值为 10500m^3/s（1967 年 8 月 8 日），两者之比仅 2.76 倍，洪水年际变化不大。

金沙江洪水过程具有底水高、历时长、连续多峰的特点，洪水年际变化相对较小。从屏山站实测整编资料分析可知，年最大洪峰流量系列中的最大值为 29000m^3/s（1966

年），最小值为 10200m^3/s（2006 年）。6—10 月日平均流量一般均保持在 5000m^3/s 以上。1974 年洪水期，日平均流量大于 10000m^3/s 的时间长达 93d，连续出现 6 个洪峰，且主峰靠后。1954 年洪水期，日平均流量超过 10000m^3/s 的时间长达 85d，超过 15000m^3/s 的时间有 39d。1998 年洪水期，日平均流量超过 10000m^3/s 的时间长达 80d，超过 15000m^3/s 的时间有 63d。

屏山站洪水地区来源，可分为干流石鼓以上、支流雅砻江小得石以上和石鼓、小得石—屏山（以下简称石、小—屏）区间三个部分。据屏山站各时段多年平均洪量统计分析，可知屏山站洪水主要来自小得石以上流域和石、小—屏区间，干流石鼓以上流域面积占屏山站控制面积近一半，而来水量不足屏山站的 1/3。屏山站洪水大小不仅与石、小—屏区间洪水、支流雅砻江洪水和干流石鼓以上来水有关，而且还取决于三个部分洪水的遭遇组合情况。当三个部分洪水或其中两部分洪水相遇时，均能形成屏山站大洪水或特大洪水。

2.2　历史洪水

通过历史洪水调查和文献考证，得知历史上曾发生过多少次大洪水，并能确定其洪峰流量的大小。在洪水频率分析中，起着延长系列、减少抽样误差和提高设计洪水成果精度的作用。

自 20 世纪 50 年代开始，长江委等单位先后多次对干流奔子栏—宜宾 1542km 的 19 个重要河段、中下段 9 条主要支流的控制河段进行了大量的历史洪水调查、测量和复核，并多次到国家博物馆和云南、四川等地有关省、市、县档案馆查寻有关历史文献与记载。1978 年，长江委将多次调查、复核、查寻的历史洪水成果整理编印成《金沙江流域历史洪水调查资料汇编》。

根据《金沙江流域历史洪水调查资料汇编》，综合以前的分析成果，对金沙江下段攀枝花、华弹、屏山三个水文站的历史洪水及重现期考证如下[7]。

1. 攀枝花水文站

在《金沙江流域历史洪水调查资料汇编》中，1959 年 10 月、1964 年 10 月、1964 年 12 月和 1966 年 3 月四次调查的洪水年份为 1924 年、1962 年，洪痕位置在攀枝花水文站基本断面上游 17.8km 的河门口渡口附近，高程分别为 1022.91m 和 1019.88m。1967—1969 年间，长江委水文局在参与渡口市城市规划时，补充调查测量并绘制了河门口—雅砻江口河段 1924 年、1966 年、1962 年洪水水面线。根据 1924 年水面线与攀枝花水文站水位-流量关系推算出 1924 年洪水的洪峰流量为 16100m^3/s。1980 年在进行金沙江流域综合利用规划时，依据攀枝花大桥处水位（水文站上游 700m），在水文站水位流量关系综合线上推算出洪峰流量为 17500m^3/s，经综合分析比较，1924 年洪水的洪峰流量应采用 16100m^3/s。攀枝花站地处偏僻，人烟稀少，依靠该河段资料确定 1924 年洪水的重现期较困难，根据石鼓—屏山段本年洪水沿程逐渐加大的特点，参考屏山站历史文献记载及调查访问中当地居民的反映，攀枝花 1924 年洪水采用屏山站分析论证结果，定为 1813 年以来第一大洪水。

2. 华弹水文站

华弹河段的历史洪水年份共有1924年、1860年、1892年、1905年、1928年、1966年等6年，其中1966年为实测洪水。依据各年洪水位与1966年水位流量关系，分别推算出各年洪峰流量：1924年为32700m³/s、1860年为32000m³/s、1892年为27800m³/s、1905年为26800m³/s、1928年为26500m³/s、1966年实测25800m³/s。历史文献中华弹（巧家）河段历史上洪涝灾害的记载较少，下游屏山站与华弹站洪水具有较好的一致性，参照屏山站考证结果，华弹站1924年洪水为1813年以来第一大洪水。1860年、1892年、1905年、1928年、1966年洪水分别为1813年以来第二、三、四、五、六大洪水。

3. 屏山水文站

屏山河段调查的历史洪水有1924年、1860年、1892年、1905年、1928年、1966年洪水，其中1966年为实测洪水。依据1966年水位流量关系推算的洪峰流量，1924年为36900m³/s、1860年为35000m³/s、1892年为33200m³/s、1905年为30700m³/s、1928年为29400m³/s、1966年实测29000m³/s。历史文献中记述的屏山河段最早洪水为1426年洪水，16—18世纪断断续续记载了1514年、1550年、1560年、1728年、1751年等年洪水，19世纪记载的洪水年份有1808年、1813年、1835年、1838年、1847年、1852年、1860年、1891年、1892年等9年洪水，洪水发生的间隔年份与1939—2000年62年间实测资料中大洪水发生情况基本相似，可以认为19世纪大洪水的记载是较全的，无特大洪水漏记情况。其中1813年以后的各次洪水，在以前的规划设计中，均已经过反复分析论证，因此，历史洪水计算的起始年份定为1813年较安全。通过对历史文献中19世纪、20世纪14场大洪水灾情描述的综合分析，1924年洪水为1813年以来第一大洪水，1860年、1892年、1905年、1928年、1966年洪水依次为1813年以来第二、三、四、五、六大洪水。

金沙江干流下段攀枝花站、华弹站、屏山站历史洪水采用年份、洪峰流量及排位见表2.3。

表2.3　　金沙江下游干流主要水文站历史前五位洪水调查统计表

站　名	采用年份	洪峰流量/(m³/s)	考证起始年份	排　位
攀枝花	1924	16100	1813	一
华　弹	1924	32700	1813	一
	1860	32000	1813	二
	1892	27800	1813	三
	1905	26800	1813	四
	1928	26500	1813	五
屏　山	1924	36900	1813	一
	1860	35000	1813	二
	1892	33200	1813	三
	1905	30700	1813	四
	1928	29400	1813	五

2.3 设计洪水

设计洪水包括水工建筑物正常运用条件下的设计洪水和非常运用条件下的校核洪水，是保证工程安全的最重要的设计依据之一，是为防洪等工程设计而拟定的、符合指定防洪设计标准的、当地可能出现的洪水。设计洪水的内容包括设计洪峰、不同时段的设计洪量、设计洪水过程线、设计洪水的地区组成和分期设计洪水等，可根据工程特点和设计要求计算其全部或部分内容。

对水利工程而言，工程建设选址可能与流域控制站不重合，需在分析选址附近控制站设计洪水的基础上，采用倍比缩放方法分析坝址设计洪水。

2.3.1 主要控制站设计洪水

金沙江干流已建的对下游水文站洪水过程有影响的水库有梨园、阿海、金安桥、龙开口、鲁地拉、观音岩、溪洛渡、向家坝以及雅砻江上的锦屏一级、二滩等，这些水库改变了屏山（向家坝）站洪水过程。本书考虑上游各水库蓄水时序，以及对下游水文站的影响情况，将观音岩以上水库汛期蓄变量演算到攀枝花站，观音岩、二滩以上水库汛期蓄变量演算到华弹站，向家坝以上水库汛期蓄变量演算到屏山（向家坝）站，然后将演算的蓄变量与攀枝花站、华弹站、屏山（向家坝）站实测洪水叠加，得到攀枝花站、华弹站、屏山（向家坝）站还原后的洪水过程。

攀枝花站洪水系列样本由1924年历史洪水和1953—2018年洪水系列组成；华弹（巧家）站、屏山（向家坝）站洪水系列样本由1924年、1860年、1892年、1905年、1928年等历史洪水和1939—2018年洪水系列组成。各站按年最大值独立取样原则，分别统计年最大洪峰流量和时段W_{24h}、W_{72h}、W_{7d}、W_{15d}、W_{30d}时段，组成洪水系列，历史洪水各时段洪量由实测的峰量相关关系插补。

历史洪水经验频率计算公式[8]采用：

$$P_M=\frac{M}{N+1} \tag{2.1}$$

实测连续系列经验频率计算公式采用：

$$P_m=\frac{a}{N+1}+\left(1-\frac{a}{N+1}\right)\frac{m-l}{n-l+1} \tag{2.2}$$

式中：P_M为历史洪水第M项的经验频率；P_m为实测洪水系列第m项的经验频率；N为历史洪水考证期；M为历史洪水序位（$M=1，2，\cdots，a$）；a为在N年中连续顺位的特大洪水项数；l为实测洪水中抽出作特大洪水处理的洪水项数；m为实测洪水序位；n为实测洪水系列项数。

采用P-Ⅲ型曲线适线，以矩法计算值为初估值，进行适线调整。金沙江干流下游主要水文站设计洪水成果见表2.4。

表 2.4　　金沙江干流下游主要水文站设计洪水成果表

站名	项目	均值	C_v	C_s/C_v	频率 P				
					0.01%	0.02%	0.1%	0.2%	1%
攀枝花	$Q_m/(m^3/s)$	7160	0.31	4.0	21600	20500	18000	16900	14200
	W_{24h}/亿 m^3	6.1	0.31	4.0	18.4	17.5	15.3	14.4	12.1
	W_{72h}/亿 m^3	17.5	0.31	4.0	52.8	50.1	43.9	41.2	34.7
	W_{7d}/亿 m^3	38.0	0.31	4.0	115	109	95.4	89.5	75.4
	W_{15d}/亿 m^3	74.2	0.31	4.0	224	213	186	175	147
华弹（巧家）	$Q_m/(m^3/s)$	16300	0.29	4.0	46200	44000	38800	36500	31100
	W_{24h}/亿 m^3	13.8	0.29	4.0	39.1	37.2	32.8	30.9	26.3
	W_{72h}/亿 m^3	40	0.29	4.0	113	108	95.2	89.6	76.2
	W_{7d}/亿 m^3	84.9	0.29	4.0	241	229	202	190	162
	W_{15d}/亿 m^3	166	0.29	4.0	470	448	395	372	316
屏山（向家坝）	$Q_m/(m^3/s)$	17900	0.30	4.0	52300	49800	43800	41100	34800
	W_{24h}/亿 m^3	15.3	0.30	4.0	44.7	42.6	37.4	35.1	29.8
	W_{72h}/亿 m^3	44.2	0.30	4.0	129	123	108	101.5	86.0
	W_{7d}/亿 m^3	97.0	0.30	4.0	284	270	237	223	189
	W_{15d}/亿 m^3	186	0.29	4.0	527	502	443	417	355

注　Q_m 为洪峰流量；W_{24h} 为最大 24h 洪量；W_{72h} 为最大 72h 洪量；W_{7d} 为最大 7d 洪量；W_{15d} 为最大 15d 洪量；C_v 为变差系数；C_s/C_v 为偏态系数与变差系数的比值。

2.3.2　金沙江下游梯级坝址设计洪水

金沙江干流除向家坝坝址设计洪峰、洪量直接采用屏山站设计成果外，其余坝址的设计洪峰、洪量主要依据坝址上、下游水文站的设计洪峰、洪量，按面积比方法计算。乌东德、白鹤滩、溪洛渡三个坝址的设计依据站为华弹、屏山两站。

洪峰计算公式为

$$Q_{坝}=Q_{上站}+\left(\frac{F_{坝}-F_{上站}}{F_{下站}-F_{上站}}\right)^{\frac{2}{3}}\times(Q_{下站}-Q_{上站}) \tag{2.3}$$

洪量计算公式为

$$W_{坝}=W_{上站}+\frac{W_{下站}-W_{上站}}{F_{下站}-F_{上站}}\times(F_{坝}-F_{上站}) \tag{2.4}$$

式中：$Q_{坝}$、$Q_{上站}$、$Q_{下站}$为坝址、坝址上游水文站、坝址下游水文站设计洪峰流量，m^3/s；$W_{坝}$、$W_{上站}$、$W_{下站}$为坝址、坝址上游水文站、坝址下游水文站设计洪量，亿 m^3；$F_{坝}$、$F_{上站}$、$F_{下站}$为坝址、坝址上游水文站、坝址下游水文站集水面积，m^2。

金沙江下游梯级坝址的设计洪水成果见表 2.5。

表 2.5　金沙江下游梯级坝址设计洪水成果表

坝址	项　目	设计值								来源
		0.01%	0.02%	0.1%	0.2%	0.5%	1%	2%	5%	
乌东德	Q_m/(m^3/s)	42400	40500	35800	33700	30900	28800	26600	23600	《金沙江乌东德水电站可行性研究报告》
	W_{24h}/亿 m^3	35.7	34.0	30.1	28.3	26.0	24.2	22.4	19.8	
	W_{72h}/亿 m^3	104	98.8	87.4	82.4	75.6	70.3	65.0	57.6	
	W_{7d}/亿 m^3	214	204	181	170	156	146	134	119	
	W_{15d}/亿 m^3	436	415	366	345	316	293	270	239	
白鹤滩	Q_m/(m^3/s)	46100	44000	38800	36500	33400	31100	28700	25300	《金沙江白鹤滩水电站可行性研究报告》
	W_{24h}/亿 m^3	39.1	37.0	32.8	30.9	28.3	26.4	24.0	21.4	
	W_{72h}/亿 m^3	113	108	95.2	89.6	82	76.4	70.0	62	
	W_{7d}/亿 m^3	240	229	202	190	174	162	149	132	
	W_{15d}/亿 m^3	470	448	395	372	340	317	292	257	
溪洛渡	Q_m/(m^3/s)	52300	49800	43800	41100	37600	34800	32000	28200	《金沙江溪洛渡水电站可行性研究报告》
	W_{24h}/亿 m^3	44.7	42.6	37.4	35.1	32.1	29.8	27.4	24.1	
	W_{72h}/亿 m^3	129	123	108	102	92.7	86.0	79.0	69.5	
	W_{7d}/亿 m^3	284	270	237	223	204	189	173	153	
	W_{15d}/亿 m^3	527	502	443	417	382	355	327	289	
向家坝	Q_m/(m^3/s)	52300	49800	43700	41200	37600	34800	32000	28200	《金沙江向家坝水电站可行性研究报告》
	W_{24h}/亿 m^3	44.7	42.5	37.3	35.2	32.1	29.8	27.4	24.1	
	W_{72h}/亿 m^3	129	123	108	102	92.8	86.0	79.0	69.5	
	W_{7d}/亿 m^3	283	270	237	223	204	189	173	153	
	W_{15d}/亿 m^3	526	502	443	418	382	355	327	289	

注　符号意义同表 2.4。

2.3.3　金沙江下游梯级分期设计洪水

分期设计洪水指年内不同季节或时期，如汛期、枯水期或其他指定时期的设计洪水。在水库调度运用、施工期防洪设计或其他需要时，要求计算分期的设计洪水。

河流洪水一般随季节、时间变化存在一定规律性，把满足这种特定规律性洪水的年内时间段作为一个洪水分期。对洪水进行合理分期，可使水库在不增加防洪风险的前提下增加水库的综合效益。

洪水分析的划分原则，既要考虑工程设计中不同阶段对防洪安全和蓄水的需要，又要使之符合暴雨洪水的季节性特征和成因。因此分期的原则是：①同一个分期内，洪水量级一般接近；②前后两个分期洪水量级应有明显差异；③分期的起终日期的界定，应使所选洪水样本不跨期，避免分割天然洪水过程；④分期时段一般不宜短于一个月。分期设计洪水的计算方法原则上与全年设计洪水的计算方法相同，但其计算成果一般误差较大，要做认真的合理性分析。

根据施工设计要求和规范规定，以及向家坝（屏山）站洪水一般规律，分析除汛期之外时间的分期洪水。统计华弹（巧家）站、向家坝（屏山）站各分期的洪峰系列，以不跨期为原则选样进行频率计算，各分期的统计参数进行协调，使实用段的设计值不交叉。金沙江下游梯级可行性研究阶段确定的分期设计洪水见表 2.6～表 2.9。

表 2.6　乌东德水电站天然分期最大洪峰流量设计成果表

分　期	洪峰流量/(m^3/s)		
	5%	10%	20%
1—3 月	1840	1740	1640
4 月	2330	2130	1910
5 月	4530	3950	3360
11 月、11 月至次年 4 月、11 月至次年 3 月	6240	5540	4800
12 月、12 月至次年 3 月	2940	2720	2490
11 月至次年 5 月	6300	5610	4880

表 2.7　白鹤滩水电站天然分期最大洪峰流量设计成果表

分　期	洪峰流量/(m^3/s)			分　期	洪峰流量/(m^3/s)		
	5%	10%	20%		5%	10%	20%
1 月	2360	2220	2070	5 月	5010	4500	3940
2 月	1830	1740	1640	10 月	15900	14200	12300
3 月	1750	1670	1590	11 月	7150	6470	5740
4 月	2670	2460	2230	12 月	3490	3260	3010

表 2.8　溪洛渡水电站天然分期最大洪峰流量设计成果表

分　期	洪峰流量/(m^3/s)			分　期	洪峰流量/(m^3/s)		
	5%	10%	20%		5%	10%	20%
1 月	2440	2300	2050	6 月	16900	14600	12800
2—3 月	1830	1750	1660	10 月	32000	28200	25100
4 月	3300	2920	2630	11 月	8280	7350	6600
5 月	6020	5250	4640	12 月	3800	3520	3290

表 2.9　向家坝水电站天然分期最大洪峰流量设计成果表

分　期	洪峰流量/(m^3/s)			分　期	洪峰流量/(m^3/s)		
	5%	10%	20%		5%	10%	20%
1 月	2360	2220	2070	5 月	5010	4500	3940
2 月	1830	1740	1640	10 月	15900	14200	12300
3 月	1750	1670	1590	11 月	7150	6470	5740
4 月	2670	2460	2230	12 月	3490	3260	3010

2.4 洪水组成和遭遇分析

受长江上、中、下游雨季和暴雨发生时间不同的影响，上、中、下游发生长江洪水的时间往往错开，中下游早于上游，江南早于江北。一般情况下，长江上游的大洪水与中游大洪水不相遭遇。年最大洪峰遭遇机会更少，但遇气候反常，上游洪水提前或中下游洪水滞后，就会形成长江中下游地区洪水与上游地区洪水相遭遇的情况，此时将可能形成更具灾害性的洪水。为更好地发挥水库防洪效益，为未来可能发生的遭遇洪水开展错峰调度，有必要研究金沙江洪水与其他区域洪水的遭遇情况，同时分析洪水组成比例，可对金沙江流域发挥的拦洪错峰影响大小有一定认识。考虑长江流域洪水灾害及防御情况，本书选取金沙江干流控制站屏山站来分析金沙江洪水与川渝河段、长江中下游河段洪水遭遇情况[9-10]。

2.4.1 金沙江洪水与雅砻江洪水遭遇规律分析

2.4.1.1 洪峰年内分布

本书选取雅砻江干流小得石站、金沙江干流屏山站作为分析对象，统计小得石站、屏山站1959—2016年洪峰出现在各月的频次（表2.10），并绘制其洪峰流量与出现时间的散点图（图2.1）。

表2.10 小得石站、屏山站6—10月出现洪峰的频率统计(1959—2016年)

站名	出现频次	6月	7月	8月	9月	10月	合计
小得石	出现次数	2	18	17	20	1	58
	出现频率/%	3	31	29	35	2	100
屏山	出现次数	2	14	21	19	2	58
	出现频率/%	3	24	36	34	3	100

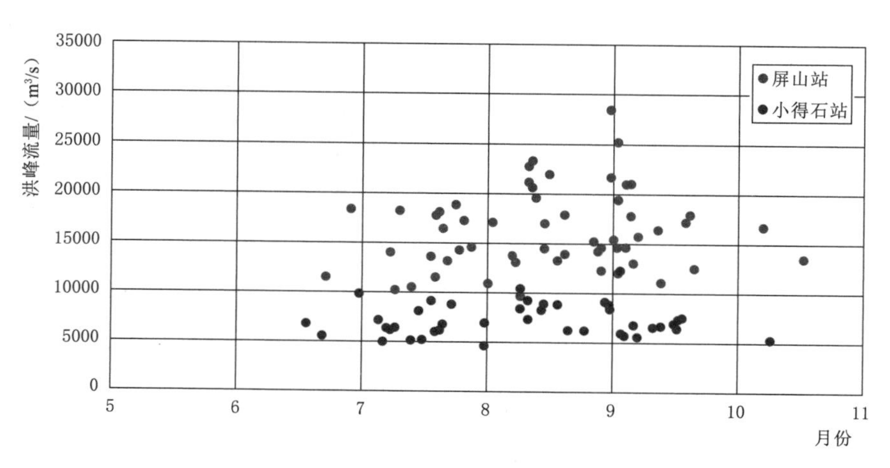

图2.1 小得石站、屏山站洪峰散点图

从表 2.10 中可以看出，雅砻江、金沙江年最大洪水发生时间均为 7 月、8 月、9 月三个月最多，6 月、10 月偶有发生。两站年最大洪水 9 月发生频率相当，7 月、8 月略有差异。

2.4.1.2　洪水组成

以金沙江攀枝花站、屏山站以及雅砻江小得石站作为分析依据站。以 1965—2016 年屏山站各年年最大洪量时间为主，考虑洪水传播时间，分别统计攀枝花站、小得石站相应发生的时段洪量，得到屏山站各时段最大洪量的多年平均组成情况（表 2.11）。

表 2.11　　屏山站各时段年最大洪量多年平均组成统计

站名	年最大 1d		年最大 3d		年最大 7d		年最大 15d		占屏山站面积比/%
	洪量/亿 m^3	占屏山站比例/%	洪量/亿 m^3	占屏山站比例/%	洪量/亿 m^3	占屏山站比例/%	洪量/亿 m^3	占屏山站比例/%	
小得石	5.60	39	16.4	39	35.1	38	67.3	38	26
攀枝花	5.38	38	16.2	39	36.0	39	70.9	40	57
屏山	14.3	100	42.0	100	91.6	100	177	100	100

从表 2.11 可以看出，在屏山站不同时间段的洪量统计中，攀枝花站、小得石站占比较为稳定，其中攀枝花站占屏山站洪水组成比例为 38%～40%，小于攀枝花站面积占比，且随着洪水历时的增加，攀枝花站占屏山站比例有所增加；小得石站占屏山站洪水组成比例为 38%～39%，各时段洪量占比较为稳定，大于小得石站面积占比。由此可见，雅砻江洪水是屏山站以上洪水的主要来源之一。

2.4.1.3　洪水遭遇

分别统计小得石站、攀枝花站、屏山站 1965—2016 年年最大洪水发生的时间，以及屏山站年最大洪水发生时，小得石站和攀枝花站出现年最大洪水的次数，分析得到小得石站和攀枝花站年最大洪水发生遭遇的次数（表 2.12）。

表 2.12　　小得石站、攀枝花站与屏山站时段洪量遭遇统计（1965—2016 年）

项　目	年最大 1d 洪量		年最大 3d 洪量		年最大 7d 洪量		年最大 15d 洪量	
	次数	频率/%	次数	频率/%	次数	频率/%	次数	频率/%
屏山站与小得石站同步出现洪水情形	18	35	32	62	39	75	43	83
屏山站发生洪水时，攀枝花站同步出现洪水情形	14	27	25	48	36	69	43	83
小得石站与攀枝花站同步出现洪水情形	11	21	20	38	28	54	34	65

由表 2.12 可以看出，在小得石站、攀枝花站 1965—2016 年 52 年实测系列中，年最大 1d 洪量发生了 11 次遭遇，遭遇频率 21%；年最大 3d 洪量发生了 20 次遭遇，遭遇频率 38%；年最大 7d 洪量发生了 28 次遭遇，遭遇频率 54%；年最大 15d 洪量发生了 34 次遭遇，遭遇频率 65%。屏山站发生大洪水时，随着洪水历时增加，小得石站、攀枝花站相应出现的频率也随之增加，且小得石站与攀枝花站遭遇频率随之增加，由此可见，雅砻

江洪水与金沙江中游洪水遭遇频率较高；当屏山站发生大洪水时，小得石站相应出现大洪水的频率也较高。

雅砻江小得石站与金沙江攀枝花站洪水发生遭遇的典型年洪水量级情况见表 2.13～表 2.15。

表 2.13 小得石站、攀枝花站年最大 1d 洪水发生遭遇的典型年洪水量级情况表

年份	屏山站			小得石站			攀枝花站		
	洪量/亿 m^3	起始日期	重现期/年	洪量/亿 m^3	起始日期	重现期/年	洪量/亿 m^3	起始日期	重现期/年
1965	19.9	8月12日	<10	8.99	8月10日	10	6.59	8月10日	<5
1974	22.0	9月3日	<10	7.28	9月1日	<5	8.14	9月1日	<10
1993	18.9	9月1日	5	7.93	8月30日	5～10	9.76	8月30日	10～20
2001	18.2	9月6日	<5	9.32	9月4日	10～20	6.89	9月4日	<5

表 2.14 小得石站、攀枝花站年最大 3d 洪水发生遭遇的典型年洪水量级情况表

年份	屏山站			小得石站			攀枝花站		
	洪量/亿 m^3	起始日期	重现期/年	洪量/亿 m^3	起始日期	重现期/年	洪量/亿 m^3	起始日期	重现期/年
1974	64.5	9月2日	10～20	21.2	8月30日	<5	23.8	8月31日	<10
1991	55.0	8月17日	<10	21.7	8月15日	5	25.1	8月15日	<10
1993	54.7	8月31日	<10	22.5	8月29日	<10	27.9	8月30日	10～20
2001	54.4	9月4日	<10	25.7	9月2日	10	19.5	9月3日	<5

表 2.15 小得石站、攀枝花站年最大 7d 洪水发生遭遇的典型年洪水量级情况表

年份	屏山站			小得石站			攀枝花站		
	洪量/亿 m^3	起始日期	重现期/年	洪量/亿 m^3	起始日期	重现期/年	洪量/亿 m^3	起始日期	重现期/年
1966	163	8月29日	30	46.3	8月28日	5～10	69.9	8月27日	30～50
1974	139	8月31日	10～20	44.2	8月29日	<5	52.6	8月28日	<10
1991	117	8月13日	<5	44.3	8月11日	<5	51.5	8月13日	<10
1993	119	8月28日	<10	49.5	8月26日	5～10	59.7	8月27日	10～20
2000	111	8月31日	<5	45.6	8月27日	5～10	50.8	8月30日	<10
2001	121	9月1日	<10	56.9	8月30日	10～20	43.5	8月31日	<5
2002	121	8月15日	<10	40.3	8月13日	<5	48.2	8月13日	<10

从表 2.13～表 2.15 中可以看出，当小得石站、攀枝花站年最大 1d 洪水发生遭遇时，叠加区间洪水后屏山站年最大 1d 洪水均小于 10 年一遇，其中 1993 年小得石站发生 5～10 年一遇洪水，攀枝花站发生 10～20 年一遇洪水，但区间来水较少，屏山站年最大 1d 洪水约 5 年一遇；1974 年小得石站年最大 3d 洪水小于 5 年一遇，攀枝花站年最大 3d 洪水小于 10 年一遇，叠加区间洪水后，屏山站年最大 3d 洪水达到 10～20 年一遇；1991 年、1993 年、2001 年小得石站、攀枝花站年最大 3d 洪水遭遇时，小得石站、攀枝花站年最大 3d 洪水为 5～20 年一遇，屏山站洪水小于 10 年一遇。

2.4.2　金沙江洪水与川渝河段洪水遭遇分析

考虑李庄站为川渝河段重要城市宜宾的防洪控制站，寸滩站为重庆市的防洪控制站，本书选取金沙江屏山站、长江干流李庄站、寸滩站为研究对象，统计李庄站、寸滩站多年平均年最大洪量中金沙江来水占比情况，并分析典型年李庄站、寸滩站大洪水发生时屏山站相应洪水量级情况，研究川渝河段发生大洪水时金沙江所起的影响和作用。

2.4.2.1　金沙江与岷江洪水遭遇分析

1. 岷江洪水特性

岷江流域内暴雨主要由太平洋暖湿气流西进抬升形成和印度洋暖湿气流南进阻塞形成。暴雨最早出现在4月，主要集中在6—9月，其中特大暴雨主要出现在6月下旬至8月中旬。岷江流域内一次洪水的历时较长，洪水过程线多复峰。干流彭山以下，沿江各支流相继加入，特别是大渡河干流、青衣江洪水注入后，过程线更加肥胖，峰高量大，历时更长。一次洪水历时一般为7～21d，洪峰历时5～6h。据高场水文站实测资料统计，岷江干流下游河段年最大洪峰流量最早发生于6月，最晚发生于9月，年最大洪水发生时间以7月、8月最多，9月次之，6月偶有发生。岷江年最大洪水在7月出现的频率最大为46.4%，高场站洪峰在6—10月出现的频率见表2.16。

表2.16　　高场站洪峰在6—10月出现的频率统计(1951—2016年)

月　份	6	7	8	9	10
出现频率/%	5.4	46.4	37.5	10.7	0

2. 李庄站洪峰年内分布

李庄站年最大洪水发生时间以7月、8月两个月最多，出现频率为79%，9月次之，6月偶有发生。李庄站洪峰在6—9月出现的频次见表2.17，屏山站、李庄站洪峰散点如图2.2所示。

表2.17　　李庄站洪峰在6—9月出现的频率统计(1951—2016年)

月　份	6	7	8	9
出现次数	1	29	23	13
出现频率/%	1.5	43.9	34.8	19.7

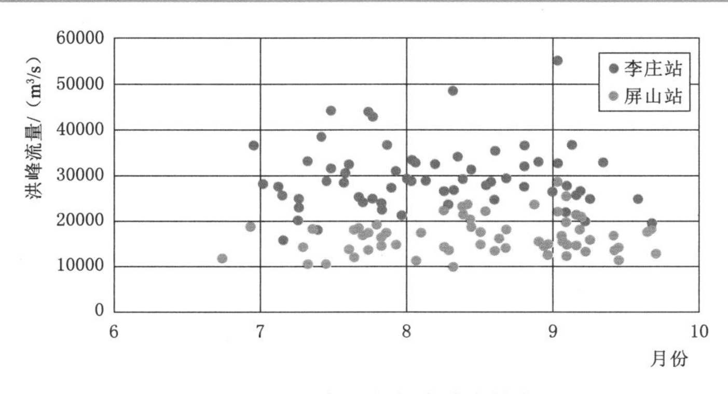

图2.2　屏山站、李庄站洪峰散点图

3. 洪水组成

以金沙江屏山站、岷江高场站以及李庄站为分析依据站。以 1951—2016 年李庄站年最大洪量发生时间为主，考虑洪水传播时间，统计屏山站、高场站相应发生的时段洪量，得到李庄站多年平均年最大洪水组成情况（表 2.18）。

表 2.18 李庄站各时段年最大洪量多年平均组成统计

站　名	年最大 1d		年最大 3d		年最大 7d		年最大 15d		占李庄站面积比/%
	洪量/亿 m^3	占李庄站比例/%	洪量/亿 m^3	占李庄站比例/%	洪量/亿 m^3	占李庄站比例/%	洪量/亿 m^3	占李庄站比例/%	
高场	11.3	44	26.1	38	48.7	33	93.1	33	21
屏山	11.0	43	36.6	53	86.6	59	172	62	72
李庄	25.6	100	68.5	100	147	100	278	100	100

从表 2.18 可以看出，李庄站年最大 1d 洪量组成中，高场站、屏山站分别占比 44%、43%；金沙江洪水占李庄站洪水比例随洪水历时增长有所增加，小于面积占比，年最大 15d 洪水发生时，占比约为 62%，岷江洪水比重远大于其面积比重，这说明金沙江、岷江洪水是李庄站洪水的重要组成部分。

4. 洪水遭遇

分别统计 1951—2016 年高场站、李庄站年最大洪水发生的时间以及李庄站年最大洪水时屏山站、高场站相应出现年最大洪水的次数，分析得到屏山站、高场站年最大洪水发生遭遇的次数（表 2.19）。

表 2.19 屏山站、高场站与李庄站时段洪量相应发生次数及屏山站与高场站洪水遭遇统计（1951—2016 年）

项　目	年最大 1d 洪量		年最大 3d 洪量		年最大 7d 洪量		年最大 15d 洪量	
	次数	频率/%	次数	频率/%	次数	频率/%	次数	频率/%
李庄站出现洪水时，屏山站同步相应出现洪水情形	7	11	28	42	44	67	53	80
李庄站出现洪水时，高场站同步相应出现洪水情形	30	45	27	41	20	30	32	48
屏山站与高场站洪水情形	2	3	4	6	9	14	18	27

由表 2.19 可以看出，1951—2016 年李庄站发生年最大 1d、3d、7d、15d 洪水时，屏山站相应出现的次数分别为 7 次、28 次、44 次、53 次；高场站相应出现的次数分别为 30 次、27 次、20 次、32 次；屏山站与高场站年最大 1d、3d、7d、15d 洪水遭遇的频率分别为 3%、6%、14%、27%，这说明李庄站发生大洪水时屏山站相应出现频率随着洪水历时的增加而变大；从屏山站与高场站遭遇频率可以得出，金沙江洪水与岷江洪水年最大 3d 以下洪水过程遭遇频率不高。

金沙江屏山站与岷江高场站洪水发生遭遇的典型年量级情况从表 2.20 可以看出，除 1966 年洪水以外，其余遭遇年份洪水量级均较小，组合的洪水量级也不大。1966 年 9 月洪水，金沙江和岷江 3d 洪量分别相当于 33 年一遇和 5～10 年一遇洪水，组合的洪水达 50 年一遇，是两江遭遇的典型。2012 年 7 月洪水，金沙江与岷江洪水年最大洪水遭遇，尽管金沙江与岷江洪水量级不大，但组合后形成李庄洪水洪峰达到 48400m^3/s，为实测第三大洪水。

表 2.20　　屏山站、高场站发生遭遇洪水情况表（1953—2016 年）

项　目	年　份	屏山站			高场站		
		洪量/亿 m^3	起始日期	重现期/年	洪量/亿 m^3	起始日期	重现期/年
最大 1d 洪量	1966	24.7	9 月 1 日	33	20.8	9 月 1 日	5～10
	2012	14.3	7 月 22 日	<5	15.1	7 月 23 日	<5
最大 3d 洪量	1966	73.7	8 月 31 日	33	53.0	8 月 31 日	5～10
	1971	33.6	8 月 17 日	<5	27.9	8 月 16 日	<5
	1992	26.3	7 月 13 日	<5	27.1	7 月 14 日	<5
	2012	42.5	7 月 22 日	<5	36.5	7 月 22 日	<5
最大 7d 洪量	1960	81.1	8 月 3 日	<5	96.0	7 月 31 日	5～10
	1966	163.1	8 月 29 日	近 50	96.6	8 月 30 日	5～10
	1967	55.5	8 月 8 日	<5	52.3	8 月 8 日	<5
	1971	72.1	8 月 15 日	<5	51.8	8 月 12 日	<5
	1976	77.7	7 月 6 日	<5	50.4	7 月 5 日	<5
	1991	117.1	8 月 13 日	5	82.4	8 月 9 日	<5
	1994	60.0	6 月 21 日	<5	38.6	6 月 20 日	<5
	2005	115	8 月 11 日	<5	61.3	8 月 8 日	<5
	2006	58.4	7 月 8 日	<5	32.5	7 月 5 日	<5

2.4.2.2　金沙江与嘉陵江洪水遭遇分析

1. 嘉陵江洪水特性

嘉陵江流域洪水主要由暴雨形成，属陡涨陡落型洪水，年最大洪水出现在 7 月、8 月、9 月时间最多（尤其是 7 月），6 月次之，5 月、10 月偶有发生，但量级较小。7—9 月主汛期洪峰出现次数占全年的 85.5%，其中出现在 7 月的频率最大，为 43.6%；其次是 9 月，出现频率为 25.5%。北碚站洪峰出现在 5—10 月的频率见表 2.21。

嘉陵江一次暴雨过程 5～7d，其中主峰历时 2～3d，一次洪水过程为 3～7d，峰顶时间一般为 0.5～2h，洪水过程线形状多为单峰，当嘉陵江上游与白龙江及区间降水时间错开时，也时常出现双峰或多峰的洪水过程。

表 2.21　　北碚站洪峰在 5—10 月出现的频率统计（1950—2016 年）

月份	5	6	7	8	9	10	7—9
出现频率/%	3.6	9.1	43.6	16.4	25.5	1.8	85.5

2. 寸滩站洪峰年内分布

寸滩站年最大洪水出现在 7 月的时间最多，出现频率为 50.7%；8 月、9 月次之，出现频率合计为 46.3%；6 月、10 月偶有发生。寸滩站洪峰在 6—10 月出现的频次见表 2.22，屏山站、寸滩站的洪峰散点如图 2.3 所示。

表 2.22 寸滩站洪峰在 6—10 月出现的频次统计(1950—2016 年)

月 份	6	7	8	9	10
出现次数	1	34	16	15	1
出现频率/%	1.49	50.7	23.9	22.4	1.49

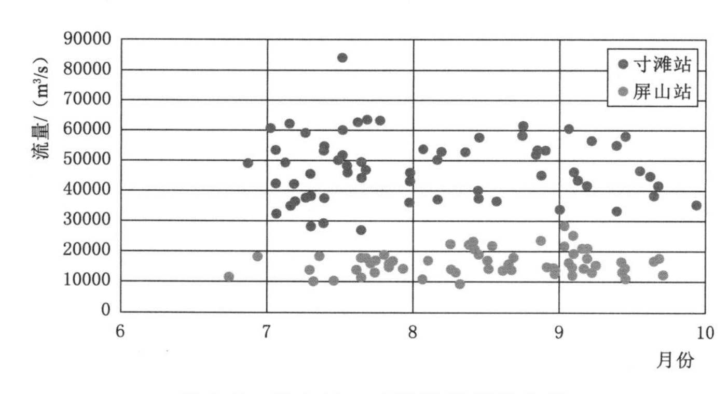

图 2.3 屏山站、寸滩站洪峰散点图

3. 洪水组成

以嘉陵江北碚站、金沙江屏山站以及寸滩站为分析依据站。以 1950—2016 年寸滩站年最大洪量时间为主，考虑洪水传播时间，分别统计北碚站、屏山站相应发生的时段洪量，得到寸滩站多年平均年最大洪水组成情况（表 2.23）。

表 2.23 寸滩站各时段年最大洪量多年平均组成统计

站 名	年最大 1d		年最大 3d		年最大 7d		年最大 15d		占寸滩站面积比例/%
	洪量/亿 m³	占寸滩站比例/%	洪量/亿 m³	占寸滩站比例/%	洪量/亿 m³	占寸滩站比例/%	洪量/亿 m³	占寸滩站比例/%	
北碚	15.8	38	41.0	36	70.0	31	105.6	26	18
屏山	9.90	24	30.1	27	72.9	33	158.7	38	53
寸滩	41.1	100	113	100	223	100	414	100	100

从表 2.23 可以看出，寸滩站多年平均洪水组成中，金沙江屏山站占比随洪水统计历时增加而变大，为 24%～38%，小于面积占比。

4. 洪水遭遇

分别统计屏山站、北碚站、寸滩站 1950—2016 年年最大洪水发生的时间，寸滩站年最大洪水时屏山站、北碚站相应出现年最大洪水的次数，以及屏山站和北碚站年最大洪水发生遭遇的次数（表 2.24）。

表 2.24　　屏山站、北碚站与寸滩站时段洪量相应发生次数及屏山站与北碚站洪量遭遇统计（1950—2016 年）

项　目	年最大 1d 洪量		年最大 3d 洪量		年最大 7d 洪量		年最大 15d 洪量	
	次数	频率/%	次数	频率/%	次数	频率/%	次数	频率/%
寸滩站发生洪水时，屏山站同步出现洪水情形	2	3	6	9	23	34	35	52
寸滩站发生洪水时，北碚站同步出现洪水情形	16	24	36	54	38	57	40	60
屏山站与北碚站洪水情形	1	1.5	1	1.5	6	9	16	24

由表 2.24 可以看出，1950—2016 年寸滩站年最大 1d、3d、7d、15d 洪水时，屏山站相应出现的次数分别为 2 次、6 次、23 次、35 次，出现频率分别为 3%、9%、34%、52%；屏山站与北碚站年最大 1d、7d、15d 洪水遭遇的频率分别为 1%、9%、24%。这说明寸滩站洪水时屏山站出现频率随着洪水历时的增加而变大；从屏山站与北碚站遭遇频率可以得出，金沙江与嘉陵江年最大 7d 以下洪水过程遭遇频率不高。

1950—2016 年期间金沙江与嘉陵江洪水遭遇年份分析见表 2.25。

表 2.25　　金沙江与嘉陵江洪水遭遇年份分析

项　目	年份	北　碚　站			屏　山　站		
		流量/洪量	起始日期	重现期/年	流量/洪量	起始日期	重现期/年
日均流量/(m^3/s)	1997	7600	7 月 21 日	<5	18000	7 月 20 日	<5
年最大 3d 洪量/亿 m^3	1992	59.3	7 月 16 日	<5	26.3	7 月 13 日	<5
年最大 7d 洪量/亿 m^3	1959	48.4	8 月 12 日	<5	79.0	8 月 12 日	<5
	1966	73.6	8 月 31 日	<5	163	8 月 29 日	近 50
	1982	81.0	7 月 27 日	<5	83.9	7 月 23 日	<5
	1983	107	7 月 31 日	5～10	61.4	8 月 1 日	<5
	1992	98.6	7 月 14 日	<5	59.7	7 月 13 日	<5
	2004	94.3	9 月 4 日	<5	91.0	9 月 6 日	<5

由金沙江与嘉陵江洪水遭遇年份、发生时间、洪水量级和重现期可知：①金沙江、嘉陵江年最大 1d 洪量仅于 1997 年发生了遭遇；年最大 3d 洪量仅于 1992 年发生了遭遇；年最大 7d 洪量有 6 年发生了遭遇，占 10.2%，可见 1d、3d 洪量两江遭遇概率较低。②除 1966 年以外，两江遭遇洪水的量级较小。1966 年，屏山站年最大 7d 洪水为近 50 年一遇的洪水，该年屏山站与岷江年最大洪水也发生遭遇，故金沙江、岷江和嘉陵江年最大洪水发生遭遇，但嘉陵江洪水仅为小于 5 年一遇的常遇洪水，形成的寸滩站年最大洪水为 20 年一遇，未进一步造成恶劣遭遇。

2.4.3　金沙江洪水与长江中下游洪水遭遇规律分析

考虑螺山站作为长江中下游防洪控制站，本书选取金沙江屏山站、螺山站为研究对象，统计螺山站多年平均洪量中金沙江来水占比情况，并分析典型年螺山站大洪水发生时屏山站相应洪水量级情况。

1. 洪峰年内分布

长江干流螺山站年最大洪水发生时间以6月、7月两个月最多，出现频率合计为74.3%；8月、9月次之，出现频率合计为22.8%；5月、10月偶有发生。螺山站洪峰出现在5—10月的频次见表2.26，屏山站、螺山站的洪峰散点如图2.4所示。

表2.26 螺山站洪峰在5—10月出现的频次统计(1951—2016年)

月份	5	6	7	8	9	10
出现次数	1	18	31	10	5	1
出现频率/%	1.52	27.3	47.0	15.2	7.6	1.5

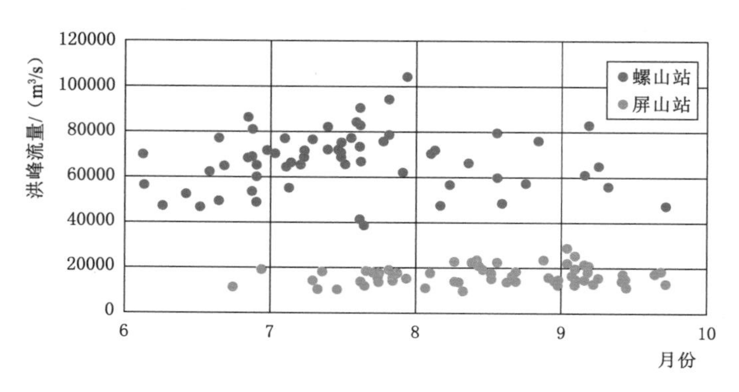

图2.4 屏山站、螺山站洪峰散点图

2. 洪水组成

为了消除宜昌站—汉口河段分洪、溃口和湖泊调蓄等不一致因素对统计螺山站时段洪量的影响，螺山站采用总入流方法统计洪水。

以金沙江屏山站以及螺山站为分析依据站。以1951—2016年螺山站年最大洪量时间为主，考虑洪水传播时间，统计屏山站相应发生的时段洪量，得到螺山站洪水多年平均组成情况（表2.27）。

表2.27 螺山站各时段年最大洪量多年平均组成统计

站名	年最大30d		年最大60d		占螺山站的面积比例/%
	洪量/亿m^3	占螺山站比例/%	洪量/亿m^3	占螺山站比例/%	
屏山	241	20	447	22	35
螺山	1177	100	2062	100	100

从表2.27可以看出，螺山站洪水组成中，年最大30d、60d洪量中屏山站占比为20%～22%，小于面积占比。

3. 遭遇次数及频率

分别统计1951—2016年屏山站、螺山站年最大洪水发生的时间，以及螺山站年最大洪水时，屏山站相应出现年最大洪水的次数。

1951—2016年屏山站与螺山站时段洪量相应发生频次统计见表2.28。

表2.28 屏山站与螺山站时段洪量相应发生频次统计(1951—2016年)

项目	年最大30d洪量		年最大60d洪量	
	次数	频率/%	次数	频率/%
螺山站发生洪水时，屏山站同步相应出现洪水情形	21	32	32	48

由表2.28可以看出，1951—2016年螺山站发生年最大30d、60d洪水时，屏山站相应出现的次数分别为21次、32次，出现频率分别为32%、48%。

4. 金沙江典型大水年与同期中下游洪水遭遇分析

选取1954年、1957年、1962年、1966年、1991年、1993年、1998共7年作为金沙江大水年与同期中下游洪水遭遇典型年，其中1954年、1998年为全流域型大水年，1966年属上游局地大洪水，1991年为区域性大洪水，其余为金沙江流域的较大洪水年。

按金沙江屏山最大洪水出现时间，相应的长江中、下游典型洪水主要发生在梅雨期以后的盛夏季节。屏山洪水最早出现在7月19日（1957年），最晚出现在8月31日（1954年），除1954年最大10d、15d洪水和1957年最大30d洪水发生在7月中下旬外，其余各典型年洪水均集中出现在8月。通过对金沙江屏山站，长江中下游宜昌站、螺山站、汉口站洪水组成和主要大洪水年份上下游遭遇分析，可以得出以下结论：

(1) 金沙江屏山站洪水比较稳定，洪量年际变化较小，洪水主汛期与宜昌站基本一致，因此，屏山较长时段的洪量容易与同期长江干流宜昌站、螺山站、汉口站相应时段大洪量相遭遇。

(2) 因屏山站最大3d、7d以下时段的洪水历时较短，不易与同期长江干流宜昌站、螺山站、汉口站相应时段洪水发生全面遭遇。屏山站年最大洪水尤其不易与长江干流宜昌站、螺山站、汉口站年最大洪水发生全面遭遇。

(3) 金沙江屏山站10d以上时段最大洪水与同期长江干流宜昌站、螺山站、汉口站相应时段洪水能够发生全面遭遇，其遭遇程度会极为恶劣，如1954年、1998年洪水，以1954年7月洪水最为突出。

5. 长江中下游典型大水年与同期金沙江洪水遭遇分析

选取1954年、1968年、1969年、1980年、1983年、1988年、1996年、1998共计8年作为长江中下游典型大水年与同期金沙江洪水遭遇典型年。从宜昌站、螺山站、汉口站8个典型年独立洪水出现时间上看，螺山站与汉口站洪水出现时间基本上一致，而宜昌站仅1954年、1988年、1996年洪水出现时间与螺山站、汉口站洪水时间相同。从8个典型年洪水统计看出，宜昌站洪水最早出现在6月27日，最晚出现在9月6日，其中7月出现次数略多，6月出现次数最少；螺山站（总入流）洪水最早出现在6月24日，最晚出现在9月7日，其中7月出现次数最多，8月、9月各出现一次；汉口（总入流）洪水最早出现在6月29日，以7月出现次数最多，8月、9月各出现一次。

通过分析长江中下游（宜昌站、螺山站、汉口站）典型大水年与上游同期金沙江屏山站洪水的遭遇情况，结合屏山站洪水组成，可得出以下结论：

(1) 螺山站、汉口站洪水主汛期基本一致，主要出现在7—8月，若上游金沙江同时出现较大洪水，则能够发生全面遭遇，有时其遭遇程度极为恶劣，如 1954 年 7 月下旬洪水。

（2）螺山、汉口洪水提前发生，河道水位抬高，上游金沙江同时出现较大洪水，也会发生遭遇，其遭遇程度为全面、恶劣的洪水遭遇，如 1998 年 7 月下旬至 8 月上旬洪水。

（3）一般情况下，宜昌、螺山、汉口洪水发生时，同时段金沙江来水量一般情况下小于多年汛期平均值，为一般性洪水。

2.4.4　典型年洪水过程

根据 1965—2016 年屏山站洪水组成及小得石站、攀枝花站相应遭遇情况，屏山站 1966 年洪水出现在 8 月底至 9 月初，洪峰、各时段洪量均在实测系列中排在第一位；1974 年洪水出现在 8 月底，该场洪水洪峰、年最大 1d、3d、7d 洪量均排在实测第二位，且峰形为最具代表性的肥胖型单峰，峰形明显；1991 年洪水发生在 8 月中旬，该场洪水洪峰流量为 22400m^3/s，约 10 年一遇，峰形为双峰肥胖型，前峰小、后峰大。因此，选取 1966 年、1974 年、1991 年三场洪水作为典型分析（图 2.5～图 2.7）。

1. 1966 年洪水

1966 年 8 月 31 日，雅砻江小得石站发生了近 5 年一遇洪水，洪峰流量为 8750 m^3/s，金沙江干流攀枝花站相应洪峰流量为 12100m^3/s，近 30 年一遇，两江洪水叠加区间洪水汇至屏山站，形成屏山站 25 年一遇洪水，洪峰流量达 29000m^3/s。在屏山站该场年最大 7d 洪水组成中，雅砻江小得石站占比为 27.6%，金沙江攀枝花站占比为 42.8%，两站合计占比为 70.4%，是屏山站 1966 年大洪水的主要来源。1966 年洪水是金沙江与雅砻江遭遇的典型洪水。

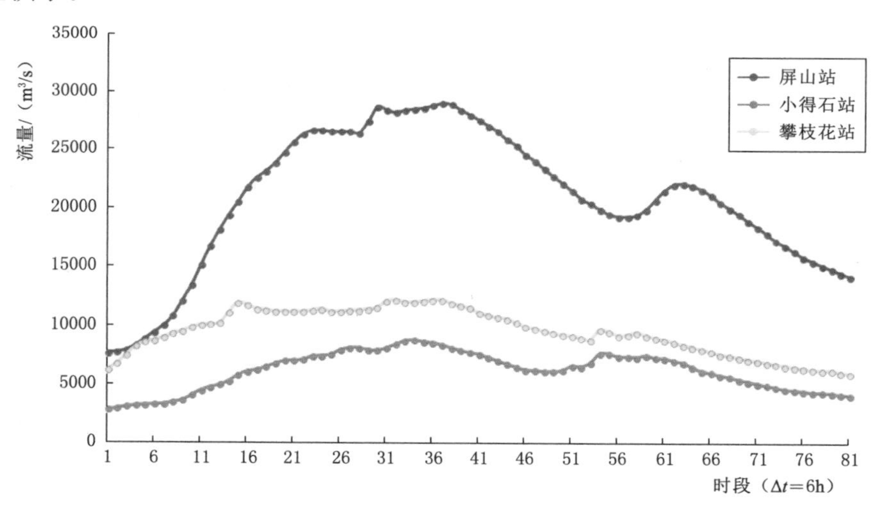

图 2.5　雅砻江与金沙江（屏山站）1966 年典型洪水过程

2. 1974 年洪水

1974 年 9 月 1 日，雅砻江小得石站发生了近 5 年一遇洪水，洪峰流量为 8490m^3/s，金沙江干流攀枝花站相应洪峰流量为 9440m^3/s，近 10 年一遇，两江洪水叠加区间洪水汇至屏山站，形成屏山站 10 年一遇洪水，洪峰流量达 25500m^3/s。对于该场洪水，屏山站年最大 1d 洪水组成中雅砻江小得石站占比为 33.1%，金沙江攀枝花站占比为 36.9%；屏山站年最大 3d 洪水组成中雅砻江小得石站占比为 32.9%，金沙江攀枝花站占比为 36.9%；屏山站年最大 7d 洪水组成中雅砻江小得石站占比为 31.8%，金沙江攀枝花站占比为 37.6%；屏山站年最大 1d、3d、7d 洪量组成中，小得石站和攀枝花站合计洪量占比为 70%，雅砻江及金沙江中游来水构成了屏山站洪水的主要来源。1974 年，小得石站、攀枝花站年最大 1d、3d、7d 洪量均发生遭遇，为金沙江与雅砻江洪水遭遇的典型洪水。

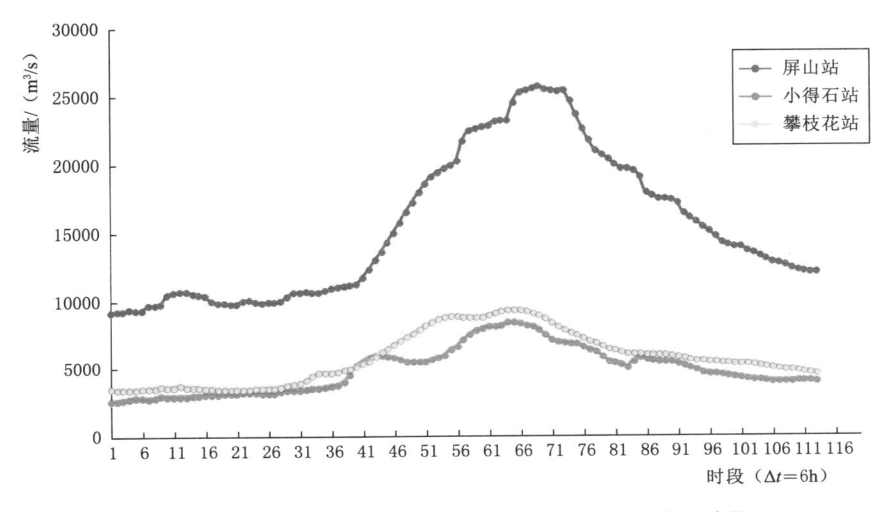

图 2.6 雅砻江与金沙江（屏山站）1974 年典型洪水过程

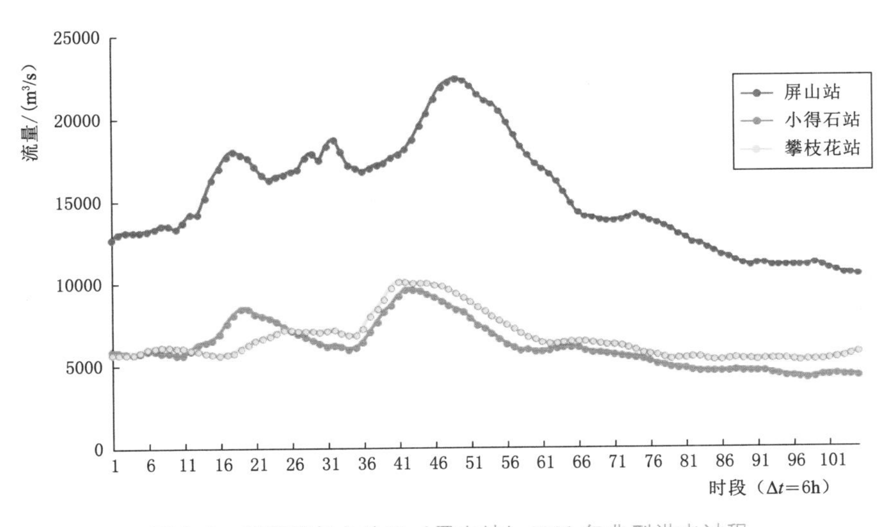

图 2.7 雅砻江与金沙江（屏山站）1991 年典型洪水过程

3. 1991 年洪水

1991 年 8 月 16 日，雅砻江小得石站发生了近 10 年一遇洪水，洪峰流量为 9600m^3/s，金沙江干流攀枝花站相应洪峰流量为 10000m^3/s，近 10 年一遇，两江洪水叠加区间洪水汇至屏山站，形成屏山站近 10 年一遇洪水，洪峰流量达 22400m³/s。该年屏山站年最大 1d 洪水组成中雅砻江小得石站占比为 38.7%，金沙江攀枝花站占比为 42.6%；屏山站年最大 3d 洪水组成中雅砻江小得石站占比为 42.0%，金沙江攀枝花站占比为 45.7%；屏山站年最大 7d 洪水组成中雅砻江小得石站占比为 39.8%，金沙江攀枝花站占比为 42.4%。该年洪水是金沙江与雅砻江遭遇的典型洪水，屏山站年最大 1d、3d、7d 洪水组成中，雅砻江及金沙江中游洪水占屏山站比例达到 80%以上，构成了屏山站洪水的主要来源。

2.5　洪水传播时间分析

洪水传播时间是洪水传播特性规律的特征之一，也是洪水预报方案编制和作业预报最重要的影响因素之一。

通常，天然河流的洪水波为缓变不稳定浅水波，具有连续波的基本特征，对于一维洪水波（无旁侧入流）可用圣维南方程组或等价的形式来描述。

$$\frac{\partial h}{\partial t}+u\frac{\partial h}{\partial x}+h\frac{\partial u}{\partial x}=0 \tag{2.5}$$

$$\frac{1}{g}\frac{\partial u}{\partial t}+\frac{u}{g}\frac{\partial u}{\partial x}+\frac{\partial h}{\partial x}+(S_f-S_0)=0 \tag{2.6}$$

式中：u 为断面平均流速；h 为水深；S_0 为底坡；S_f 为能坡；g 为重力加速度；x 为流向坐标；t 为时间坐标。

对于不同类型的河流、渠道、水库，由于所处的具体条件不同，动量方程式中各种作用力的对比关系各不相同。根据式中各项对比关系的大小，渐变洪水波可分为运动波、扩散波、惯性波、动力波。

洪水波传播速度即波速，是洪水波传播的一个重要物理量。洪水波是一个整体概念，其波速应是整个洪水波的推进速度，但由于洪水波在传播过程中的复杂性，目前多以某位相点的传播速度来代表。运动波和扩散波波速大体相同，运动波传播时没有坦化，而扩散波有坦化；惯性波与动力波波速相近，但两者在传播过程中衰减不同。分析洪水波传播时间时，通常也将运动波和扩散波并称为运动波，将惯性波和动力波并称为动力波。运动波仅向下游传播，而动力波沿两个特征方向传播，相同流量下动力波波速一般大于运动波波速。我国大多数河流一般都属于运动波（或扩散波），而对于水深远大于河道的水库，洪水波以动力波（或惯性波）特性传播。同一河段，洪水波可能由建库前的运动波变成了动力波，洪水在库区的传播时间也较建库前大为缩短。

若水力要素随时间发生剧烈变化，水流具有突变特征，并形成不连续波时，称为急变洪水波。水库溃坝洪水波、潮汐涌波、闸坝启闭时的泄水波等均属于急变洪水波。急变洪水波形成过程中，大都可能形成断波[11-13]。与动力波类似，断波波速一般大于相同流量的运动波波速，且波高越大波速越快。水电站运行或受闸门启闭等外力因素作用，河道流量在较短时间内发生激变，水面形成阶梯式前缘（涌涨或消落），且在波动距离内可保持这一现状，是典型的断波。

金沙江下游梯级水电站建设前，下游江段为天然河道，洪水传播时间相对较长，随着溪洛渡、向家坝水电站和乌东德、白鹤滩水电站的先后开工建设和蓄水运行，河道流量因防洪调度等需要在较短时间内时常发生较大变化，水面形成阶梯式前缘，洪水传播已基本符合断波特性，传播时间有不同程度缩减。通过收集和分析金沙江下游梯级水电站建成前后不同时期的水文、河道观测等资料，采用流量或水位的峰谷特征识别方法，可对建库前后金沙江下游河段的洪水传播时间变化进行比较分析。

根据《长江流域洪水预报方案汇编（第一册）》和《金沙江流域洪水预报方案编制报告》，2005 年以前攀枝花—向家坝（屏山）江段洪水平均传播时间为 45h，其中攀枝花—龙街洪水平均传播时间为 9h，龙街—华弹洪水平均传播时间为 15h，华弹—溪洛渡洪水平均传播时间为 12h，溪洛渡—向家坝（屏山）平均传播时间为 9h。2010 年，溪洛渡、向家坝水库先后开工建设，《溪洛渡、向家坝入库流量预报方案》的成果表明，攀枝花—向家坝（屏山）河段洪水平均传播时间尚未发生明显变化，仍为 45h 左右。金沙江下游溪洛渡、向家坝水库建库前，洪水平均传播时间统计见表 2.29。

表 2.29　金沙江下游河段洪水平均传播时间统计（金沙江下游梯级水电站开工前）

<table>
<tr><th>河段（断面）</th><th>河段距离/km</th><th colspan="3">平均传播时间/h</th></tr>
<tr><td>攀枝花</td><td></td><td rowspan="2">1</td><td rowspan="3">9</td><td rowspan="3">9</td></tr>
<tr><td>三堆子</td><td>18</td></tr>
<tr><td>龙街</td><td>98</td><td>8</td></tr>
<tr><td>乌东德</td><td>118</td><td>6</td><td rowspan="2">15</td><td rowspan="2">15</td></tr>
<tr><td>华弹</td><td>126</td><td>9</td></tr>
<tr><td>六城</td><td>22</td><td>2</td><td rowspan="2">12</td><td rowspan="3">21</td></tr>
<tr><td>溪洛渡</td><td>224</td><td>10</td></tr>
<tr><td>向家坝（屏山）</td><td>148</td><td>9</td><td>9</td></tr>
<tr><td>攀枝花—向家坝（屏山）</td><td>754</td><td>45</td><td>45</td><td>45</td></tr>
</table>

2012—2014 年，向家坝、溪洛渡水库先后开始蓄水；2013 年 9 月 12 日，向家坝首次蓄至正常高水位 380m；2014 年 9 月 28 日，溪洛渡首次蓄至正常高水位 600m。至此，白鹤滩站至溪洛渡水电站河道由原有天然河道变为水库，洪水传播时间随库水位的变化而不同；溪洛渡—向家坝段也由原来的河道变为水库首尾相接状态，溪洛渡出库洪水基本直接进入向家坝库区，传播历时大幅缩减。溪洛渡、向家坝建成运行后，金沙江下游江段尤其是白鹤滩以下江段洪水传播时间明显减少，攀枝花—向家坝平均传播时间由原来的 45h 缩短至 32h 左右，其中白鹤滩—溪洛渡平均传播时间由原来 12h 左右缩减至目前的 5h 左右，溪洛渡—向家坝平均传播时间由原来的 9h 缩短至 0～3h 左右。金沙江下游溪洛渡、向家坝水库建库后，洪水传播时间统计见表 2.30。

表 2.30　　金沙江下游各河段洪水平均传播时间统计（溪向建库后）

河　段	平均传播时间/h	河　段	平均传播时间/h
攀枝花—三堆子	1.3	白鹤滩—溪洛渡	5.2
三堆子—龙街	6	溪洛渡—向家坝	0～3
龙街—乌东德	8.2	攀枝花—向家坝	32
乌东德—白鹤滩	11.2		

2015—2017 年乌东德、白鹤滩水库先后开工建设，2021 年汛期乌东德顺利蓄水至正常高水位 975m，白鹤滩最高蓄至 816m。自此金沙江下游梯级水库群均建成运行，金沙江下游江段洪水平均传播时间明显减少，攀枝花—向家坝洪水平均传播时间由原来的 32h 缩短至 13h 左右，其中三堆子—乌东德洪水平均传播时间由原来的 14h 缩短至 2.5h 左右，乌东德—白鹤滩洪水平均传播时间由原来的 11h 左右缩短至 3h 左右，白鹤滩—溪洛渡洪水平均传播时间由原来 5h 左右缩减至目前的 3h 左右，溪洛渡—向家坝传播时间基本维持不变。金沙江下游乌东德、白鹤滩水库建库后，洪水平均传播时间统计见表 2.31。

表 2.31　　金沙江下游各河段洪水平均传播时间统计（乌白建库后）

河　段	平均传播时间/h	河　段	平均传播时间/h
攀枝花—三堆子	1	白鹤滩—溪洛渡	3
三堆子—乌东德	2.5	溪洛渡—向家坝	0～3
乌东德—白鹤滩	3	攀枝花—向家坝（屏山）	13

2.6　主要控制站水位流量关系分析

水位流量关系是指江河渠道中某断面的流量与同时刻水位之间的对应关系，由该断面多次的实测流量及同时水位资料来确定。水位流量关系由各种水力要素（如水面宽、断面面积、比降、糙率等）决定，受其影响，水位流量关系分稳定单一关系和受变动因素影响的不稳定关系，根据水位流量对应情况拟定单一线和考虑变动因素的簇线形成所需的水位流量关系线。

由于流量测验技术比较复杂、成本比较高，连续地观测水位更容易实现，因此，一般基于拟定的合理的水位流量关系线将连续的水位资料转换为流量资料，供水文计算或水文预报分析使用；有时也因某种需要，由流量通过水位流量关系反推水位，如河道防汛水位，闸坝电站下游水位等。因此，水位流量关系具有重要的实用意义，尤其对水电站施工期坝区各部位施工安全有指导作用。

随着金沙江下游梯级水电站建设，河道水沙和边界条件均发生了一定的变化，部分控制站的水位流量关系也随之改变。

2.6.1　水库上游来水站

金沙江上游石鼓站、中游攀枝花站、中游三堆子站受下游梯级水库建设影响较小。石鼓站受梯级电站影响较小，近年水位流量关系曲线略有左偏（同流量下水位抬高），但整体变化不大，2009—2021年水位流量关系曲线基本吻合。攀枝花和三堆子站水位流量关系比较稳定，年际变化不大，与历年综合关系线基本吻合。石鼓站、攀枝花站、三堆子站的水位流量关系分析如图2.8～图2.10所示。

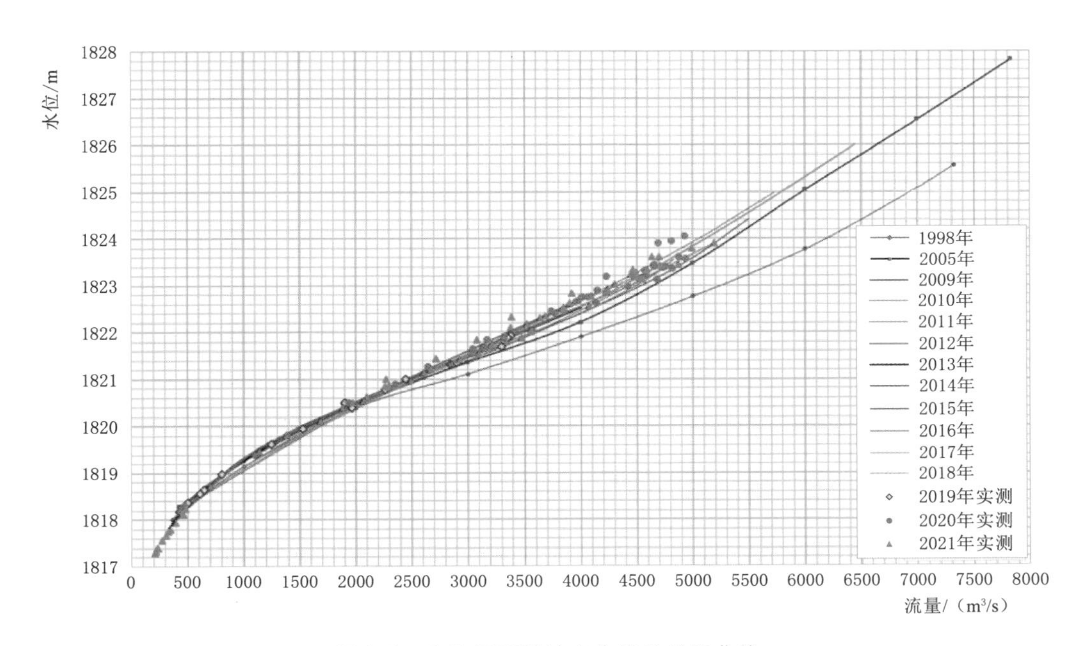

图2.8 金沙江石鼓站水位流量关系曲线

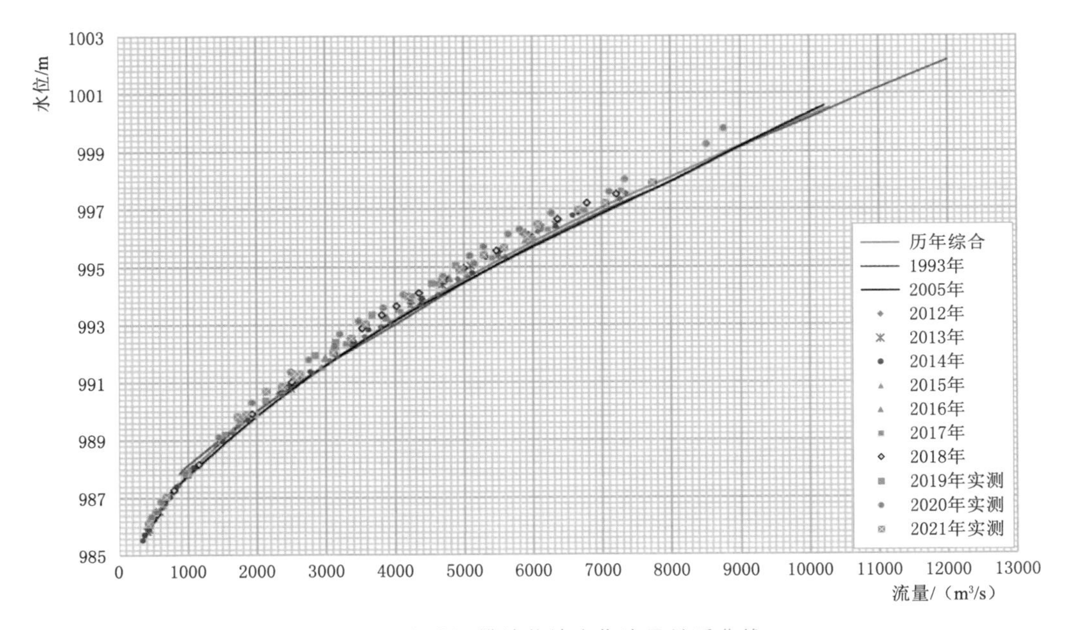

图2.9 金沙江攀枝花站水位流量关系曲线

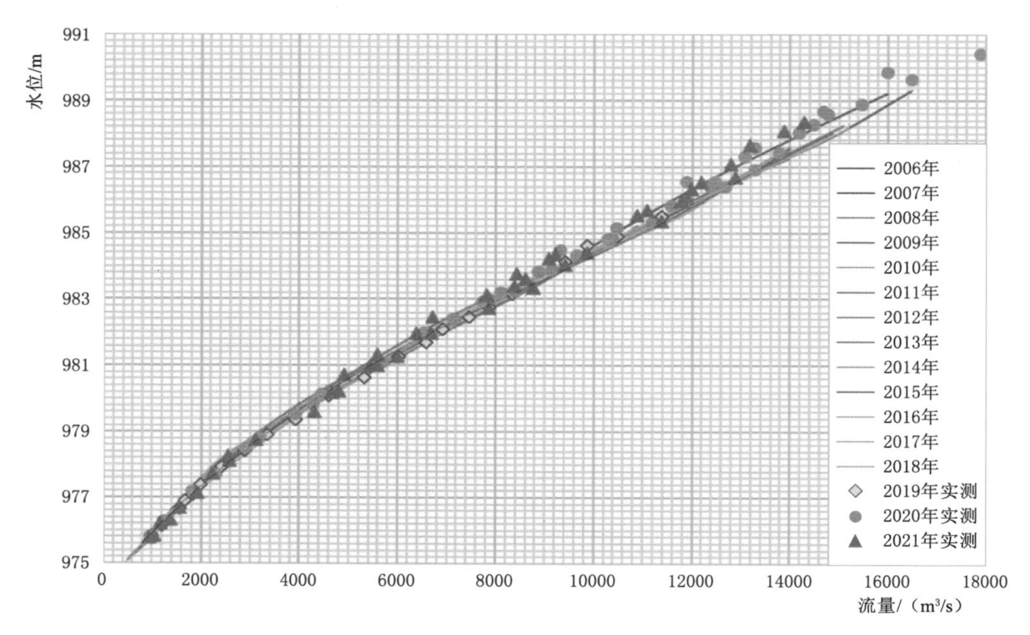

图 2.10 金沙江三堆子站水位流量关系曲线

2.6.2 坝区水文站

金沙江下游乌东德、白鹤滩、溪洛渡、向家坝水文站靠近梯级电站，受工程建设和水库蓄水影响相对较大，水位流量关系也有不同程度的变化。

1. 乌东德水文站

乌东德水文站于 2003 年设立，但由于该站位于坝址上游，考虑到回水顶托影响，2015 年下半年开始采用坝址下游的乌东德（二）站代替。乌东德水电站成库前，乌东德站 2005 年、2010—2012 年水位流量关系线基本吻合。受乌东德水电站施工影响（围堰回水顶托等），2013 年起水位流量关系线开始向左偏移（同流量下水位抬高），2014 年左偏较为明显。2015 年乌东德站整体下迁，水位流量关系线整体向右偏移。乌东德水库建成运行后，2021 年实测点据基本分布在 2015—2020 年水位流量关系线附近，水位流量关系趋于稳定。乌东德站水位流量关系分析如图 2.11 所示。

2. 白鹤滩水文站

白鹤滩（六城）水文站于 1997 年 5 月设立，位于白鹤滩水电站坝址上游约 6km 处，2020 年 11 月底，白鹤滩水库开始下闸蓄水后，白鹤滩库区水位逐步抬升，白鹤滩（六城）站被淹没，此后被改为库区内水位站。2014 年 4 月在水电站下游约 4.5km 处设立白鹤滩站，可实时监测坝下水位流量变化。

由于白鹤滩水电站是金沙江下游梯级电站中最后一个开工建设，且建设期间溪洛渡水电站已投入运行，因此白鹤滩站受溪洛渡水电站库水位顶托，尤其是当溪洛渡坝前水位高于 580m 时，库水位越高顶托越明显。采用白鹤滩站 2014 年建站以来基本未受到梯级电站建设影响的数据分析（图 2.12），可以看出历年水位流量关系较为稳定。

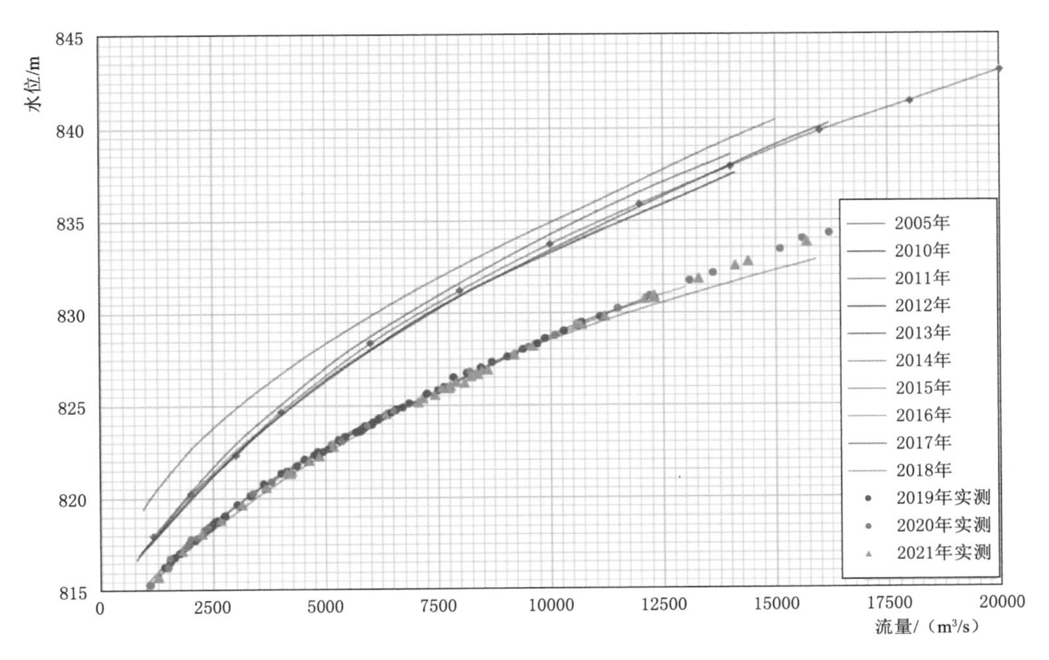

图 2.11 金沙江乌东德站水位流量关系曲线

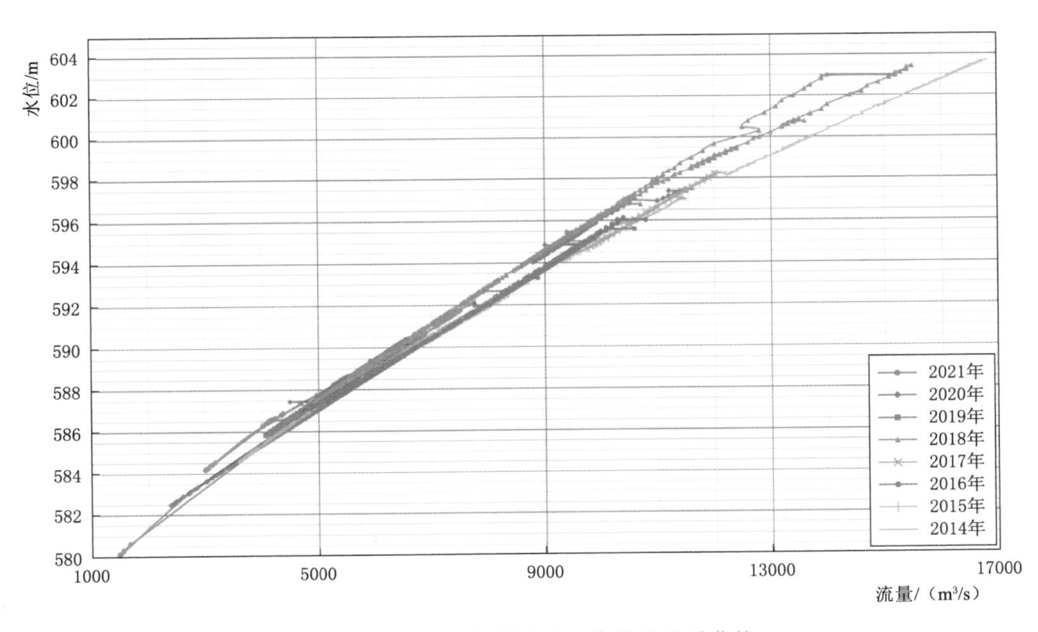

图 2.12 金沙江白鹤滩站水位流量关系曲线

2014 年，溪洛渡水电站正式启动第二阶段蓄水，逐步蓄水至正常蓄水位 600m，2015—2021 年溪洛渡水位均于汛前消落至汛限水位 560m 以下，汛期逐步抬升，汛末蓄至正常蓄水位 600m 附近。根据实况报汛数据分析，当溪洛渡水位在 580m 以下时，白鹤滩站呈现明显的单一水位流量关系，此时基本不受溪洛渡回水顶托影响。当溪洛渡库水位超过580m时，随着库水位不断抬升，白鹤滩站水位流量关系逐步呈现右偏（同流量下水位抬高）的趋势，但在不同水位级下其呈现相应的单一关系。溪洛渡水电站不同水位条件下的白鹤滩站水位流量关系如图2.13所示。

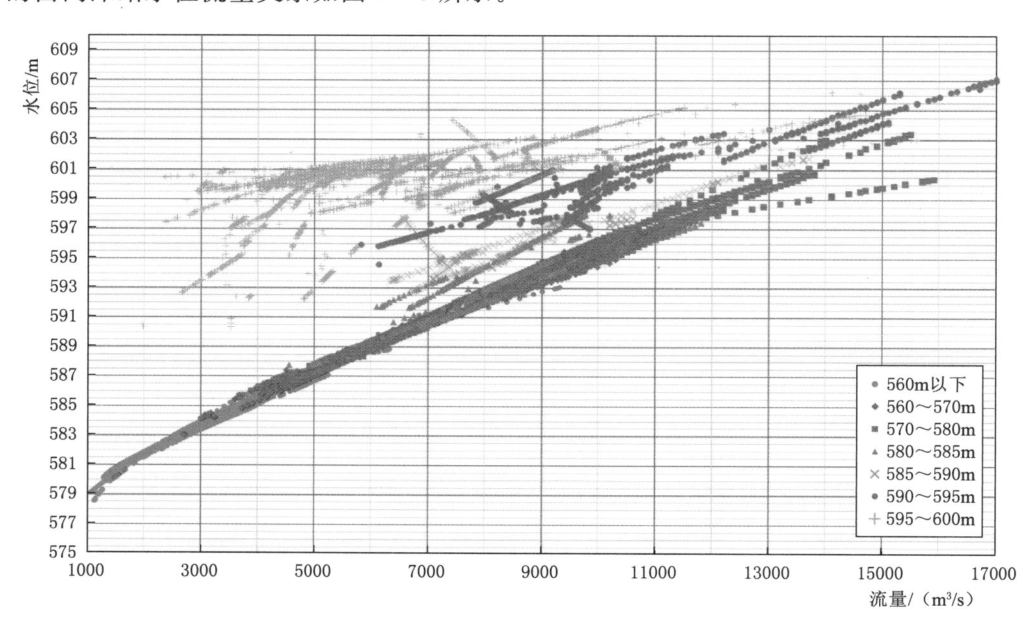

图2.13 溪洛渡水电站不同水位条件下的白鹤滩站水位流量关系

3. 溪洛渡水文站

溪洛渡水文站为临时工程专用站，在溪洛渡水电站建设期间开展水位、流量监测任务，2013年溪洛渡完成初期蓄水后停止监测。2012年10月和2013年5月，向家坝、溪洛渡水电站先后完成初期蓄水，溪洛渡站水位流量关系受向家坝水电站蓄水影响发生明显变化。2013年向家坝库水位在353m左右时，溪洛渡站水位流量关系受顶托不明显，实测点据基本在综合线附近。随着向家坝蓄水，当库水位维持在371m左右时，向家坝水库对溪洛渡站水位流量关系顶托明显，当流量在5000m^3/s左右时，溪洛渡站同流量下水位较综合线偏高3m左右，随着流量增大，偏高幅度逐渐减小；当流量在10000m^3/s左右时，偏高1.4m左右。2008年、2011—2012年溪洛渡站实测点据在2007年前综合线附近，2009—2010年实测点据在低水情况下与综合线拟合较好，但在中高水情况下，流量为7000～14000m^3/s时略微偏左，同水位下流量偏小，最大值为750m^3/s；同流量下水位偏高，最大值为0.5m。溪洛渡站水位流量关系分析如图2.14所示。

4. 向家坝水文站

2012年，受向家坝水库蓄水影响，屏山站于2012年下移至向家坝水库坝下约2km处，变更为向家坝水文站。由于向家坝水电站是金沙江下游梯级水库群中的最后一个梯级，水电站建成后，下游向家坝站不受上游梯级水库建设的影响，水位流量关系相对稳定，但受下游横江、岷江来水顶托影响较大，当横江来水超过400m^3/s、岷江来水超过7000m^3/s时，水位明显抬高。向家坝站水位流量关系分析如图2.15所示。

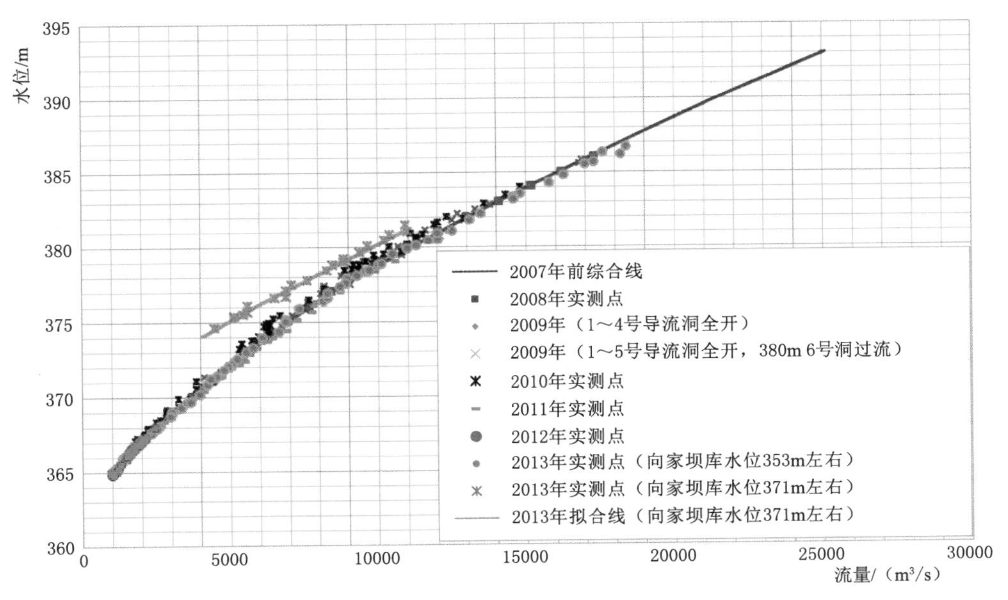

图 2.14 金沙江溪洛渡站水位流量关系曲线

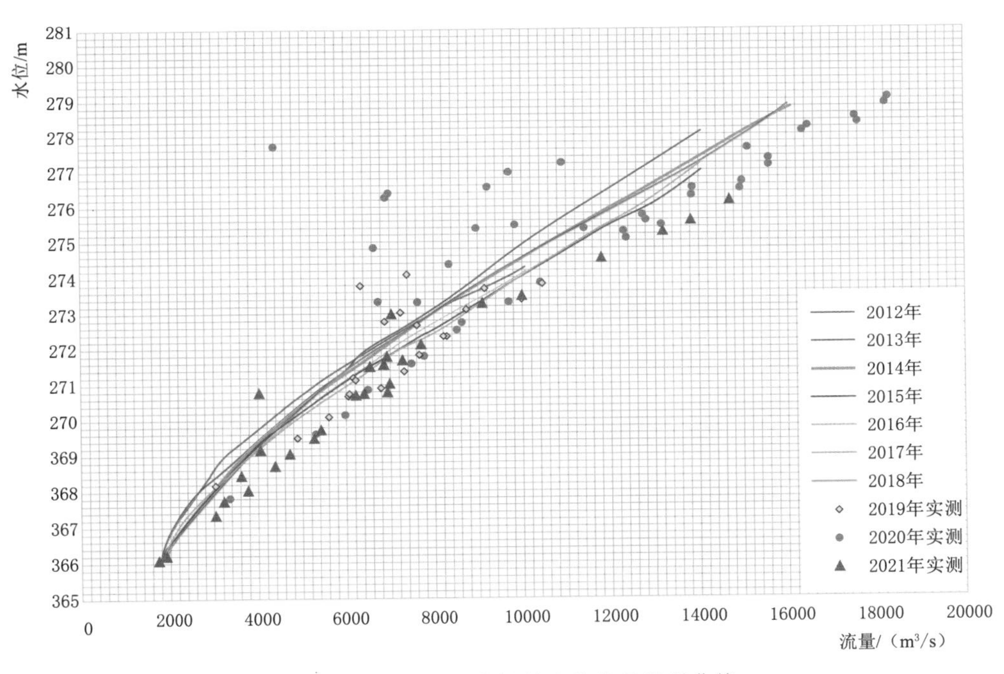

图 2.15 金沙江向家坝站水位流量关系曲线

2.7 本章小结

本章系统分析了金沙江下游暴雨洪水特性、历史洪水调查情况和坝址设计洪水计算过程、金沙江洪水组成与洪水遭遇、梯级建设期间的洪水传播时间变化和主要控制站的水位流量关系，主要结论如下：

（1）金沙江暴雨洪水的时空分布极不均匀。上段及雅砻江上游基本属无暴雨区，暴雨主要分布在中下游及雅砻江下游、支流安宁河。金沙江洪水主要由暴雨形成，上游地区有部分冰雪融水补给，本流域的洪水一般发生在 6—10 月，尤以 7—9 月最为集中，11 月处于前期洪水的退水过程中。

（2）金沙江洪水组成及遭遇存在典型规律。通过屏山站多年平均洪水组成也可以看出，小得石站占屏山站洪水组成比例约为 38%～39%，雅砻江洪水是屏山站洪水的主要组成部分。经过对雅砻江小得石站与金沙江攀枝花站洪水遭遇分析，小得石站与攀枝花站洪水遭遇频率随着洪水统计历时的加长而增加，年最大 1d、3d、7d、15d 洪水同时遭遇的次数分别为 11 次、20 次、28 次、34 次，遭遇频率分别为 21%、38%、54%、65%，说明雅砻江洪水与金沙江洪水遭遇频率较高。

（3）金沙江下游梯级水电站建设后，水电站之间原有河道变为水库首尾相接状态，洪水传播时间显著减少。截至 2021 年 9 月，梯级水电站全部投入运行，攀枝花—向家坝洪水传播时间由溪洛渡、向家坝建库前的 45h 缩短至 13h 左右，三堆子—乌东德洪水传播时间由原来的 14h 缩短至 2.5h 左右，水库之间的传播时间均为 2～3h。

（4）金沙江流域主要控制站水位流量关系较稳定，其中，白鹤滩站、溪洛渡站受水电站施工影响，水位流量关系顶托明显。水库建成运行后，各站不受顶托时水位流量关系稳定。

第3章 水文信息采集与处理

水文信息的实时获取是支撑防汛的重要基础，也是水文气象作业预报的依据，水文信息的准确率和畅通率将大大影响预报的可靠性和施工安全。水文信息的采集与处理，是从数据获取、处理的全流程出发，结合当前高新技术发展趋势，并在水利行业落地应用，实现水文信息的稳定、高效、高精度地采集传输和处理。

水文信息采集与处理技术包括水文测站的建立和水文站网的布设、实时水文信息的监测、传输和数据加工处理、系统建设、日常报汛管理等，以下详细阐述。

3.1 站网布设

水利工程大多处于偏远山区，建设前期，控制流域面积内水雨情监测站网建设往往较为落后，难以满足工程建设需求，需要进行站网布设。站网布设通常包括站网建设必要性分析（包括工程需求说明、现有站网及报汛状况调研等）、站网总体规划原则确定、站网规则及实施建设等环节。

3.1.1 金沙江下游梯级站网建设必要性

在金沙江下游梯级开工建设前，金沙江中下游流域水情报汛条件和基础设施十分落后，水文测报及预报的技术基础较差。根据金沙江下游梯级水电站工程施工期水情保障服务需求，需要实时收集坝址以上24h汇流时间范围内所有测站和48h汇流时间范围内重要测站的水雨情信息，在工程重要位置，如上下围堰处需建设专用站点，监测实时水雨情数据，现有站网体系难以满足相关需求。

此外，金沙江下游梯级转入运行期后仍需开展水文气象预报工作，仍有水雨情监测需求。金沙江下游梯级站网建设可为电站运行逐步积累水文观测资料。统筹考虑施工期和运行期水雨情观测需求，开展金沙江下游梯级站网建设十分必要。

3.1.2 金沙江下游梯级站网总体规划原则

根据工程建设的先后次序和相互联系，金沙江下游梯级站网建设的总体原则为：统一规划、分步实施，分工协作、共建共享，因地制宜、滚动完善，兼顾兼容、易于拓展。

1. 统一规划、分步实施

由于金沙江下游梯级4个枢纽工程从上至下相互衔接，无论从站网布设、水情测报系统建设，还是水文预报方案编制、服务系统开发等多方面都相互关联。4个枢纽工程建设和运行的先后时序不同，下游电站的运行期和上游电站的施工期也是相互交叉。为避免重复建设，需按照枢纽建设的先后次序统一规划、分步实施。

2. 分工协作、共建共享

以满足工程施工水文气象保障服务需求为前提，充分利用现有站网和技术，按需协调、补充。与当地水文气象部门和在建、已建工程管理单位建立水文气象信息共享机制，实现资源共建、共管、共享，避免重复建设。

3. 因地制宜、滚动完善

监测设备与技术需符合当地气候条件和流域特性，并随着资料的不断积累和对特性规律的深入认识，修缮仪器、改进技术等，以满足工程建设需求。

4. 兼顾兼容、易于拓展

各项保障服务均以水电站施工期需求为主要满足对象，但仍应兼顾水电站运行期对水文气象监测预报的需求。建设的自动测报系统、预报调度系统需考虑其兼容性、可拓展性。

3.1.3　金沙江下游梯级站网规划

3.1.3.1　建设范围

《金沙江流域梯级水电枢纽工程施工期水文气象保障服务系统建设规划》《金沙江干流下段梯级水电枢纽工程施工期水情站网调查分析报告》《金沙江干流下段梯级水电枢纽工程施工期水情预报方案研制报告》中对金沙江下游梯级站网建设范围进行了详细地论证，成果表明：在石鼓—宜宾区间布设水情站网可基本满足金沙江下游4个梯级水电站施工期水情保障服务的需求。

3.1.3.2　前期已有站网及报汛状况

金沙江石鼓—宜宾区间流域的面积约26万km^2。据2005年调查统计，建设范围内站网建设前期有水文、水位观测站点100个。其中，长江委水文局在金沙江干流上设有10个水文（位）站，在支流横江出口处设有横江（二）水文站，以上11站均为常年观测站，其中8站常年报汛；四川省水文水资源勘测局（以下简称“四川省水文局”）在金沙江支流共设有14个水文（位）站，均属四川省西昌水文水资源勘测局管辖，除湾滩站不报汛外，其余13站常年观测并报汛；中国电建集团成都勘测设计研究院（以下简称“成勘院”）在雅砻江二滩电站下游设有小得石水文站，控制雅砻江的来水；云南省水文水资源局（以下简称“云南省水文局”）在其境内共布设水文（位）站点47个，分别由云南省丽江、大理、楚雄、昆明、曲靖和昭通水文分局管理。此外，云南省水利厅下属的水库管理部门布设了27个水库工程专用站，上述云南省境内站点中共有39个水文站、8个水位站，具备报汛条件的测站共有39个。具体统计见表3.1。

表3.1　金沙江流域规划区域内水文(位)观测站统计表(2005年)　单位：个

项目	长江委水文局	云南省水文局	四川省水文局	成勘院	备　注
观测站数量	11	74	14	1	云南省含27个水库站
报汛站数量	8	39	13	0	云南省含7个水库站

除上述站点外，为配合金沙江干流下游4个梯级水电站的设计和建设，长江委水文局、成勘院、中国电建集团中南勘测设计研究院有限公司等在工程附近分别建设了乌东德、白鹤滩（六城）、溪洛渡、向家坝等专用水文站。

经统计，建设范围内（石鼓、小得石—宜宾）有208个雨量站，加上具有雨量观测项目的73个水文（位）站、27个水库站，区域内合计共有308个雨量观测站点，其中有报汛任务的站点共70个。具体情况详见表3.2。长江委水文局设立站点情况不再赘述；云南省境内合计共有雨量观测点258个（含47个水文及水位站、27个水库站兼测雨量站点），由丽江、大理、楚雄、昆明、曲靖和昭通6个水文分局管理，水库站由地方水利局下属水库管理部门负责管理，报汛雨量站7个，其中5个水库（雨量）站；四川省境内共有雨量观测站点37个［含15个水（位）站兼测雨量站点］，其中雅砻江控制站小得石水文站属成勘院管辖，中都雨量站属岷江局管辖，其余观测站点均属西昌水文局管辖，报汛雨量站19个（含10个水文站、3个水位站兼测雨量站点）；贵州省境内有2个雨量观测站，1个报汛站。

表3.2　金沙江流域规划区域内现有雨量观测站点统计表（2005年）　单位：个

项　目	长江委水文局	云南省			四川省		贵州省	合计
	水文（位）站	水文（位）站	水库站	雨量站	水文（位）站	雨量站	雨量站	
观测站数量	11	47	27	184	15	22	2	308
报汛站数量	8	35	5	2	13	6	1	70

站网建设初期，建设范围内各雨量站点所在地区的交通条件尽管有很大改善，但大部分仍以土石山路为主，在308个现有雨量站中，除少数站所在区域不通车外，其余各站点均有公路到达。由于受自然环境的限制及不同建站目标的局限，区域内站网分布很不平衡，总体站网密度偏稀。大部分站点集中在经济相对较发达的地区、河谷区，而在山地特别是海拔较高的地区，站点十分稀少，有些甚至处于空白状态（如石鼓—金江街河段左岸的水洛河）；支流上游水库流域站点分布较密，而支流中下游地区分布相对较稀。区域内站网总体密度为463km^2/站，最大密度为111.5km^2/站，最小密度为1009km^2/站。在现有水文站网中相当部分测站受条件限制，报汛条件较差或暂不具备报汛条件。

3.1.3.3　金沙江下游站网规划

1. 水文、水位站

为满足4个梯级枢纽工程48h预见期水情预报的总体要求，必须在金沙江干流石鼓以下江段和重要支流上逐步建立完整的水情控制站网。当前，为满足编制洪水预报方案对资料年限的要求，所选择的水文站网应充分利用现有水文站网，以便运用其历史水文资料建立预报方案[14-16]。初步规划水文（水位）控制站32个，工程专用水位站12个。

（1）基本站。金沙江中下游干流共有7个基本水文控制站，分别为石鼓、金江街、攀枝花、龙街、华弹、屏山和宜宾。在间距较大的龙街—华弹—屏山之间还分别设有田坝和花坪子水位站，以控制水情的变化过程。上述9站规划为干流基本控制站。此外，在4个枢纽工程坝址分别布设流量代表站。

在石鼓—宜宾区间，有一些较大支流，掌握区间大支流的来水流量是水情控制所必需的。其中最大支流为雅砻江，控制站为小得石，紧邻其上游已建成二滩电站，二滩电站以上流域已建成水文遥测系统，原则上不再重复设站，但需与二滩电站联网报汛并收集二滩电站 24h 出流预报。在现有支流水文站网中，可首批选用 13 个站，分别为小得石（雅砻江）、湾滩（安宁河）、小黄瓜园（龙川江）、三江口（普渡河）、小江（小江）、小河（牛栏江）、宁南（黑水河）、美姑（美姑河）、仁里（他留河）、大惠庄（桑园河）、地索（鱼泡江）、昭觉（西溪河）和多克（蜻蛉河）。牛栏江、安宁河流域面积较大，前期阶段仅 1 个出口控制水文站，难以满足预报要求，因此需在其上游增设 1～2 个水文站。牛栏江可增设黄梨树、七里桥站；安宁河可增设德昌、漫水湾站。上述 17 个支流水文站规划为首批重要支流控制站。

横江在向家坝下游附近汇入金沙江，对向家坝坝下水位有顶托作用，尤其是横江发生洪水时顶托作用较为明显[17]。为控制横江水情变化，其控制站横江水文站也列为首批重要支流控制站，横江上游的支流关河豆沙关水文站，控制面积较大（占横江水文站控制面积的 60%），其水情信息对横江水文站的洪水预报至关重要，且因豆沙关水文站水位流量关系稳定，将豆沙关水文站列为首批重要支流控制站。

从长远发展要求看，前期支流水文站偏少，而且不少测站位置偏于支流上游，控制面积偏小。在经初期预报检验后，确有需要时，在充分论证的基础上，可适当新建部分支流水文站。

以上水文（水位）控制站共 32 个，其中现有测站为 28 个，规划新建 4 个。各站基本情况参见表 3.3。

表 3.3　金沙江梯级枢纽工程施工期水雨情规划站网一览表

序号	河名	站　名	站别	设站年份	测验项目					备　注
					雨量	水位	流量	泥沙	蒸发	
1	金沙江	石鼓	水文	1939	√	√	√	√	√	基本站
2	金沙江	金江街（四）	水文	1939	√	√	√	√		基本站
3	金沙江	攀枝花	水文	1965	√	√	√	√		基本站
4	金沙江	龙街（三）	水位	1939	√	√	√	√	√	基本站
5	金沙江	田坝	水位	1971	√	√				基本站
6	金沙江	华弹	水文	1939	√	√	√	√	√	基本站
7	金沙江	花坪子	水位	1956	√	√				基本站
8	金沙江	屏山	水文	1939	√	√	√	√	√	基本站
9	金沙江	宜宾	水文	1922		√	√	√		基本站
10	马过河	仁里（二）	水文	1967	√	√	√			基本站
11	桑园河	大惠庄	水文	1958	√	√	√		√	基本站
12	鱼泡江	地索（二）	水文	1959	√	√	√			基本站
13	龙川江	小黄瓜园	水文	1953	√	√	√		√	基本站
14	蜻蛉河	多克（二）	水文	1958	√	√	√			基本站
15	雅砻江	小得石	水文	1957		√	√	√		基本站

续表

序号	河名	站　名	站别	设站年份	测验项目					备　注
					雨量	水位	流量	泥沙	蒸发	
16	安宁河	湾滩	水文	1957	√	√	√		√	基本站
17	安宁河	德昌	水位	1951	√	√				基本站
18	安宁河	漫水湾	水文	1951	√	√	√		√	基本站
19	普渡河	三江口	水位	1939	√	√				基本站
20	小江	小江（二）	水文	1956	√	√	√			基本站
21	黑水河	宁南	水文	1953	√	√	√		√	基本站
22	牛栏江	小河	水文	1971	√	√	√			基本站
23	牛栏江	黄梨树	水文	1976	√	√	√		√	基本站
24	牛栏江	七星桥	水文	1951	√	√	√		√	基本站
25	西溪河	昭觉（二）	水文	1958	√	√	√		√	基本站
26	美姑河	美姑	水文	1959	√	√	√			基本站
27	金沙江	乌东德	水文	新建	√	√	√	√		工程专用站
28	金沙江	白鹤滩	水文	新建	√	√	√	√		工程专用站
29	金沙江	溪洛渡	水文	新建	√	√	√	√		工程专用站
30	金沙江	向家坝	水文	新建	√	√	√	√		工程专用站
31	金沙江	溪洛渡坝上	水位	新建		√				施工专用站
32	金沙江	溪洛渡坝下	水位	新建		√				施工专用站
33	金沙江	溪洛渡围堰上	水位	新建		√				施工专用站
34	金沙江	溪洛渡围堰下	水位	新建		√				施工专用站
35	金沙江	溪洛渡导流洞进口	水位	新建		√				施工专用站
36	金沙江	溪洛渡导流洞出口	水位	新建		√				施工专用站
37	金沙江	向家坝坝上	水位	新建		√				施工专用站
38	金沙江	向家坝围堰上	水位	新建		√				施工专用站
39	金沙江	向家坝围堰下	水位	新建		√				施工专用站
40	金沙江	向家坝导流洞进口	水位	新建		√				施工专用站
41	金沙江	向家坝导流洞出口	水位	新建		√				施工专用站
42	金沙江	向家坝坝下	水位	新建		√				施工专用站
43	安宁河	团结	雨量	1959	√					基本站
44	安宁河	巨龙	雨量	1966	√					基本站
45	安宁河	喜德	水文	1955	√					基本站
46	安宁河	袁家山	雨量	1958	√					基本站
47	安宁河	锦川	雨量	1963	√					基本站
48	黑水河	烂坝	雨量	1964	√					基本站
49	黑水河	特尔果	雨量	1980	√					基本站

续表

序号	河名	站　名	站别	设站年份	测验项目					备　注
					雨量	水位	流量	泥沙	蒸发	
50	黑水河	普格	水文	1952	√					基本站
51	金沙江	乌初	雨量	1966	√					基本站
52	金沙江	柳洪打洛	雨量	1960	√					基本站
53	美姑河	洪溪	雨量	1962	√					基本站
54	美姑河	后布列拖	雨量	1961	√					基本站
55	美姑河	天喜	雨量	1967	√					基本站
56	西溪河	所洛	雨量	1979	√					基本站
57	金沙江	马楠	雨量	1984	√					基本站
58	金沙江	马湖	雨量	1978	√					基本站
59	金沙江	西宁	水文	1960	√					基本站
60	金沙江	中都	雨量	1959	√					基本站
61	金沙江	罗汉坪	雨量	1962	√					基本站
62	安宁河	益门	雨量	1964	√					基本站
63	金沙江	矮郎	雨量	1965	√					基本站
64	金沙江	通安	雨量	1964	√					基本站
65	金沙江	坪塘	雨量	1964	√					基本站
66	金沙江	新华	雨量	1966	√					基本站
67	金沙江	淌塘	雨量	1973	√					基本站
68	洛吉河	洛吉	雨量	1977	√					基本站
69	冲江河	后箐	雨量	1966	√					基本站
70	硕多岗河	下桥头	水文	1975	√					基本站
71	金棉河	金棉	雨量	1960	√					基本站
72	五郎河	总管田	水文	1959	√					基本站
73	漾弓江	木家桥	水文	1979	√					基本站
74	漾弓江	鹤庆	水文	1937	√					基本站
75	落漏河	黄坪	水文	1967	√					基本站
76	程海	河口街	水文	1960	√				√	基本站
77	平川河	古底	雨量	1979	√					基本站
78	新庄河	石龙坝	水文	1977	√				√	基本站
79	巴关河	同德	雨量	1977	√					基本站
80	中河	下庄街	雨量	1964	√					基本站
81	龙川江	毛板桥	雨量	1964	√					基本站
82	龙川江	楚雄小河口	水文	1951	√				√	基本站
83	羊街河	大树村	雨量	1978	√					基本站

续表

序号	河名	站　名	站别	设站年份	测验项目					备　注
					雨量	水位	流量	泥沙	蒸发	
84	大古岩河	同心	雨量	1967	√					基本站
85	蜻蛉河	白鹤	雨量	1963	√					基本站
86	宜就河	宜就大村	雨量	1978	√					基本站
87	猛果河	高桥	水文	1979	√					基本站
88	通安河	通安	雨量	1964	√					基本站
89	滇池	海埂（滇池）	水位	1953	√					基本站
90	海口河	海口（中河）	水文	1941	√				√	基本站
91	车木河	车木河	雨量	1963	√					基本站
92	螳螂川	老鸦关	雨量	1966	√					基本站
93	螳螂川	蔡家村	水文	1954	√				√	基本站
94	掌鸠河	双化	雨量	1978	√					基本站
95	可朗河	可朗	雨量	1979	√					基本站
96	牛栏江	大海子	雨量	1962	√					基本站
97	西冲河	青年	雨量	1966	√					基本站
98	马龙河	王家庄	雨量	1967	√					基本站
99	牛栏江	德泽	雨量	1978	√					基本站
100	西泽河	西泽	雨量	1979	√					基本站
101	龙街河	斗古坪	雨量	1964	√					基本站
102	中寨河	迤车汛	雨量	1983	√					基本站
103	牛栏江	大水井	雨量	1984	√					基本站
104	三道沟	金乐	雨量	1958	√					基本站
105	罗新沟	王家湾	雨量	1978	√					基本站
106	万马河	中和街	水文	1967	√					基本站
107	大白河	功山	雨量	1981	√					基本站
108	普渡河	甸尾	水文	1952	√				√	基本站
109	荞麦地河	大村	雨量	1961	√					基本站
110	横江	横江（二）	水文	1956	√	√	√	√		基本站
111	白水江	牛街	水文	1958	√					基本站
112	关河	豆沙关	水文	1958	√	√				基本站
113	横江	普洱渡	雨量	1962	√					基本站
114	白水江	罗坎	雨量	1966	√					基本站
115	洒渔河	墨石驿	雨量	1967	√					基本站
116	居乐河	鱼洞（三）	雨量	1954	√					基本站
117	盘河	岩洞	雨量	1962	√					基本站
118	龙街河	龙街子	雨量	1964	√					基本站

续表

序号	河名	站　名	站别	设站年份	测验项目					备　注
					雨量	水位	流量	泥沙	蒸发	
119	洛泽河	马路村	水文	1958	√					基本站
120	牛场河	林口	雨量	1983	√					基本站

注　各梯级枢纽规划了 5～8 个专用水位站，表中分别列出溪洛渡、向家坝两枢纽已规划的 6 个水位站，其他根据施工实际需要进行调整。

(2) 工程专用站。工程专用站分水文站和水位站，根据施工进度和测站监测环境细分为临时站和永久站。下面主要介绍工程专用水位站和永久专用水文站。

1) 工程专用水位站是为满足工程施工或运行的特定需要而设立的，工程专用水位站以临时使用为主。一般而言，在各枢纽工程坝区 20km 范围内布设 6～10 个水位站，以控制施工区水面线和横比降；在各工程施工的主要部位，如上围堰上、下围堰下，导流洞进、出口，坝上、坝下布设 5～8 个专用水位站，以便实时掌握水位变化，并根据工程建设情况及时拆除、转移。

2) 永久专用水文站既可为施工期水文预报服务和枢纽运行积累资料，也可为复核工程的相关设计成果提供基础资料。除梯级水库出库、入库流量控制站外，在干流原则上不再新建水文站。为便于长期使用，水库出库流量控制站可与施工期控制坝址流量的测站合并建设。

以溪洛渡、向家坝工程施工为例，首批各规划了 6 个专用水位站，少数专用水位站可考虑与永久水位站结合，其基本情况参见表 3.4。金沙江下游梯级规划将建有 4 个梯级水电枢纽永久专用水文站，观测项目含水位、流量、雨量、水温、蒸发、泥沙。

表 3.4　金沙江下游梯级水电枢纽永久专用水文站

序　号	测站位置	站　名	备　注
1	乌东德坝下	乌东德	乌东德出库、白鹤滩入库控制站
2	白鹤滩坝下	白鹤滩	白鹤滩出库、溪洛渡入库控制站
3	溪洛渡坝下	溪洛渡	溪洛渡出库、向家坝入库控制站
4	向家坝坝下	向家坝	向家坝出库控制站

2. 雨量站

考虑工程施工实时监测和预报需求，前期报汛雨量站偏稀，为此，必须在现有报汛站的基础上加密雨量站网。初步筛选一批雨量站作为编制预报方案和委托报汛的依据，同时作为选定遥测系统雨量站网的基础。因横江来水汇入点在向家坝坝址附近下游，对坝址水位有顶托作用，为考虑其影响，横江流域选择 11 个雨量站作为雨量站网编制洪水预报方案。

经初步分析，在溪洛渡工程施工期可先行布设常规报汛的雨量站为 102 个（表 3.3）。加上乌东德、白鹤滩、溪洛渡、向家坝 4 个坝址流量站兼报雨量，最终雨量站总数共为 106 个。

对于石鼓（小得石）—宜宾区间而言，初选的雨量站网平均密度为 1300km^2/站，布设方案站网密度仍较稀。需说明，石鼓下游左岸支流水洛河集水面积达 13700km^2，但属于人烟稀少区，流域内无观测站点，无法布设报汛站网，但在设计遥测站网时应予补充考虑。

为避免站网选择的盲目性，水文站网的确定需在初步设计阶段开展进一步的专题分析论证。站点选择需在考虑交通、通信条件、便于维护管理前提下，并经过方案编制和作业预报检验后进行确认。

以上为金沙江下游梯级水雨情站网的设计成果，实际建设过程中，可根据工程需要进行适当增减。

3.1.4 主要测站沿革

金沙江下游江段干流主要控制站有三堆子、龙街、乌东德、华弹、白鹤滩（六城）、白鹤滩、向家坝（屏山），其中乌东德、白鹤滩（六城）、向家坝（屏山）为金沙江下游梯级施工期坝址来水代表站。

乌东德水文站于 2003 年设立，2005 年改为基本站、常年站。由于该站位于坝址上游，考虑到回水顶托影响，2014 年下半年开始采用乌东德（二）站代替。乌东德（二）站位于乌东德站下游 6.2km 处，于 2014 年 9 月开始报汛。

白鹤滩（六城）水文站于 1997 年 5 月设立，位于白鹤滩水电站坝址上游，报汛管理单位为成都勘测设计研究院。白鹤滩（六城）水文站为白鹤滩工程施工工期坝址来水代表站，2020 年 11 月底随着白鹤滩坝前水位抬升，回水影响至站址处，该站完成了其历史使命。

白鹤滩水文站于 2014 年 4 月设立，为华弹水文站迁建至白鹤滩水电站坝下 4.5km 并改名而成，主要服务于金沙江下游水资源开发，为水文分析、水情预报以及国民经济建设提供水情资料。

屏山站于 1939 年 8 月 1 日设立，由中央水工实验所管理。1953 年 5 月 1 日，该站领导机关改为长江水利委员会。2012 年 6 月 1 日迁移后，改为水文站，2013 年 8 月 1 日测站位置上移。向家坝站于 2008 年 5 月 1 日设立，位于四川省宜宾市安边镇莲花池村。2012 年 6 月 1 日，该站领导机关由中国三峡总公司变更为长江水利委员会。

3.1.5 站网现状

经过多年建设，金沙江流域水雨情站网已基本满足金沙江下游梯级水电站的施工期水文预报要求。按照数据获取方式，水文站网可分为自建遥测站网、委托报汛站网、共享遥测站网以及干支流控制站点等。

截至 2021 年，长江委水文局共计接收金沙江流域 387 个雨量站、83 个水文站、57 个水位站、148 个水库站的实时水雨情数据，详见表 3.5。其中：金沙江上游雨量站 23 个、水文站 14 个、水位站 2 个、水库站 2 个，合计 41 个站点进行报汛；金沙江中游雨量站 79 个、水文站 19 个、水位站 12 个、水库站 43 个，合计 153 个站点进行报汛；金沙江下游雨量站 151 个、水文站 31 个、水位站 41 个、水库站 85 个，合计 308 个站点进行报汛；雅砻江流域雨量站 134 个、水文站 19 个、水位站 2 个、水库站 18 个，合计 173 个站点进行报汛。

表3.5　　金沙江流域水雨情站网统计情况(2021年统计)　　单位：个

流　域	雨量站	水文站	水位站	水库站	合计
金沙江上游	23	14	2	2	41
金沙江中游	79	19	12	43	153
雅砻江	134	19	2	18	173
金沙江下游	151	31	41	85	308
合计	387	83	57	148	675

目前，金沙江流域水雨情监测站网得到了根本性改善，水雨情信息从2005年的308站增加至2021年675站，水雨情站网已基本实现自动报汛全覆盖。除金沙江上游、雅砻江上游段水雨情站网较为稀疏外（石鼓以上站网密度为5674km^2/站），金沙江中下游河段水情站网能较好地满足金沙江中下游梯级群水库防洪调度和水资源利用需求。

3.2　信息采集与处理技术

3.2.1　水文信息采集技术

水文信息采集技术主要包括水位、雨量、流量等项目的观测与测验方式方法、设备配置及设施更新改造[18-19]。

金沙江段自然条件下水文测站主要采集水位、降雨量、流量等各水文要素信息，所用到的水文仪器主要有三大类：水位传感器、降水量传感器和流速传感器。表3.6对水位、降雨量和流量采集的仪器性能和监测技术进行了说明。需要根据金沙江流域不同区域河道特性选择适用的仪器方法进行资料采集。

表3.6　　金沙江流域水文测站类型以及观测要素

水文仪器	监测要素	分　类	观测频次
水位传感器	水位	浮子式水位计、压阻式水位计、气泡式水位计、超声波水位计和雷达水位计	5min 1次
降水量传感器	降雨量	翻斗式雨量计和称重式雨量	5min 1次
流速传感器	流量	流速仪、声学时差法流速仪、声学多普勒流量计和电波流速仪等	1min 1次

3.2.1.1　水位采集技术

1. 水位传感器选型研究

随着水文信息化的发展，水尺逐渐成为水位观测的辅助设施，一般用于校准自记水位计。自记水位观测仪根据数据存储的介质不同，主要分为纸介质自记水位计和电子自记水位计。当今电子技术发展迅速，纸介质自记水位计已经很少使用，电子自记水位计已经成为当今自记水位计的主流。自记水位计根据测量原理不同，主要分为浮子式水位计、压力式水位计、超声式水位计、雷达水位计等几大类。

各种类型的水位传感器适用范围和条件、测量范围和精度以及功耗等技术参数各不相同。因此，开展不同水位传感器设备与复杂河流断面水文特征的适应性分析研究，才能正确选择适合断面水位监测的传感器。

综合分析各种水位传感器的技术参数、性能特点、适用范围和使用优缺点，每种水位传感器都有其特定的应用场合。水位监测断面泥沙淤积、边坡地质环境、雷击因素、水流特性、水面漂浮物、水位变幅等环境因素直接决定了水位传感器的选型。从水位传感器技术参数看，其测量精度一般都能满足水位监测要求，但是量程、适用范围等却不尽相同，使用时必须根据其特点综合比选。各类水位传感器适用范围及性能比较见表3.7。

表3.7　各类水位传感器适用范围及性能比较

水位传感器类型	适用范围	优点	缺点
浮子式水位计	有测井或可以建井	设备价格低、运行稳定、维护方便	前期土建投资大
投入式压力水位计	无测井或不具备建井	设备价格低	安装较复杂、需要进行防雷处理
气泡压力式水位计	无测井或不具备建井	安装简单、维护方便	设备价格偏高
超声式水位计	不具备建井	不受水草、泥沙影响	测量精度较低
雷达水位计	无井，陡坡	精度高	安装较复杂

金沙江下游梯级水电站各站水位传感器主要采用浮子式水位计，其余测站则采用气泡压力式水位计。

(1) 浮子式水位计。浮子式水位计是我国最主要的水位自记传感器。浮子式水位计的浮子随水位同步运动，感应部件通过检测其位置的变化来测量水位。

1) 构造与原理。浮子式水位计（传感器）一般分为感应部分和编码部分。感应部分主要由浮子、连接绳、锤子、转轮（测轮）组成，主要作用是通过转轮轴的角度变化，实时感应被测水体水位的涨落变化，编码部分主要由编码器等组成，主要作用是将转轮轴的角度变化数字化，将水位变化的模拟量转换为数字量，如图3.1所示。

基本工作原理：由于浮子始终漂浮在水面上，当上水位上涨时，浮子也会随同水面上升而上升，连接绳会发生位移，转轮在连接绳的作用力下向锤子端方向相应转动。反之，当水位下降时，转轮在连接绳的作用下向浮子端相应转动。

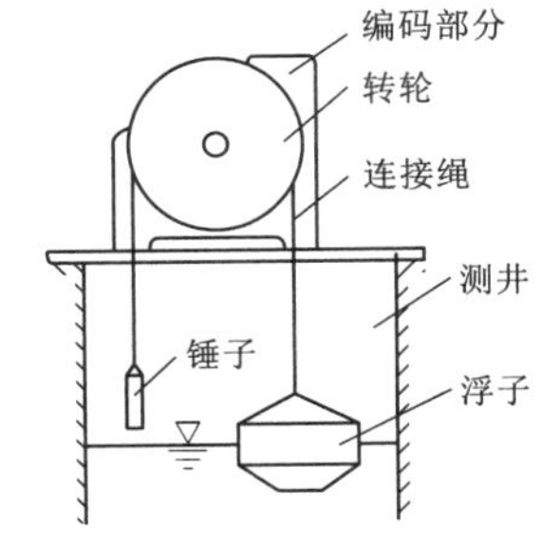

图3.1　浮子水位计结构示意图

2) 性能与指标。

a. 基本技术指标。分辨力为1cm；测量范围至少40m；水位变率至少40cm/min。

b. 水位准确度要求。水位允许误差：在水位变幅为0～10m时，Ⅰ级、Ⅱ级、Ⅲ级水位计的水位允许误差分别为0.3cm、1cm、2cm。测量结果的置信水平应在95%以上，变幅扩大时，水位允许误差不允许超出±3cm。水位灵敏度：Ⅰ级、Ⅱ级、Ⅲ级水位计分别为1.5mm、2mm、4mm，最大为5mm。

c. 使用环境。工作环境温度：－10～＋50℃，井内不结冰。工作环境湿度：95%RH。

d. 可靠性要求。平均无故障工作时间（mean time between failwre，MTBF）：至少一年。

e. 信号输出要求。全量输出推荐格雷码、BCD 码；增量输出推荐可逆计数式、增量式；串行输出 RS485 或 SDI－12。

（2）气泡压力式水位计。气泡水位计通过感压气管，将水下压力传导给安装在水面上的压力传感器以供测量，该类型的水位计主要由气体补给单元、压力传导单元、压力测量单元等三部分组成。其中气体补给单元根据测量需要向压力传导单元补给测压所需气体，确保气管压力与气管水头压力保持一致；压力传导单元把压力传导给压力测量单元；压力测量单元将压力信号最终转换成电信号，供采集器处理，生成水位成果数据。图 3.2 是气泡压力式水位计的典型结构示意图。

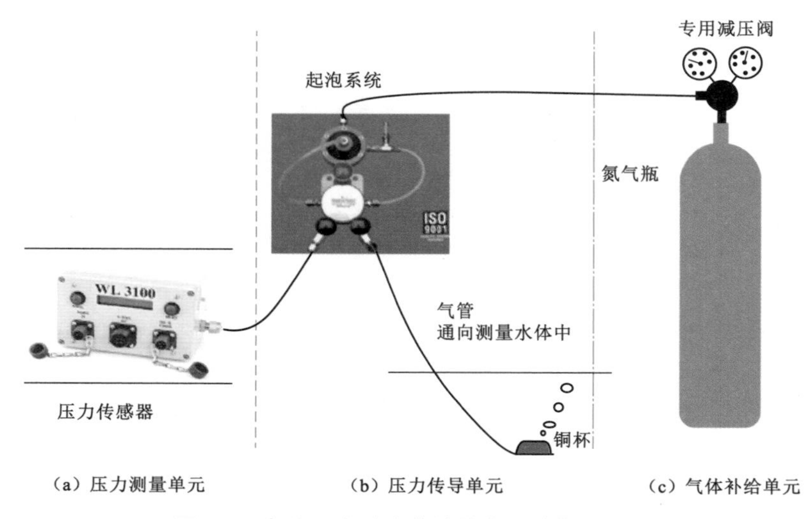

图 3.2　气泡压力式水位计的典型结构示意图

气泡水位计根据气体补给单元的结构形式不同，分为恒流式气泡水位计和非恒流式气泡水位计，其中恒流式气泡水位计是指无论压力测量单元是否采集，气管中一直有气体匀速吹出；非恒流式气泡水位计只有采集的时候才吹气，平时没有气体从气管口冒出。通常恒流式气泡水位计用于大量程水位测量，非恒流式气泡水位计用于中小量程水位测量。图 3.2 所示典型气泡水位计是分体式恒流气泡水位计，是气泡水位计家族的早期产品，需要外配高压氮气钢瓶供气，2010 年前后，国外先进的水文仪器公司相继推出集成式的恒流式气泡水位计，这类水位计自带一个小型的储气瓶和补气泵，所需气体由水位计自主抽取干燥的供气补充。图 3.3 是国内常见的两款恒流式气泡水位计，图 3.3（a）是 HS－40V 恒流式气泡水位计，图 3.3（b）是 waterlog3553 恒流式气泡水位计。

恒流式气泡水位计是目前比较成熟的产品，一般量程较大，可达 70m，分辨力达 1mm。非恒流式气泡水位计的一般量程在 15m 以内，分辨力达 1mm。由于非恒流式气泡水位计在每次测量时，供气泵都需要工作 1 次，因此必须有充足的电能保障。因气泵有机械磨损，限制了非恒流式气泡水位计的工作寿命，另外，为了保证测量，泵气压力必须大于水头压力，高水头测量对气泵性能提出了比较苛刻的要求。

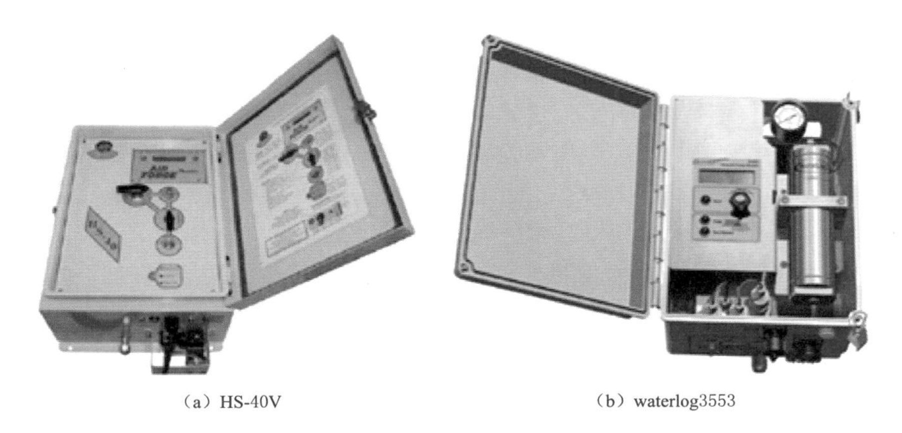

（a）HS-40V　　（b）waterlog3553

图 3.3 恒流式气泡水位计

气泡水位计适合于河道断面边坡较长不适宜修建水位观测井的应用场合，选用气泡水位计观测河道水位，可以节省修建水位测井的投入。

1）工作原理。

a. 分体式恒流式气泡水位计。工作时氮气瓶内的气体通过专用减压阀将气体输送给起泡系统，经过起泡系统速度调节后，气泡缓慢地从河底的管口冒出，此时管口压强等于大气压强与管口水头产生的压强之和，压力传感器的感压气管与河底的气管是连通的，因此其测量的压力就等于大气压强与管口水头产生的压强之和，压力传感器同时也测量大气压强，经过程序处理减去大气压强就可以计算出管口水头和出管口的处的水深，如知道此时管口的高程，还可以计算出此时的水位。这就是恒流式气泡水位计工作的基本原理。恒流式气泡水位计都有一个储气瓶，工作期间储气瓶连续不断地向外释放气泡，感压气管内的压力和气管管口位置的水头压力相等，压力传感器测量出感压气管内的压力即得出气口的水头。

b. 自泵气式恒流气泡水位计。自泵气式恒流气泡水位计能满足大量程高精度的测量需求，同时可自动对感压气路进行补充气体，其结构如图 3.4 所示。

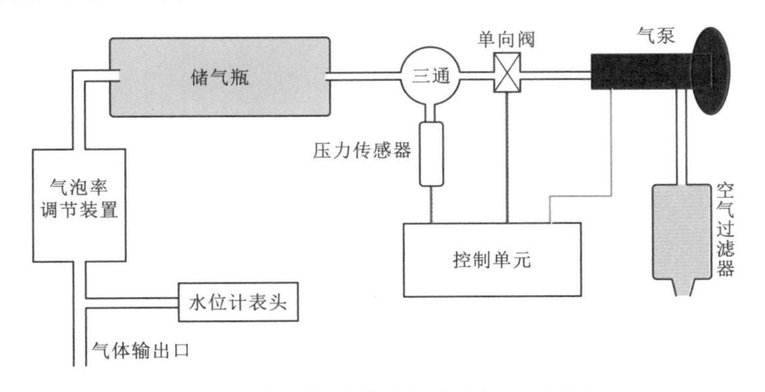

图 3.4 自泵气式恒流气泡水位计结构图

气体补给单元主要由储气瓶、压力传感器、单向阀、气泵、空气过滤器以及控制单元等 6 部分组成。储气瓶、压力传感器、电磁阀由三通互联起来，图 3.4 中压力传感器用于监测储气瓶的内部压力，并反馈给控制单元，当监测到储气瓶压力过低不能满足测量需要时，控制单元打开气泵，开始给储气瓶补气，直到气瓶压力接近程序设定的上限值，气泵停止工作。气泵的进气口安装了空气过滤器，用于过滤空气中的尘埃和水汽，因为尘埃会堵塞气管，水气液化形成水柱，影响系统正常工作。该类型的水位计的典型工作特点是：间断性向气瓶补气，恒流式向外吹气。虽然结构比早期气泡水位计复杂，但是免维护性好，性能优越，有逐步取代早期气泡水位计的趋势。

c. 非恒流式气泡水位计。非恒流式气泡水位计的内部结构与自泵气式恒流气泡水位计的结构类似，其结构和图3.4相比，没有储气瓶和气泡率调节装置（气泡系统），仅当测量时，才会给压力传导单元供气，通常靠高压空气泵打气。

2）安装与调试。

a. 气管敷设。气管敷设可以参考图3.5进行安装，并注意以下几点：①气管和各部件连接处应当紧密不漏气，确保管内压力一直和出气口的水头压力相等；②气管敷设应尽量平滑，避免拐弯过急导致管子内部通气孔因弯折吹起不畅通；③气管敷设应避免负坡，因为气体中的水气液化形成液柱，容易停留在负坡位置，导致测量误差，另外当气源补给不足时，含有泥沙的污水进入气管，容易在气管拐弯处沉淀，导致气管堵塞；④气管敷设应加装钢管保护套管，防止水力作用对气管造成的破坏，钢管护套应尽量贴着河道边坡敷设，避免架空，以减小水力冲击，具备条件的安装场合应挖沟埋设，避免因太阳暴晒造成气管老化、破裂漏气等。

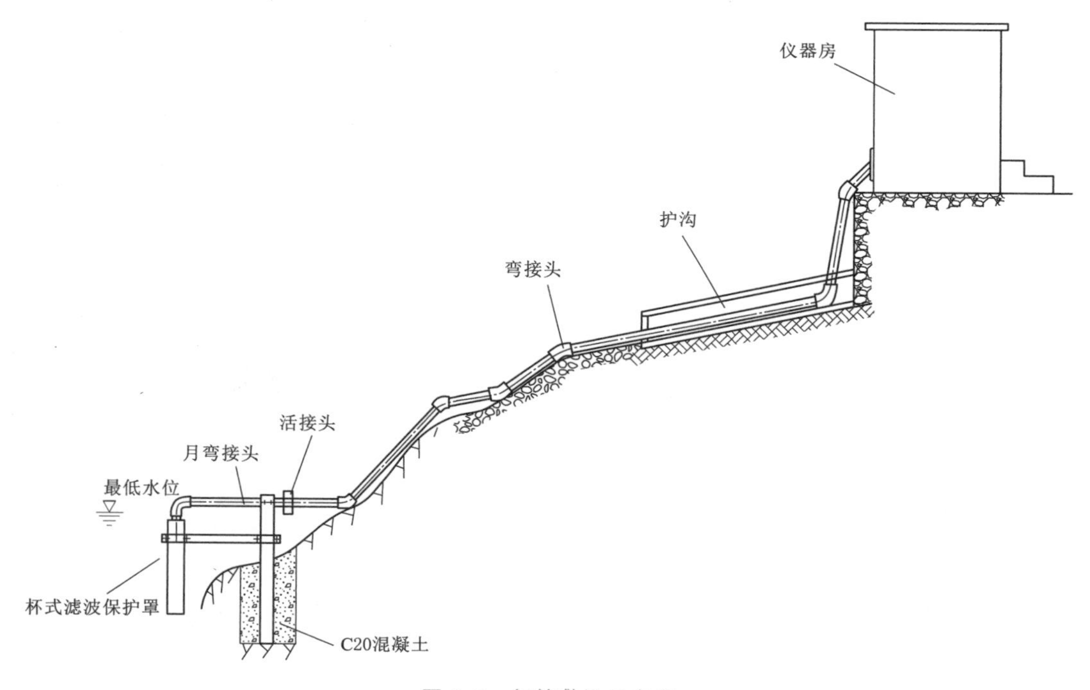

图3.5 气管敷设示意图

b. 水下气室安装。气泡水位计感压气管的末端通常会连接一个倒扣的类似铜杯或铜瓢一样的装置，行业俗称气室或气容。图 3.6 是常见的几种气室。

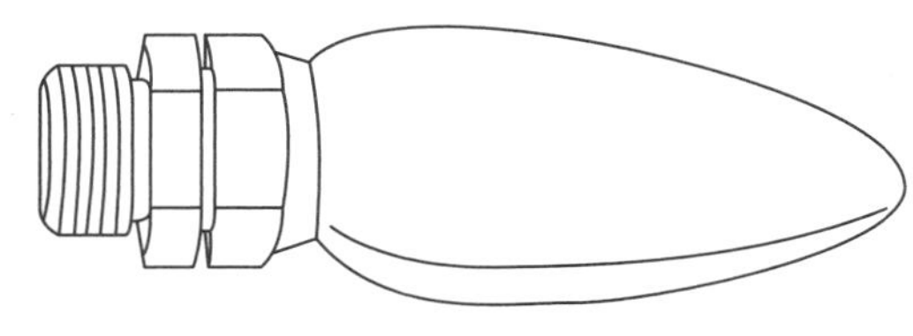

图 3.6 气泡水位计中常见的气室

气室都有和气管连接的接口，接口规格各有要求。除了气管接口外，气室还有一个出气口，口径一般很大，用于释放气泡。气室的安装对测量成果有重要作用，可以参考图 3.7 进行安装，安装过程需要注意以下几点：①气室应和感压气管紧密连接，不能漏气，开口应朝河床，呈倒扣姿势；②气室开口面和河床应保持 30cm 以上的距离，以免河沙淤积堵塞出气口；③应选择水流相对平缓的位置安装气室，以免水力作用冲毁气室或者导致气室晃动，最终产生测量误差。

c. 调试气泡水位计。完成气泡水位计的所有压力传导部件安装后，即可对传感器进行调试。一般传感器通电后，内部控制单元会自动检测储气瓶内气压，如果气压不足会自动补气，待气瓶足压后会自动停止。补气完成后，可按照以下步骤调试水位计：①根据实际情况调整水位计的气泡释放速度（俗称气泡率），气泡释放速度根据实际水头的变率决定，一般水位变化越快，则气泡释放速度应相应调大；水位变化越慢，则气泡释放速度应适当减小。感压气管长，气泡释放速度应相应调大；感压气管短，气泡释放速度应相应调小。感压气管是外径为 3/8 英寸（约 0.95cm）、内径为 1/8 英寸（约 0.32cm）的高分子材质气管，气泡释放速度典型值为 30 个/min。②人工控制水位计处于“冲沙模式”，在此模式下储气瓶向感压气管、气室快速吹气，能够在很短时间内排出感压气管和气室里的水，肉眼看到气室出口处有大量气泡冒出时，即可让水位计切换到恒流吹气模式。稳定 3～5min 后，感压气管的内部压力近似和气室出口处的水头压力相等。③设置气泡水位计的工作参数。

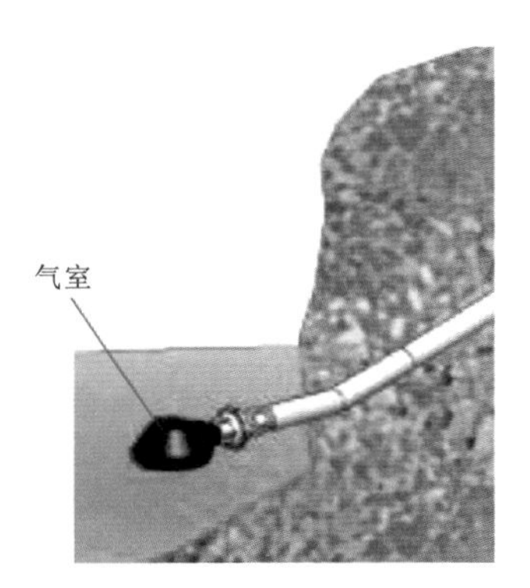

图 3.7 气室安装图

2. 水位自动监测技术研究

随着电子技术、计算机和通信技术的发展，测、报、控一体的自动监控数据采集终端能够实现水位要素的自动采集、存储和传输功能。但是，各种水位传感器都有特定的输出接口和供电范围，自动测控设备必须具备相应的接入能力。目前，几乎所有的水位自动监控站均采用太阳能浮充蓄电池直流供电方式，电源一般为 12V 输出。各类传感器供电方式一般有两种（12V 和 24V），功耗不尽相同，自动测控设备必须具备相对应的电源输出接口，同时还需要电源受控和具有相应的承载能力。

水位传感器的输出接口大致可分为串行、并行和模拟量，主要表现形式有 RS232、

RS485、SDI-12、4～20mA、0～5V、格雷码等。各种输出接口都有自身特点和连接要求。水位传感器输出接口、功耗等参数直接影响到其使用，在实现水位自动监测的集成过程中，应充分根据现场环境特点选择合适的水位传感器。

3. 金沙江水位信息采集方法及设备配置

金沙江下游梯级水电站水情自动测报系统共有遥测站165个，其中有35站可观测水位，为满足系统水情预报的需求，水位应实现自动采集、固态存储、近距离传输等功能。能建水位测井或已有水位测井且能利用的水文、水位站，水位采集的方法均采用浮子式水位计，其余测站则采用气泡压力式水位计。根据气源供应的条件，选用外接气源气泡式压力水位计或气泵气泡压力式水位计。

3.2.1.2 雨量采集技术

1. 雨量传感器选型研究

随着经济的飞速发展，对防汛信息的准确性、时效性要求越来越高，信息传播手段的不断增多，软件、硬件应用水平的不断提高，使得研制开发智能化水平更高的信息采集仪、传输系统成为可能。在这种情况下，降水量观测仪器主要用于观测特定区域特定时段内的降雨深度，分人工和自记两种，两者雨量采集方法基本一样，都是通过承雨口（通常是口径为200mm的漏斗）进行雨量采样，只是观读的方式有区别，人工方式通过肉眼观察时段内的降雨量，自记降水量观测仪器通过配套传感器和数据采集器共同完成降雨量的观测。人工式的观测仪器有雨量器、简易雨量计等，常见的自记式的观测仪器有虹吸式雨量计、翻斗式雨量计。

虹吸式雨量计是利用虹吸原理对雨量进行连续测量，是我国使用较普遍的雨量自记仪器。但由于其原理上的限制，无法将降雨量转换成可供处理的电信号输出，因而无法实现对降雨量的数字化处理、数据传输和自动报汛的实施，虹吸式雨量计必然淘汰。由此，为适应自动报汛的需要，从目前雨量自动采集传感器现状来看，雨量信息自动采集将全部配备翻斗式雨量计。

近年来，随着电子技术的进步，出现了容栅式雨量计、称重式雨量计等，这类降雨观测仪器计量精度较高，但是价格相对昂贵，一般用于科研行业。另外，也有利用光学原理研制的雨雪量计，生产应用较少。根据金沙江下游梯级水电站流域内的年平均降雨量和雨强变化特性，雨量传感器采用分辨力为0.5mm的翻斗式雨量计，观测频次为每5min 1次。

（1）翻斗式雨量计。翻斗式雨量计是水文自动测报行业使用的主流降雨观测仪器。严格地讲，该类型观测仪器还不能独立完成雨量计量，必须和雨量采集器（雨量固态存储器或水文遥测终端机）配合使用，才能完成雨量、雨强分析计算。

1）构造与原理。翻斗式雨量计如图3.8所示，翻斗式雨量计一般由筒身、底座及内部翻斗结构三部分组成。筒身承雨口直径一般为$200_{0}^{+0.60}$mm，筒身和内部结构均安装在底座上。我国水文部门现使用的翻斗式雨量计的分辨力主要有0.5mm和0.2mm两种，其中0.5mm的主要用于南方等降雨丰沛的地区，0.2mm的主要用于北方等降雨稀少的地区。

降雨首先通过翻斗式雨量计筒身上部的承雨口，经过过滤罩滤掉承雨口中的杂物，最后通过注水漏斗进入翻斗。翻斗一般为金属或塑料材质。当翻斗内的承水量达到一定的标准

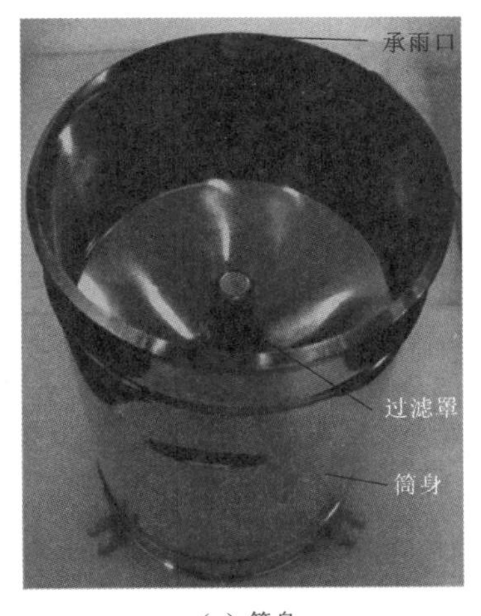

(a) 筒身

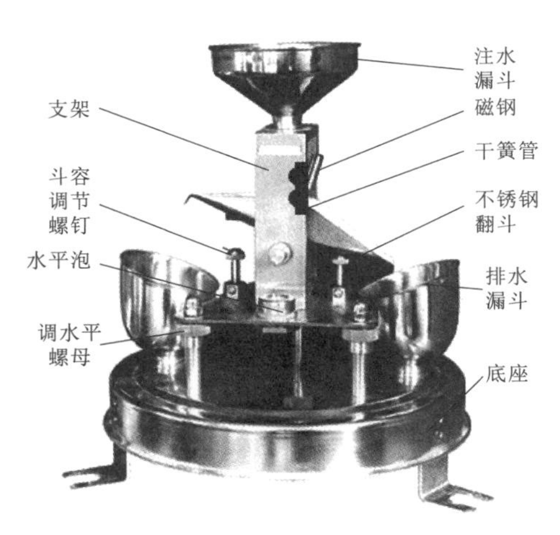

(b) 底座及内部翻斗结构

图 3.8 翻斗式雨量计实物图

量时，翻斗即自行翻转。翻斗下方左右各有 1 个斗容调节螺钉，用以调节其支撑的翻斗的倾斜角度，即通过调节翻斗的倾斜角度来控制翻斗翻转一次所需的承水量。翻斗中间上部装有磁钢，翻斗在翻转过程中，磁钢与干簧管发生相对运动，从而使干簧管接点状态改变，可作为电信号输出。仪器内部装有水平泡，依靠 3 个底脚螺丝调平，可使水平泡居中，表示仪器已呈水平状态，翻斗处于正常工作位置。

翻斗式雨量计输出的是干簧管簧片的机械接触通断状态，接出 2 根连接线形成开关量输出。一次干簧管通断信号代表 1 次翻斗翻转，就代表一个分辨力的雨量，相应的记录器和数据处理设备接收处理此开关信号。翻斗式雨量计本身是无源的，即不需电源，但使用时要产生、处理、接收信号，就必须要有电源。

翻斗式雨量计结构设计精炼，工作原理简单，且满足数字信号输出要求，容易与其他自动化设备连接使用，另外其价格较低廉，性能稳定，使用方便。它完全可以满足大多数情况下雨量的监测需求。

2）性能与指标。国家标准对翻斗式雨量计的技术要求规定为：①使用环境条件：工作环境温度 0～50℃，工作环境湿度 40℃（凝露）时 95%RH。②承雨口：直径 $200_{0}^{+0.60}$ mm，承雨口刃口角度 40°～45°，必须用坚实、耐蚀的材料制作，进入承雨口的雨水不应反溅出承雨口外。③雨量分辨力：有 0.1mm、0.2mm、0.5mm、1.0mm 等 4 种。④适用降雨强度范围：0～4mm/min。⑤翻斗计量误差：+4%～−4%。⑥传感器输出方式：一般为开关量，可采用干簧管、水银开关或其他发讯元件。⑦接点容量：采用接点通断信号输出的翻斗式雨量计，接点应能承受 12V、50mA 的电流，接点输出绝缘电阻不小于 1MΩ，接点接触电阻不大于 10Ω，接点寿命不小于 50 万次（当电流为 50mA、电压为 12V 时）。⑧雨量传感器应有良好的室外工作环境适应能力，便于安装使用，有良好的防堵、防虫、防尘等应对措施。⑨整个雨量传感器应用防腐蚀、不易受气候影响的材料制作。

（2）称重式雨量计。称重式雨量计利用一个弹簧装置或一个重量平衡系统，将储水器连同其中积存的降水的总重量做连续记录。没有自动倒水，固定容积，需减小蒸发损失（加油或其他蒸发抑制剂），特别适合测量固体降水。适用于气象台（站）、水文站、环保、防汛排涝以及农业、林业等有关部门用来测量降水量。

1）构造与原理。如图 3.9（a）是称重式雨量计外观结构图，图 3.9（b）是内部结构图。称重式雨量计主要由筒罩、储水器、称重组件等三大部件组成。

筒罩顶端是承雨口，雨从承雨口飘进来，直接落在筒罩内部的储水器内，储水器放置在称重部件的托盘上，称重传感器根据时段内储水器的重量增加量来计算降水量。承雨口四周有电热器，冰冻天气可以通过加热方式融化器口内缘的结冰，融水直接滴入储水器。从仪器结构可以看出，称重式雨量计呈现出上细下粗的结构，这样设计主要有两大好处：一是保证降水可以完全落入储水器，而不至于黏附在口壁内侧；二是可以增大储水器的容积体积，以便增大仪器量程。

2）性能与指标。称重式雨量计的技术要求：①使用环境条件：$-40\sim60$℃。②承雨口：$200cm^2$、$400cm^2$。③雨量分辨力：0.01mm。④适用降雨强度范围：0～300.00mm/h。⑤储水器容量：1500mm、750mm。⑥传感器输出方式：SDI - 12/RS485。⑦供电：5.5～28V DC。⑧功耗：9.2mA DC12V。

3）主要特点。称重式雨量计计量精度高，从理论上讲既可以用于热带，也可以用于严寒地区，但是和其他类型雨量计相比，价格昂贵，因此常用于我国高寒高海拔等地区气候观测。但是在风沙扬尘较大地区、落叶林地带应该谨慎使用，并采取必要的防护措施。这是因为沙尘和落叶落入储水器内会增加容器重量，造成降水的假象，带来较大观测误差。

4）安装与调试。安装、调试应注意以下事项：①雨量计应该选在标准降水观测场，远离公路、矿山、阔叶林，避免扬尘落叶引起不必要的测量误差；②安装位置应避开大风、重车通行区域，因为风力和底面振动会影响称重部件的正常工作，导致测量误差；③雨量计应安装在预置的混凝土基础上并固定好，因阻风面大，容易倾斜，必要时需要在仪器周围安装防风设施；④和其他类型雨量计一样，雨雪量计安装时应保持器口水平。图 3.10 为雨雪量计安装图。

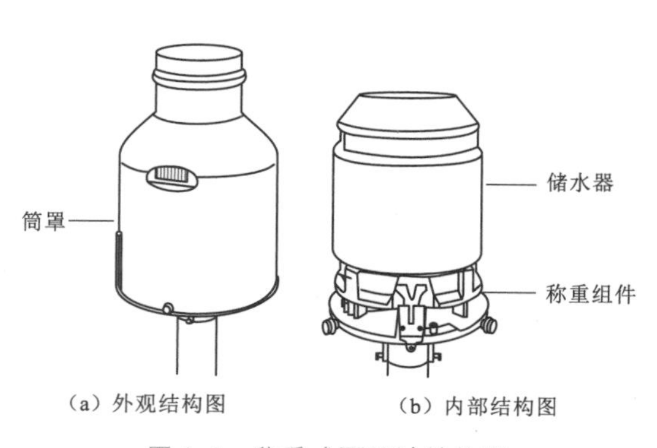

图 3.9　称重式雨量计结构图

图 3.10　雨雪量计安装图

5）检查与养护。检查、养护应注意以下事项：①因为雨雪量计不能自动排水，受储水器容积限制需要定期揭开筒罩人工排水，因此运行维护人员需要不定期关注筒内水量，及时清除筒内水样，以免水满溢出导致下方传感器进水；②人工倒水完毕后储水器应放置在称重托盘的正中间，避免器壁与筒罩接触导致测量误差；③定期检查率定称重传感器。雨雪量计的称重部件使用一段时间后可能会发生线性漂移，可以用注水实验的方式进行检验，发现异常应进行线性修正或者返厂维修。目前，国内使用的雨雪量计较多是进口设备，承雨口口径不一定是200mm，用国产雨量筒做率定实验时应注意有换算系数。

6）误差与控制。除了上文所述的风沙、落叶、外力扰动带来的测量误差外，在使用过程中还应注意两个方面的误差并采取适当措施加以防范：①器口内缘结冰引起的误差。在风、雨、雪交加的恶劣天气，降水可能在器口凝结成较大的冰块，吸附在器口内缘，导致采样值比实际小，此时应注意打开器口内部的加热器，将冰块融化，使之坠入储水器参与计量。完成融冰后，应关闭加热器。②蒸发损失引起的误差。由于储水器的开口较大，内部蒸发损失较大，因此降水天气应加密观测，尽可能准确捕捉降水起始时间和结束时间，以免造成计算值比实际降水值小。

2. 金沙江雨量信息采集方法及设备配置

金沙江下游水电站水情自动测报系统所辖的170个遥测站中，除12个工程专用水位站外，其余的32个水文站、3个水位站、123个雨量站均有雨量观测项目。

根据金沙江下游梯级水电站施工、运行期水文预报的要求，雨量观测采用自动采集、现场存储、有线近距离传输的工作方式。雨量遥测站按有人看管、无人值守的模式运行。

根据流域内的年平均雨量和雨强变化特性，雨量传感器均采用分辨力为0.5mm翻斗式雨量计。

3.2.1.3 流量监测技术

1. 流量监测手段

（1）常规流量监测方法。当前最常用的测流方法按流量测验原理，分为流速面积法、水力学法、化学（稀释）法、直接法等。

1）流速面积法。流速面积法（也称面积流速法）是通过实测断面上的流速和过水断面面积来推求流量的一种方法，此法应用最为广泛。根据测定流速的方法不同，又分为流速仪法、测量表面流速的流速面积法、测量剖面流速的流速面积法、测量整个断面平均流速的流速面积法。其中，流速仪面积法是指用流速仪测量断面上一定测点流速，推算断面流速分布，目前使用最多的是机械流速仪，也可以使用电磁流速仪、多普勒点流速仪。

a. 流速仪法。根据流速仪法测定平均流速的方法不同，又分为选点法（也称积点法）和积分法等。

选点法是将流速仪停留在测速垂线的预定点即所谓测点上，测定各测点流速，计算垂线平均流速，进而推求断面流量的方法。目前，普遍用它作为检验其他方法测验精度的基本方法。

积分法是流速仪以运动的方式测取垂线或断面平均流速的测速方法。根据流速仪运动形式的不同，积分法又可分为积深法和积宽法。积深法是流速仪沿测速垂线匀速提放测定各垂线平均流速推求流量的方法。积深法具有快速、简便，并可达到一定精度等优点。积宽法是利用桥测车、测船或缆道等渡河设施设备拖带流速仪，将其置于一定水深，渡河设施设备沿选定垂直于水流方向的断面线匀速横渡，边横渡边测量，连续施测不同水层的平均流速，并结合实测或借用的测断面资料来推求流量的方法，该法可连续进行全断面测速。积宽法又根据使用积宽设备仪器的不同分为动车、动船和缆道积宽法等。积宽法适用于大江大河（河宽大于 300m、水深大于 2m）的流量测验，特别适用于不稳定流的河口河段、洪水泛滥期，以及巡测或间测、水资源调查、河床演变观测中汊道河段的分流比的流量测验。积分法过去在流量测验中有少量使用，由于声学多普勒流速剖面仪（acoustic Doppler current profiler，ADCP）的出现，目前使用更少。

b. 测量表面流速的流速面积法。测量表面流速的流速面积法有水面浮标测流法（简称浮标法）、电波流速仪法、光学流速仪法、航空摄影法等。这些方法都是通过先测量水面流速，再推算断面流速，结合断面资料获得流量成果。

浮标法是通过测定水中的天然或人工漂浮物随水流运动的速度，结合断面资料及浮标系数来推求流量的方法。一般情况下，认为浮标法测验精度稍差，但它简单、快速、易实施，只要断面和流速系数选取得当，仍是一种有效可靠的方法，特别是在一些特殊情况下（如暴涨、暴落、水流湍急、漂浮物多），该法有时是唯一可选的方法，也有些测站把它作为应急测验方法。

电波流速仪法是利用电波流速仪测得水面流速，然后用实测或借用断面资料计算流量的一种方法。电波流速仪是一种利用多普勒原理的测速仪器，也称为微波（多普勒）测速仪。由于电波流速仪使用电磁波，频率高，可达 10GHz，属微波波段，可以很好地在空气中传播，衰减较小，因此其仪器可以架在岸上或桥上，仪器不必接触水体，即可测得水面流速，属非接触式测量，适合桥测、巡测和大洪水时其他机械流速仪无法实测时使用。

光学流速仪法测流有两种类型仪器：一种是利用频闪效应；另一种是用激光多普勒效应。频闪效应原理制成的仪器是在高处用特制望远镜观测水的流动，调节电机转速，使反光镜移动速度趋于同步，镜中观测的水面波动逐渐减弱；当水面呈静止状态时，即在转速计上读出摆动镜的角度。如仪器光学轴至水面的垂直距离已知，用三角关系即可算得水面流速。激光多普勒测速仪器是将激光射向所测范围，经水中细弱质点散射形成低强信号，通过光学系统装置检测散射光，根据得到的多普勒信号，可推算出水面流速。

航空摄影法测流是利用航空摄影的方法对投入河流中的专用浮标、浮标组或染料等连续摄像，根据不同时间航测照片位置，推算出水面流速，进而确定断面流量的方法。

c. 测量剖面流速的流速面积法。测量剖面流速的流速面积法有声学时差法、声学多普勒流速剖面仪法等。

声学时差法是通过测量横跨断面的一个或几个水层的平均流速流向，利用这些水层平均流速和断面平均流速建立关系，求出断面平均流速。配有水位计测量水位，以求出断面面积，计算流量。国际上时差法仪器较成熟可靠，精度较高，较为常用。时差法有数字化数据、无人值守、常年自动运行、提供连续的流量数据、适应双向流等特点。

声学多普勒流速剖面仪法是自 20 世纪 80 年代初开始发展和应用的新的流量测验仪器。按 ADCP 进行流量测验的方式可分为走航式和固定式，固定式按安装位置不同可以分为水平式、垂直式，垂直式根据安装方式又分为坐底式和水面式。走航式 ADCP 也常简称 ADCP，是一种利用声学多普勒原理测验水流速度剖面的仪器，它具有测深、测速、定位的功能，一般配有 4 个（或 3 个）换能器，换能器与 ADCP 轴线成一定夹角，每个换能器既是发射器，又是接收器。换能器发射的声波具有指向性，即声波能量集中于较窄的方向范围内（称为声束），换能器发射某一固定频率的声波，然后接收被水体中颗粒物散射回来的声波，假定颗粒物的运动速度与水体流速相同。当颗粒物的运动方向是接近换能器时，换能器接收到的回波频率比发射波频率高；当颗粒物的运动方向是背离换能器时，换能器接收到的回波频率比发射波频率低。通过声学多普勒频移，可计算出水流的速度，同时根据回波可计算水深。当装备有走航式 ADCP 的测船从测流断面一侧航行至另一侧时，即刻测出河流流量，故 ADCP 流量测验方法的发明被认为是河流流量测验技术的一次革命。

水平式 ADCP 也称 H－ADCP。它是根据超声波测速换能器在水中向垂直于流向的水平方向发射固定频率的超声波，然后分时接收回波信号，解算多普勒频移来计算水平方向一定距离内多达 128 个单元的流速，与此同时，用走航式 ADCP 或旋桨流速仪测出过水断面的平均流速，积累一定的资料后，利用回归分析或数理统计的其他方法建立水平 ADCP 所测的层流速和过水面积内平均流速的数学模型，即得到断面流速。再用水位计测出水位，算出过水面获得瞬时流量。

垂直式 ADCP 又称 V－ADCP，它配有多个测速换能器，安装在某一垂线的河底或水面，测量此垂线上的多个点的流速分布。流量算法有两种：①和 H－ADCP 一样，利用测得的垂线流速和断面平均流速建立关系来求出断面平均流速，同时仪器配有水位计，可方便地求出断面面积，流量的算法和 H－ADCP 相同；②利用测到的断面上各垂线的流速，结合流速分布理论算出断面流速，再乘以面积就得到流量，这种算法比较适合于管道或宽深比较小的渠道、河流。

d. 测量整个断面平均流速的流速面积法。主要是指**电磁法**。电磁法测流是在河底安设若干个线圈，线圈通入电流后即产生磁场。磁力线与水流方向垂直，当河水流过线圈，就是运动着的导体切割与之垂直的磁力线，便产生电动势，其值与水流速度成正比。只要测得两极的电位差，就可求得断面平均流速，计算出断面流量。该法可测得瞬时流量。但该法技术尚不够成熟，测站采用很少，目前国外有少量使用，且只用于较小的河流和一些特殊场合。

e. 其他面积流速法。采用深水浮标、浮杆等方法测得垂线流速，根据断面资料也可计算出流量。

2）水力学法。测量水力因素并选用适当的水力学公式计算出流量的方法，称为水力学法。水力学法又分为量水建筑物测流、水工建筑物测流和比降面积法三类。其中，量水建筑物测流又包括量水堰、量水槽、量水池等方法，水工建筑物又分为堰、闸、洞（涵）、水电站和泵站等。

a. 量水建筑物测流法。在明渠或天然河道上专门修建的测量流量的水工建筑物称为量水建筑物。它是通过实验按水力学原理设计的，建筑尺寸要求准确，工艺要求严格，结构稳定的建筑物，测量精度较高。

根据水力学原理，通过建筑物控制断面的流量确定水头和率定系数的函数。率定系数又与控制断面大、大小及行近水槽的水力特性有关。系数一般是通过模型实验给出，特殊情况下也可由现场试验，通过对比分析求出。因此，只要测得水头，即可求得相应的流量（当出现淹没或半淹没流时除需要测量水头外，还需要测量其下游水位）。量水建筑物的形式很多，外业测验常用的主要有两大类：一类为测流堰，包括薄壁堰、三角形剖面堰、宽顶堰等；另一类为测流槽，包括文德里槽、驻波水槽、自由溢流槽、巴歇尔槽和孙奈利槽等。

b. 水工建筑物测流法。河流上修建的各种形式的水工建筑物，如堰、闸、洞（涵）、水电站和抽水站等，不但是控制与调节江河、湖、库水量的水工建筑物，也可用作水文测验的测流建筑物。只要合理选择有关水力学公式和系数，通过观测水位就可以计算求得流量（当利用水电站和抽水站时，除了观测水位，还常需要记录水力机械的工作参数等）。利用水工建筑物测流，其系数般情况下需要通过现场试验、对比分析获得，有时也可通过模型实验获得。

c. 比降面积法。比降面积法是指通过实测或调查测验河段的水面比降、糙率和断面面积等水力要素，用水力学公式来推求流量的方法。此法是洪水调查估算洪峰流量的重要方法。

3）化学法。化学法又称为稀释法、溶液法、示踪法等。该法是根据物质不灭原理，选择一种合适于该水流的示踪剂，在测验河段的上断面将已知一定浓度量的指示剂注入河水中，在下游取样断面测定稀释后的示踪剂浓度或稀释比，由于经水流扩散充分混合后稀释的浓度与水流的流量成反比，由此可推算出流量。化学法根据注入示踪剂的方法方式不同，又分为连续注入法和瞬时注入法（也称突然注入法）两种。稀释法所用的示踪剂，可分为化学示踪剂、放射性示踪剂和荧光示踪剂。因此，稀释法又可分为化学示踪剂稀释法、放射性示踪剂稀释法、荧光示踪剂法等。使用较多的是荧光染料稀释法。化学法具有不需要测量断面和流速、外业工作量小、测验历时短等优点。但测验精度受河流溶解质的影响较大，有些化学示踪剂会污染水流。

4）直接法。直接法是指直接测量流过某断面水体的容积（体积）或重量的方法，又可分为容积法（体积法）和重量法。直接法原理简单，精度较高，但不适用于较大的流量测验，只适用于流量极小的山涧小沟和实验室测流。

在以上多种流量测验方法中，目前全世界最常用的方法是流速面积法，其中流速仪法被认为是精度较高的方法，是各种流量测验方法的基准方法，应用也最广泛。当水深、流速、测验设施设备等条件满足，测流时机允许时，应尽可能首选流速仪法。在必要时，也可以多种方法联合使用，以适应不同河床和水流的条件。

（2）水电站截流关键期流量监测技术。水利水电工程建设是在江河上拦水筑坝，形成水库调节江河水资源，实现饮用、灌溉、发电、航运、保护下游等功能。截断天然河流，构筑大坝基坑围堰，实现截断江河水流导流设施过流，是江河上修建拦河大坝工程建设的关键性步骤。

截流是向天然河道不断堆砌土石料以逐步束窄水面宽，最后达到阻断河流，使江水改道从导流设施通过的全过程。截流施工顺利与否直接关系工程建设的整体进度。水电工程截流有模型试验与施工设计，而由于截流过程影响因素复杂，每个工程河段情况不同，水力要素实际出现的时间、大小、分布会与模拟情形相去甚远，有必要进行截流期的实时水力要素监测。

1）截流水文监测的特点。截流期水文监测的内容和实施过程虽然受截流施工地形、水情、水流条件等影响会有些差异，但共同点是不变的。主要特点为：①工程建设施工从投资和安全角度来讲，需要快速地完成，通常在12～48h就要实现合龙，水文监测工作要与施工高度一致，而每个实时要素值的获得需要过程，要素变化越急剧，监测频次就越高，因此在整个施工过程中，监测不能间断，具有时间紧和强度高的特点；②为了有效地指导截流施工，必须保证各要素监测的高精度，而对于截流过程中波浪翻滚的高速水流以及施工形成的松散地面，要实施高强度、高精度的观测，作业难度和风险很大；③受截流区域特定的地形限制，监测场地受施工挤压、观测仪器受环境干扰等，导致监测工作实施难度急剧增大；④在截流施工中，自然与人文环境恶劣，单纯采用常规的水文观测手段或单纯采用一种新技术难以满足截流期高时效性的需要，必须依靠水文测验、河道测绘等多种技术联合运用。根据河床坡降大、水流湍急、河床狭窄、水流落差大、流速大且流态紊乱等特点，必须进行多种技术准备和监测技术方案的研究，制订翔实、科学、实用、高效的实施方案，才能确保准确、及时、完整地收集到各项水文监测资料，最大限度地为截流施工决策提供科学依据。

2）龙口流速监测。龙口流速是截流戗堤进占最重要的水力学指标，监测难度大。随着龙口口门宽度的缩小，龙口最大流速位置不断变化，受戗堤进占施工工作面的限制及截流河段水流特性影响，龙口最大流速不能用常规的缆道法、动船法等方法施测，主要采用非接触式电波流速仪并辅以浮标法监测。流速监测以能根据施工要求掌握流速的化规律，指导截流施工对抛投物选用为原则，在截流戗堤河段布设多个测速点。观测频次视截流进度需要，可采用逐时测量或更高段次观测，以满足施工调度组织的需要。下面为流速监测的主要方法：

a. 电波流速仪法。根据电波流速仪的最大有效测程，以及水平角、垂直角的自动补偿极限值在截流戗堤下游左岸或右岸选定测量站点，使用电波流速仪测量龙口纵横断面或戗堤头挑角等处流速。

b. 浮标法。采用经纬仪或全站仪前方交会，等时距测定浮标运行轨迹，利用计算机制成流态图或直接计算沿程水面流速。

3）截流流量监测。一般情况下，合龙过程中的河道流量（截流设计流量）Q_r 可分为四个部分，即

$$Q_r = Q_l + Q_d + Q_{ac} + Q_s \tag{3.1}$$

式中：Q_l 为龙口流量；Q_d 为导流建筑物分流量；Q_{ac} 为河槽中的调蓄流量；Q_s 为戗堤渗透流量。

因此，截流流量项目包含总流量、龙口流量、分流量和分流比四个部分，具体介绍如下：

a. 总流量。选择在截流河段上游或下游适当位置利用ADCP进行走航式测验获得总流量，有条件的可利用附近水文站配合截流实测流量。

b. 龙口流量。龙口流量是计算明渠分流比、龙口单宽功率的关键要素。龙口流量监测断面选在上、下围堰之间适当位置。龙口流量监测以ADCP走航测量，某些特殊河段，

无法采用 ADCP 或常规缆道测量，可以考虑参考截流物理模型辅以比降法测流，尽管测量精度稍差，但也可以满足截流需要。

c. 分流量。总流量减去龙口流量，可得明渠分流量，即 $Q_{渠}=Q_{总}-Q_{龙}$。截流期，河道龙口流量是最重要的监测项目之一，其测验频次视截流的进展和分流比的变化要求布置。

d. 分流比。分流比为分流量与总流量之比。

2. 金沙江水文站流量监测实践

缆道式流速仪法是金沙江上水文站流量监测的常用方法。该法是在获得断面资料的前提下进行的。按照测验任务书要求，逐线逐点地测量流速，依照流速、水深、垂线间距组合规则计算部分流量和断面流量。当流速偏角超出规定范围时，需要对测点深作相应改正再进行计算。由于水流脉动，在测流的过程中要对测点流速与水深的相应性规律进行分析，即沿水深和横断面方向分布合理性检查，一旦出现异常情况即实施验证性重测。当流量结果出来时，还需与水位对应比较流量的合理性。也就是水文上说的随测、随算、随整理、随分析的现场“四随”工作。检查工作完成后才算是完整的一次测流工作。对于新建水文站，需要进行大量的多线多点流速测验工作，为分析研究确定常规测流方案收集足够的资料。

金沙江支流具有山区性河流水位涨落变化较快的特点，为了缩短测流历时，减少因水位变化导致的水道断面面积计算不准、流量精度偏低的情况，有时会采用简化方法，如表面流速法，其中采用的水面流速仪法包括水下一点法、水面浮标法和电波流速仪法等。这类方法的优点在于能够在较短的时间内获得所需的流量，缺点是前期需要有足够的对比观测分析资料，才能保证结果的精度足够可靠。也可以采用水平式 ADCP 测流法，该法是将 ADCP 水平安装于河床固定位置，内接计算机控制，较短时间内即可完成流量测验，也可通过网络连接遥控实现实时在线测量，以便及时掌握流量信息，服务于相关工作。水平式 ADCP 的使用需要满足以下几个条件：①河道水流顺直，有足够的淹没水深，传感器至河床有适当的距离，安装位置对断面水体具有较好的代表性；②安装位置要牢固，受水流冲击影响较小，传输线埋置和维护方便；③正式投产前需与常规测流方法进行对比观测，建立相关关系。

3. 金沙江下游梯级电站施工期流量监测

（1）溪洛渡水电站。溪洛渡水电站截流期导流工程包括六条导流洞、上游土石围堰及下游土石围堰（图 3.11）。截流采用单戗双向立堵的截流方式施工。

溪洛渡水电站截流时间紧、任务重、要求高、风险大、监测环境恶劣、受制约因素多，根据坝址地形和施工条件，截流监测区域位于溪洛渡电站施工区临 2 桥—溪洛渡水文站河段（简称截流河段），全长约 7km。为满足水文监测要求，共布设 14 个水位监测站、1 个河道总流量监测站、1 个截流龙口流量监测站、1 个龙口流速监测站。

流量监测从 2007 年 10 月 26 日开始，工程截流于 2007 年 11 月 8 日 15 时 45 分合龙，监测到 2007 年 11 月 10 日结束。

1）龙口流速监测。根据溪洛渡工程截流现场条件，主要采用电波流速仪并辅以浮标法监测。流速监测以能根据施工要求掌握流速的变化规律，指导截流施工对抛投物选用为

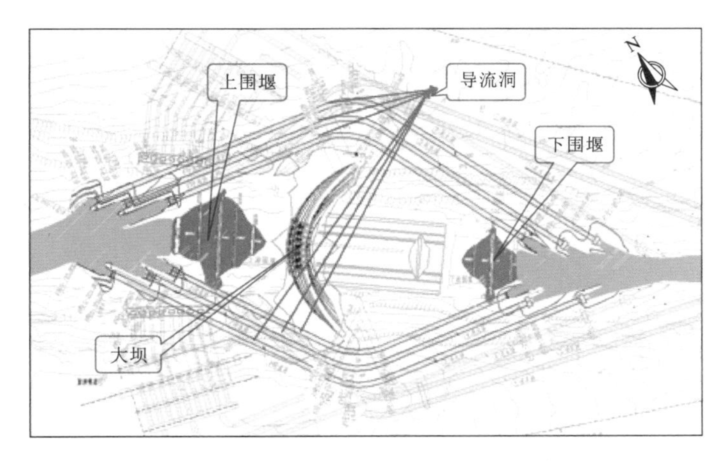

图 3.11 溪洛渡水电站截流期工程平面布置图

原则，在截流戗堤河段布设多个测速点。观测频次视截流进度需要，可采用逐时测量或更高段次观测，以满足施工调度组织的需要。在龙口预进占阶段，龙口流速监测包括龙口上挑角（左、右）、戗堤轴线（中）、龙口下挑角（左、右）的流速；在龙口强进占阶段，只实测龙口上、龙口中、龙口下的流速。观测时段为 2007 年 10 月 30 日至 11 月 8 日。

2）流量监测。

a. 总流量。选择溪洛渡水文站实测流量（溪洛渡水文站位于坝址下游约 6km，其水位流量关系为单一线，根据 2004—2007 年资料分析，溪洛渡水文站流量可以代替坝址天然来水量）作为总流量。

b. 龙口流量。龙口流量监测断面首选在 4 号导流洞出口上游、龙口下游约 800m 的专用测流缆道断面。该断面与龙口间没有区间水量加入，因此该断面的流量就为龙口流量。其次在导流洞进口与截流戗堤围堰之间，还选择有若干龙口流量监测备用断面，龙口流速太大，冲锋舟动力不足，同时受施工抛投的安全威胁，备用断面不宜靠近龙口。龙口流量监测主要以流速仪法和 ADCP 走航测量为主，比降面积法和浮标法为辅。

c. 导流洞流量。总流量减去龙口过流量，可得导流洞总分流量。

在龙口预进占阶段，导流洞的分流能力由于受导流洞组合泄流试验和上游来水量的影响，其分流能力不断变化，通过导流洞爆破后的冲渣，在前期从一个导流洞分流到 11 月 7 日 6 时龙口强进占前期，口门水面宽达到 47.5m，导流洞的分流比 11.9%～53.7%，基本达到设计的分流效果。

d. 戗堤渗透流量。龙口未形成以前，戗堤围堰渗漏的流量与龙口难以区分。当戗堤龙口合龙后，此时龙口流量为 0，实测监测断面的流量即为围堰渗漏的流量。

3）监测成果。龙口流量、导流洞分流能力与龙口落差的关系见表 3.8。

表 3.8 龙口流量、导流洞分流能力与龙口落差的关系表

时　间	坝址流量/(m^3/s)	龙口流量/(m^3/s)	导流洞分流比/%	导流洞分流量/(m^3/s)	龙口落差/m
2007-11-07 4：32	3480	1640	52.9	1840	2.34
2007-11-07 8：00	3500	1620	53.7	1880	2.38

续表

时　间	坝址流量/(m^3/s)	龙口流量/(m^3/s)	导流洞分流比/%	导流洞分流量/(m^3/s)	龙口落差/m
2007－11－07 9：00	3500	1670	52.3	1830	2.18
2007－11－07 10：00	3510	1540	56.1	1970	2.63
2007－11－07 11：00	3510	1450	58.7	2060	2.77
2007－11－07 12：00	3530	1290	63.5	2240	3.14
2007－11－07 13：00	3520	1150	67.3	2370	3.39
2007－11－07 14：00	3520	990	71.9	2530	3.58
2007－11－07 15：00	3520	791	77.5	2729	3.70
2007－11－07 16：00	3520	592	83.2	2928	3.98
2007－11－07 17：00	3540	443	87.5	3097	4.08
2007－11－07 18：00	3520	358	89.8	3162	4.19
2007－11－07 19：00	3520	259	92.6	3261	4.22
2007－11－07 20：00	3540	157	95.6	3383	4.35
2007－11－07 21：00	3540	88.7	97.5	3451.3	4.32

（2）乌东德水电站。电站厂房采用两岸各布置 6 台机组的地下式厂房，左右岸电站建筑物均靠河侧布置，施工导流采用全年围堰河床一次性断流、隧洞导流方案，左岸布置 2 条导流隧洞，右岸布置 3 条导流隧洞，两岸导流隧洞均靠山里侧布置，左右岸各 2 条导流隧洞与电站尾水洞结合，两岸尾水出口均在大坝基坑下游。根据乌东德坝区现有监测站网条件，结合截流所需的水文信息，监测布设 6 个水位站（点）、4 个流量监测断面、1 个流速监测断面（图 3.12）。

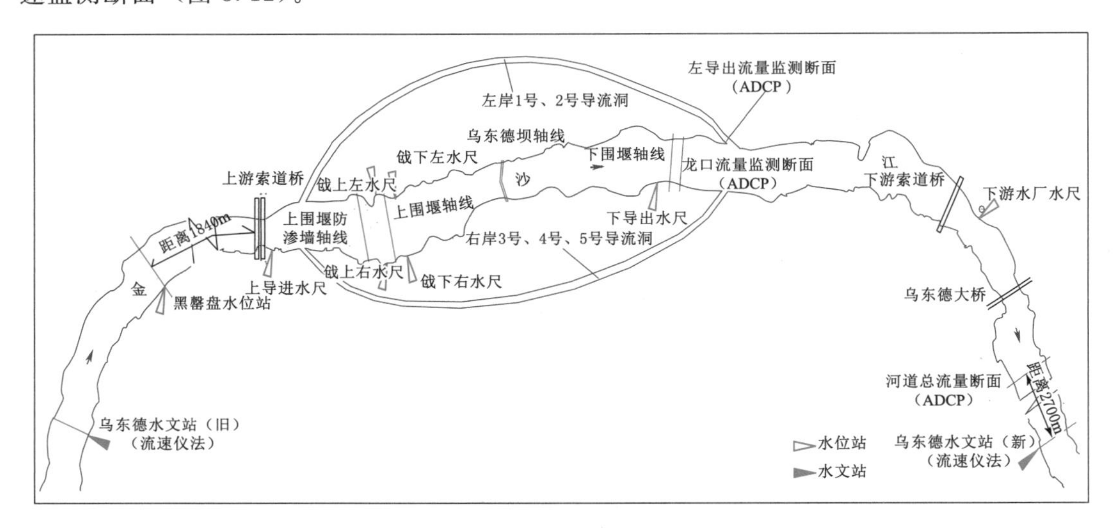

图 3.12　乌东德水电站截流期工程平面布置图

根据本河段的水文站及水流条件，在导流洞出口下游采用船载 ADCP 或乌东德新站实测河道总流量，在截流戗堤下游采用船载 ADCP 实测河道分流量即龙口流量，通过同步观测河道总流量和河道分流量来获得导流洞流量，进而得到导流洞分流比。

2015 年 1 月 4 日完成河道分流量断面位置选择，冲锋舟及设备安装试航调试，布置控制点、断面测量，ADCP、浮标法、缆道流速仪法对比观测。监测时间为 1 月 5—8 日，共测量分流比数据 20 组，流量监测 57 次（ADCP）。

1）龙口流速监测。龙口流速测验采用电波流速仪非接触式测速，具体监测位置在上戗堤下游约 30～50m 的河岸边，截流根据施工进度进行 4～8 段次测验，监测龙口门区流速变化。

2）流量监测。

a. 总流量。当水流条件适合采用走航式 ADCP（船载）观测时（水面最大流速小于 3m/s），使用冲锋舟装载 ADCP 在导流洞出口下游附近安全区域实施河道总流量观测，与此同时安排乌东德新站缆道流速仪法同步测流进行验证，以确保精度。当水流条件不适合采用走航式 ADCP 观测时（水面最大流速大于 3m/s），则需要在导流洞出口下游利用乌东德水文站断面使用流速仪法施测河道总流量。

b. 河道分流量。当水流条件适合采用走航式 ADCP（船载）观测时，在坝轴线附近对河道分流量进行观测。当水流条件不适合采用走航式 ADCP（船载）观测时，则在坝轴线与导流洞进口之间的河段布置一个断面，采用浮标法观测。该法在使用前需要确定断面位置、布设基线、实施大断面测量，并且需要对 ADCP 方式与浮标法进行对比观测，确定浮标系数。考虑到本河段施工下渣情况，断面受上游来水来沙条件带来的冲淤变化，应在水流平稳期或一次较大洪峰过后及时测量断面，以保证断面面积的精度。浮标可采用河流上游河道中天然浮标或人工浮标。人工投放浮标处可选择在上游吊桥处或导流洞进口下游处。

c. 导流洞分流量及分流比。因河道总流量、分流量观测断面相距不远，区间没有水量加入，因此以河道总流量减去河道分流量就是导流洞分流量，导流洞分流量除以河道总流量就是导流洞分流比。

3）测量成果。乌东德水电站截流监测上戗堤实况特征信息和水位龙口流量分流比见表 3.9 和表 3.10。

表 3.9　乌东德水电站截流监测上戗堤实况特征信息表

序号	项目名称	上游围堰			龙口		河道流量/(m^3/s)	龙口流量/(m^3/s)	左洞流量/(m^3/s)	右洞流量/(m^3/s)	分流比/%
		上平均水位/m	下平均水位/m	围堰落差/m	水面宽/m	流速/(m^3/s)					
1	最小值	822.24	818.56	3.06	13.8	1.9	1750	24.5	794	872	93.4
2	最大值	822.46	819.27	3.68	28.6	4.9	2020	129.0	925	1050	98.6

表 3.10　乌东德水电站截流监测上戗堤水位龙口流量分流比信息表

序号	上围堰上水位/m	龙口		河道流量/(m^3/s)	龙口流量/(m^3/s)	左洞流量/(m^3/s)	右洞流量/(m^3/s)	分流比/%
		水面宽/m	流速/(m/s)					
1	822.25	28.6	4.90	1900	126.0	841	934	93.4
2	822.31	28.6	4.90	1920	125.0	843	953	93.5
3	822.34	28.6	4.80	2020	129.0	849	1040	93.6

续表

序号	上围堰上水位/m	龙口		河道流量/(m^3/s)	龙口流量/(m^3/s)	左洞流量/(m^3/s)	右洞流量/(m^3/s)	分流比/%
		水面宽/m	流速/(m/s)					
4	822.33	28.6	4.90	2020	129.0	894	991	93.6
5	822.41	26.8	3.20	1910	54.5	865	984	97.1
6	822.40	26.8	3.20	1940	54.5	841	1050	97.2
7	822.41	26.8	3.50	2010	60.2	911	1040	97.0
8	822.46	26.8	3.50	2020	72.5	925	1020	96.4
9	822.43	26.8	3.50	1990	72.1	898	1020	96.4
10	822.41	26.8	3.50	1980	68.7	873	1040	96.5
11	822.38	23.2	3.00	1930	53.2	827	1050	97.2
12	822.34	21.8	3.00	1830	62.9	841	926	96.6
13	822.34	21.8	3.00	1800	63.0	798	935	96.5
14	822.36	18.5	3.30	1800	62.9	814	923	96.5
15	822.32	17.3	1.90	1750	32.3	818	895	98.2
16	822.41	16.4	3.31	1780	71.7	794	910	96.0
17	822.36	16.2	1.90	1760	24.5	842	894	98.6
18	822.28	14.2	3.50	1760	80.8	802	872	95.4
19	822.25	14.0	3.60	1760	75.2	802	878	95.7
20	822.24	13.8	3.81	1760	73.5	797	885	95.8

（3）白鹤滩水电站。枢纽工程主要由混凝土双曲拱坝、二道坝及水垫塘、泄洪洞、引水发电系统等建筑物组成。混凝土双曲拱坝坝顶高程 834.00m，最大坝高 289.0m，坝顶弧长 709.0m，坝身布置有 6 个泄洪表孔和 7 个泄洪深孔；泄洪洞共 3 条，均布置在左岸；电站总装机容量为 16000MW。白鹤滩水电站枢纽建筑物由混凝土双曲拱坝、地下厂房、左岸泄洪洞等组成。施工导流采用全年围堰河床一次性断流、隧洞导流方案，左岸布置 3 条导流隧洞，右岸布置 2 条导流隧洞，两岸导流隧洞均靠山里侧布置。

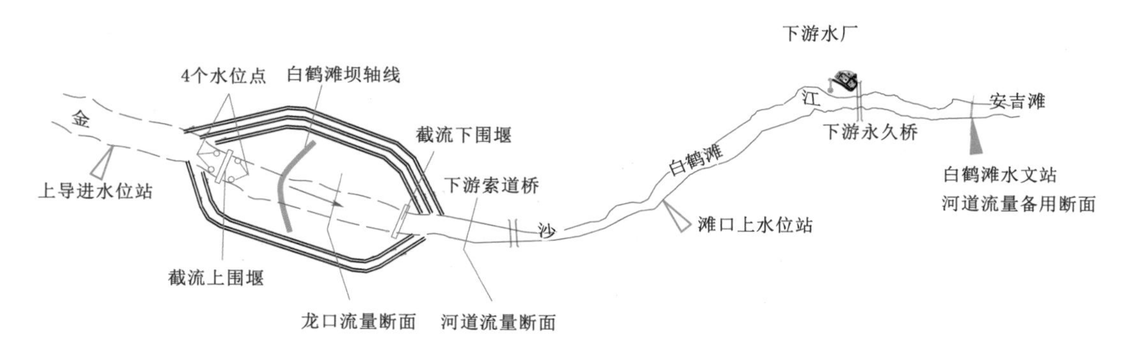

图 3.13 白鹤滩水电站截流期工程平面布置图

根据白鹤滩坝区现有监测站网条件，结合截流所需的水文信息，监测布设4个水位站（点）、2个流量监测断面、1个流速监测断面。

根据本河段的水文站及水流条件，在导流洞进出口之间戗堤附近采用船载ADCP实测河道分流量即龙口流量。在导流洞出口下游采用ADCP测量河道总流量，当不能在此施测河道总流量时，也可采取在下游白鹤滩水文站断面同步缆道测量获得河道总流量，通过同步观测河道总流量和河道分流量来获得导流洞流量，进而得到导流洞分流比。

2015年11月1日完成河道分流量断面位置选择、冲锋舟及设备安装试航调试，布置控制点、断面测量，ADCP、浮标法、缆道流速仪法对比观测，并于当天实施2组流量分流比的观测。

监测时间为11月1—3日，共测量分流比数据5组，ADCP流量监测10次，站上同步测量5组流量。

1）龙口流速监测。龙口流速测验采用电波流速仪非接触式测速，具体监测位置在上戗堤下游约30～50m的河岸边，截流根据施工进度进行4～8段次测验，监测龙口门区流速变化。

2）流量监测。

a. 总流量。当水流条件适合采用走航式ADCP（船载）观测时（水面最大流速小于3m/s），使用冲锋舟装载ADCP在导流洞出口下游附近安全区域实施河道总流量观测，与此同时，安排白鹤滩新站缆道流速仪法同步测流进行验证，以确保精度。当水流条件不适合采用走航式ADCP观测时（水面最大流速大于3m/s），则需要在导流洞出口下游利用白鹤滩水文站断面使用流速仪法施测河道总流量。

b. 河道分流量。当水流条件适合采用走航式ADCP（船载）观测时，在坝轴线附近对河道分流量进行观测。当水流条件不适合采用走航式ADCP（船载）观测时，则在坝轴线与导流洞进口之间的河段布置一个断面，采用浮标法观测。该法在使用前需要确定断面位置、布设基线、实施大断面测量，并且需要对ADCP方式与浮标法进行对比观测，确定浮标系数。考虑到本河段施工下渣情况，断面受上游来水来沙条件带来的冲淤变化，应在水流平稳期或一次较大洪峰过后及时测量断面，以保证断面面积的精度。浮标可采用河流上游河道中天然浮标或人工浮标。人工投放浮标处可选择在上游吊桥处或导流洞进口下游处。

c. 导流洞分流量及分流比。同乌东德水电站计算方法。

3）监测成果。白鹤滩水电站截流监测上戗堤实况特征信息和水位龙口流量分流比见表3.11和表3.12。

表3.11 白鹤滩水电站截流监测上戗堤实况特征信息表

序号	项目名称	白鹤滩水电站水位/m	围堰落差/m	龙口		河道流量/(m^3/s)	龙口流量/(m^3/s)	堤顶宽/m	分流比/%
				水面宽/m	流速/(m/s)				
1	最大值	592.20	2.62	26.3	3.8	3380	56.0	69.8	99.9
2	最小值	590.29	1.9	3.0	1.5	2240	1.87	69.8	98.3

表3.12 白鹤滩水电站截流监测上戗堤水位龙口流量分流比信息表

序号	白鹤滩水电站水位/m	龙口		河道流量/(m^3/s)	龙口流量/(m^3/s)	分流比/%
		水面宽/m	流速/(m/s)			
1	592.20	26.3	3.80	3380	56	98.3
2	591.59	14.9	3.00	2840	18.7	99.3
3	591.31	11.1	2.50	2560	10.2	99.6
4	590.65	9.4	1.90	2390	4.77	99.8
5	590.29	3.0	1.50	2240	1.87	99.9

3.2.2 水文信息传输技术

目前在我国水情信息传输中常用于数据传输的通信方式主要有无线通信、移动通信、有线通信、卫星通信等几种，根据当地测站实际情况选择合适的组网方式[20]。

3.2.2.1 常用传输技术

1. *移动通信*

移动通信包括GSM通信、GPRS（3G/4G）通信等。

（1）GSM通信。GSM通信是移动通信一种存储和转发服务。短消息并不是直接从发送人发送到接收人，而始终通过短信服务中心进行转发。如果接收中心处于未连接状态，则消息将在接收中心再次连线后发送。

GSM通信的特点：①传递可靠，GSM通信具有确认机制；②费用低廉；③误码率低，短消息的发送误码率低于10^{-6}；④传递响应时间。专业平台的信息发送平均时延小于5s；⑤功耗小，最大发射功率为700mW。使用短信通信时，应注意的问题：传输时延、超量分包、信息拥塞。

采用GSM通信信道的遥测站与中心站的水文信息传输通信有两种方式：一种是在短信中心申请特服号的方式，所有遥测站将采集的信息发到该特服号，中心站与短信中心进行专线连接；另一种方式是点对点方式连接，在中心站配置GSM无线MODEM池，与遥测站建立GSM通信连接。GSM通信组网结构示意如图3.14所示。

（2）GPRS通信。GPRS是通用分组无线服务（general packet radio service）的英文缩写，是2G迈向3G的过渡产业，是GSM系统上发展出来的一种新的承载业务，目的是为GSM用户提供分组形式的数据业务。它特别适用于间断的、突发性的、频繁的、少量的数据传输，也适用于偶尔的大数据量传输。GPRS理论带宽可达171.2kb/s，实际应用带宽为40～100kb/s。在此信道上提供TCP/IP连接，可以用于Internet连接、数据传输等应用。其主要特点为：①实时在线；②快速登录；③高速传输；④按量收费；⑤自如切换。GPRS通信组网结构示意如图3.15所示。

采用GPRS通信信道组建水情自动测报系统应根据系统的特点选择适用的接入方式实现GPRS接入。

第三代移动通信系统（3G）就是IMT－2000，在2000年左右可开始商用并工作在2000MHz频段上的国际移动通信系统（IMT－2000）。主流3G技术标准主要为cd-

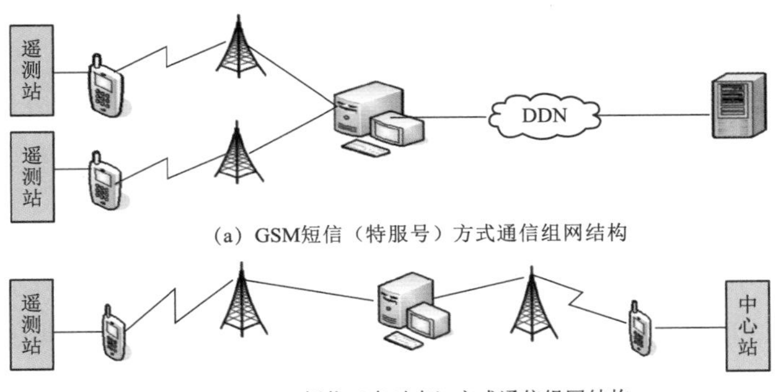

图 3.14 GSM 通信组网结构示意图

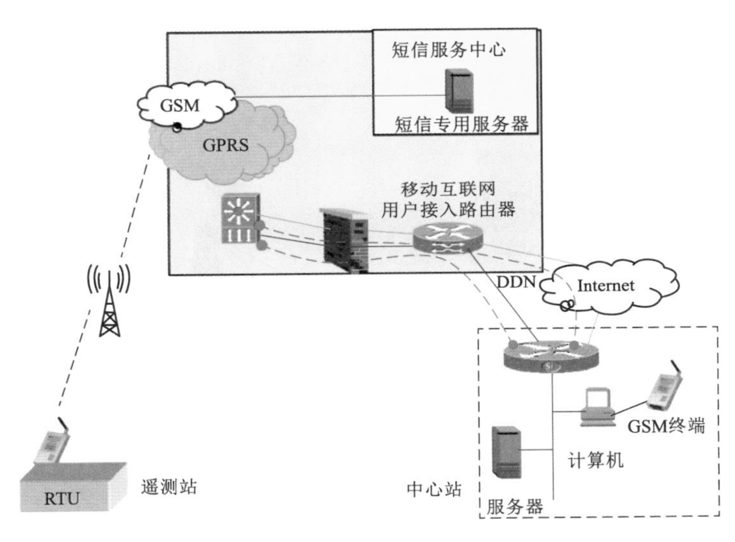

图 3.15 GPRS 通信组网结构示意图

ma2000、WCDMA、TD－SCDMA。其通信组网方式与 GPRS 类似。

(3) 5G 通信技术。第五代移动通信技术（5G）是具有高速率、低时延和大连接特点的新一代宽带移动通信技术，是实现人机物互联的网络基础设施。其不仅要解决人与人通信，为用户提供增强现实、虚拟现实、超高清（3D）视频等更加身临其境的极致业务体验，更要解决人与物、物与物的通信问题，满足移动医疗、车联网、智能家居、工业控制、环境监测等物联网应用需求。最终，5G 将渗透到经济社会的各行业各领域，成为支撑经济社会数字化、网络化、智能化转型的关键新型基础设施。

1）性能指标。性能指标为：①峰值速率需要达到 10～20Gb/s，以满足高清视频、虚拟现实等大数据量传输；②空中接口时延低至 1ms，满足自动驾驶、远程医疗等实时应用；③具备百万连接每平方公里的设备连接能力，满足物联网通信；④频谱效率要比长期演进技术（long term evolution，LTE）提升 3 倍以上；⑤连续广域覆盖和高移动性下，用户体验速率达到 100Mb/s；⑥流量密度达到 10Mb/(s・m^2) 以上；⑦移动性支持

500km/h 的高速移动。

2）技术特点。5G 是面向日益增长的移动通信需求而发展的新一代移动通信系统技术。5G 具有超高的频谱利用率和能效，在传输速率和资源利用率等方面较 4G 移动通信提高一个量级甚至更高，其无线覆盖性能、传输时延、系统安全和用户体验也得到显著的提高。

面对未来多样化场景的差异化需求，5G 不会像以往一样以某种单一技术为基础形成针对所有场景的解决方案，而是与其他无线移动通信技术密切衔接，为移动互联网的快速发展提供无所不在的基础性业务能力。移动宽带、大规模机器通信和高可靠、低时延通信为其主要应用场景。

3）水文自动监测的应用前景。随着水文信息化发展，水文自动监测不再局限于水位、雨量等简单参数的监测，正朝着多要素、全要素方向迈进。长江口近海单个水文站就包含雨量、水位、风速风向、盐度和泥沙、能见度、水质、流速流量等多要素自动监测，如图 3.16 所示。监测要素的不断增加对数据通信网络带宽、时延和稳定性提出了更高的要求，4G 传输已不能满足要求，需要专网进行数据传输。

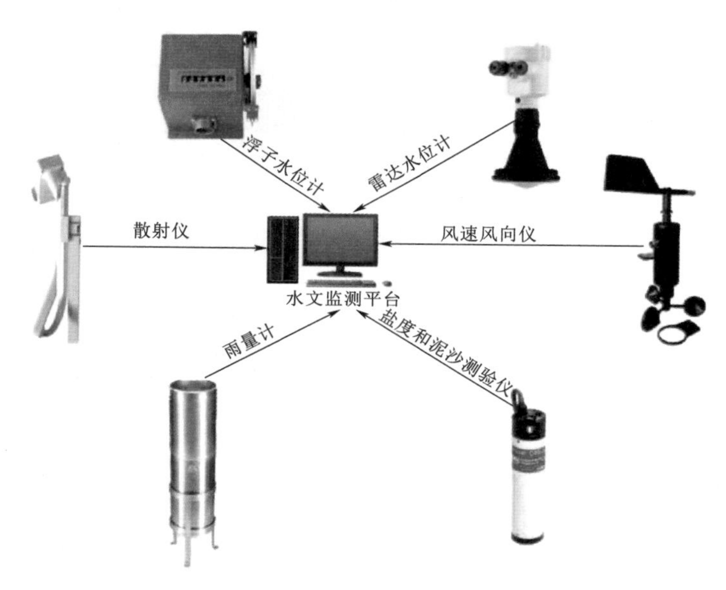

图 3.16　水文多要素监测

现有方式下，由于 4G 网络虽然其理论上行速度能达到 50Mb/s，但在实际使用过程中受技术特点及使用环境限制，其上行速度大部分时间低于 10Mb/s，因此，采用 5G 通信，上行速率理论上可以达到 10Gb/s，时延只有 1ms，其高速率、低延时和高稳定性能极大满足该测流系统大量实时数据远程传输和实时计算的需求，即数据处理后移到中心站，现场采集的数据采用后端处理模式。其优势为：①可以有效降低整套设备功耗约 40%，从而降低对供电的要求；②不用架设交流电，现场可直接采用太阳能浮充蓄电池供电方式；③通过简化现场设备，降低了安装维护难度和成本，增强了设备的野外适用能力。

在水文多要素自动监测的应用中，大数据量、低延时是它们的共性。而对于5G而言，实时处理大数据恰恰是它的优势所在，因为5G的低时延，结合其边缘云计算的能力，可以确保仪器设备实时完成测量—计算—校正—再测量过程，这种特性十分适用于瞬时测量数据量大且需要不断校正但仪器本身又不具备大数据量计算能力的水文仪器设备。

2. 有线通信

有线通信包括程控电话（PSTN）通信、光纤通信等。

(1) 程控电话通信。公用程控电话交换网（PSTN）具有设备简单、入网方式简单灵活、适用范围广、传输质量较高、传输信息量大、通信费用低廉等优点。遥测站要采取防雷保护措施。PSTN通信方式通信组网结构如图3.17所示。

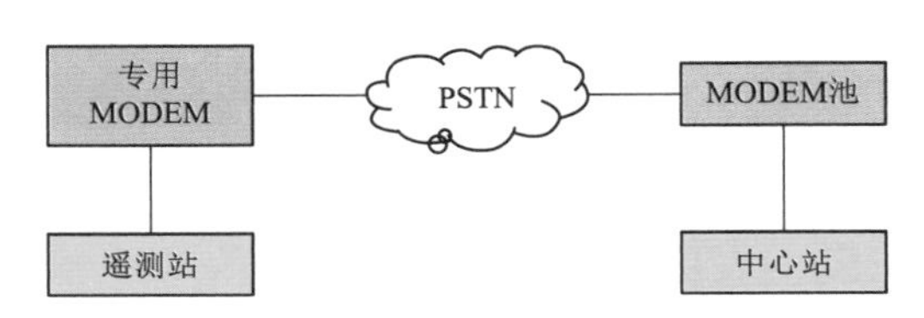

图3.17 PSTN通信方式通信组网结构

(2) 光纤通信。光导纤维通信简称光纤通信，原理是利用光导纤维传输信号，以实现信息传递的一种通信方式。实际应用中的光纤通信系统使用的不是单根的光纤，而是许多光纤聚集在一起的组成的光缆。就光纤通信技术本身来说，包括光纤光缆技术、光交换技术传输技术、光有源器件、光无源器件以及光网络技术等主要部分。

光纤通信系统由数据源、光发送端、光学信道和光接收机组成。其中数据源包括所有的信号源，它们是话音、图像、数据等业务经过信源编码所得到的信号；光发送机和调制器则负责将信号转变成适合于在光纤上传输的光信号，先后用过的光波窗口有0.85、1.31和1.55。光学信道包括最基本的光纤，还有中继放大器EDFA等；而光学接收机则接收光信号，并从中提取信息，然后转变成电信号，最后得到对应的话音、图像、数据等信息。

随着通信网络逐渐向全光平台发展，网络的优化、路由、保护和自愈功能在光通信领域中越来越重要。采用光交换技术可以克服电子交换的容量瓶颈问题，实现网络的高速率和协议透明性，提高网络的重构灵活性和生存性，大量节省建网和网络升级成本。其特点为：①在单位时间内能传输的信息量大。20世纪90年代初，光纤通信的实用水平的信息率为2.488Gb/s，即一对单模光纤可同时开通35000个电话，而且它还在飞速发展。②经济。光纤通信的建设费用随着使用数量的增大而降低。③体积小、重量轻，施工和维护等都比较方便。④使用金属少，抗电磁干扰、抗辐射性强，保密性好等。

3. 卫星通信

卫星通信在水情信息传输中主要有海事卫星通信，北斗卫星通信等类型。

(1) 海事卫星通信。海事卫星通信系统是利用通信卫星作为中继站的一种船舶无线电通信系统。它具有全球（除南北极区外）、全时、全天候、稳定、可靠、高质量、大容量和自动通信等显著优点，既可改善船舶营运和提高管理效率、密切船岸联系，而且有助于保障海上人命安全。

海事卫星通信系统由以下三大部分组成：

1) 海事通信卫星。它是系统的中继站，用以收、发岸站和船站的信号。卫星布设于太平洋、大西洋和印度洋三个洋区，采用静止轨道卫星，卫星可提供电话、电报、传真和共用呼叫服务。

2）岸站。它是设在海岸上的海事卫星通信地球站，起通信网的控制作用，设有天线等设备，岸台可与陆上其他通信网相连通。

3）船站。它是装在船上的海事卫星通信地球站，是系统的通信终端，装备有抛物面天线等设备，电话通信采用调频方式，电报通信采用移相键控调制方式。每颗通信卫星的通信容量的分配是由指定岸站的网络协调站负责分配卫星通信信道。电报信道预先分配给各岸站，由其负责分配与船站进行电报通信的时隙。电话信道由网络协调站控制，由船站、岸站进行申请后分配。

海事卫星组网结构如图 3.18 所示。

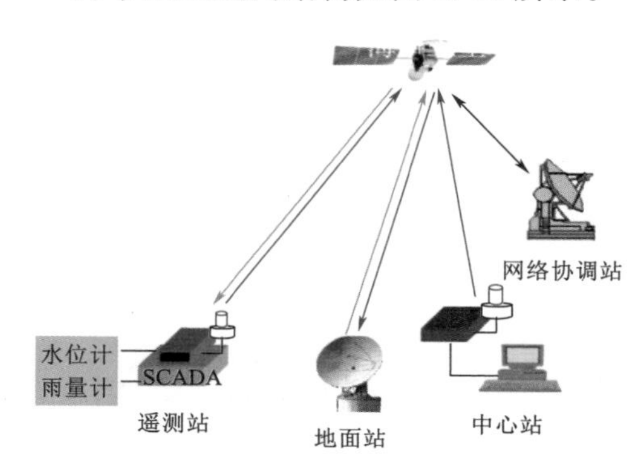

图 3.18　海事卫星组网结构示意图

水文数据传输主要应用海事卫星通信系统的短数据报告方式。陆用终端小巧，体积只有公文包大小，重量仅有 3kg，可装在手提箱中；车载式的卫星终端具有全向性天线，能在行进中进行通信；便携式或固定式的终端采用小型定向天线，可方便携带及降低能耗。其优点是产品成熟，可靠性高，低雨衰，体积小，便于安装维护；缺点是数据包小，传输费用高。

（2）北斗卫星通信。北斗卫星通信系统以其特有的技术体制和整体性能优势，近年来在水利水电遥测领域的应用规模不断扩大，先后在黄河流域、长江流域以及广东、广西、湖北、云南、重庆、成都、贵州、黑龙江等地建设完成了北斗遥测示范工程。

北斗卫星系统是中国自主知识产权的区域性导航定位系统（图 3.19），由多颗地球同步轨道卫星、地面控制中心、各类北斗终端三大部分组成。系统可以无缝覆盖我国全部国土面积及周边海域，具有快速定位、双向通信和精密授时三大基本功能；北斗民用运营中心可以提供跨网络平台信息转发、群组呼及广播、数据存储备份、数据实时查询下载、数据多点分发等服务功能。

1）北斗卫星的组成。北斗卫星由三大部分组成：①空间卫星部分。空间卫星部分由 2～3 颗地球同步卫星组成，负责执行地面中心站与用户终端之间的双向无线电信号中继任务。每颗卫星的主要载荷是变频转发器，以及覆盖定位通信区域点的全球波束或区域波束天线。②地面中心站部分。地面中心站主要由无线电信号发射和接收，整个工作系统的监控和管理，数据存储、交换、传输和处理，时频和电源等各功能部件组成。神州天鸿卫星导航定位通信运营服务中心（以下简称“神州天鸿网管中心”）作为地面中心站延伸部分，负责民用用户的注册、管理和运营。③用户终端部分。用户终端能够接收地面中心站经卫星转发的测距信号，并向两颗卫星发射应答信号，此信号经卫星转发到中心站进行数据处理。

2）系统工作流程。北斗卫星系统通过下述工作流程提供定位和通信服务，如图 3.20 所示。

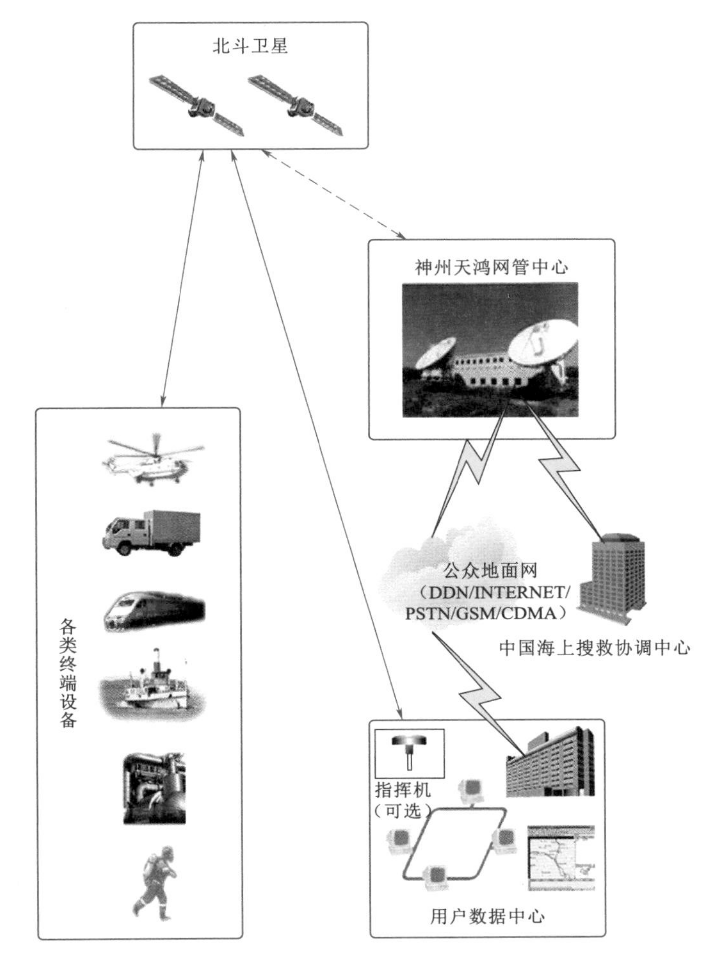

图 3.19 北斗卫星系统

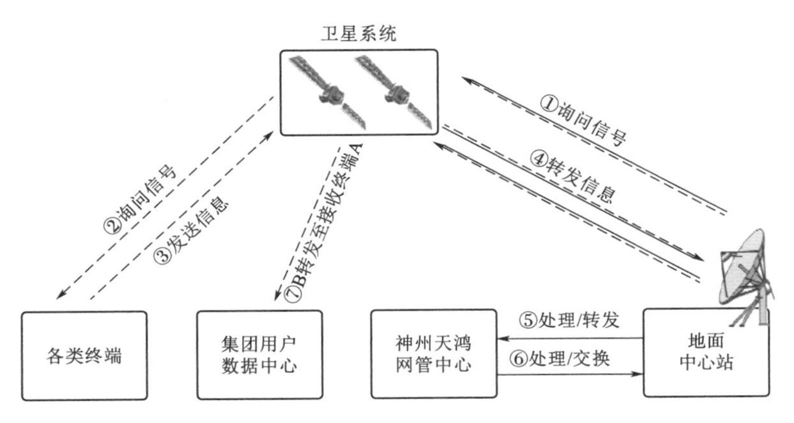

图 3.20 北斗卫星工作流程

3）北斗系统对水文遥测的适用性。北斗系统的设计覆盖范围为东经70°～145°，北纬5°～55°，中国陆地地区大部分地区；北斗系统工作在L/S/C波段，频率范围为1.5～2.5GHz，具有良好的抗雨衰性能，能够充分保证水文遥测系统的数据传输不受雨衰效应影响；北斗系统采用CDMA通信体制，入站方式为随机突发，具有强大的并发通信能力；北斗系统传输的报文数据包为可变长度数据帧，单次通信封装的报文数据最大长度可达106字节，完全满足测站点数据传输对报文长度的要求。根据用户所申请注册的服务等级，提供相应的通信响应时延不超过1s，确保大水、暴雨情况下可以及时上报数据；北斗终端设备目前所用功放模块的功率值为30W，由于发射持续的时间在毫秒级，因此终端实际的功耗非常低；系统支持多个中心站同步接收某一野外站上报的实时数据。

3.2.2.2 通信信道组网技术

1. 组网原则

信道各有特点，关键在组网规划设计时能够因地制宜，必要时可选择多信道混合组网方案。需遵循以下原则：①双信道配置原则：公网＋专网或有线＋无线。②双信道中主信道选择：传输费用低，最好有明确的信道质量监测信号或传输是否成功信息。③专业维护：应尽量选择公网信道。④运行费用：应尽量选择传输费用低的信道。

自动测报系统的数据传输方式应根据区域通信资源条件、按照水情信息数据传输速率要求不高、信息量小、实时性高等的特点因地制宜合理选择。

2. 金沙江下游梯级水电站水情自动测报系统组网方式

金沙江下游位于青藏高原、云贵高原和四川盆地西部边缘属高原地貌区，水情遥测站主要分布于云南、四川两省雨量遥测站，大多处于偏远地区。由于当地经济发展不平衡，因此系统组网通信方式应从系统水情信息传输需求的实际出发，结合流域内自然条件、现有通信资源、供电条件等具体情况综合考虑各种通信信道的可靠性、传输质量、系统投资、运行和管理等方面的因素。

通过综合分析各种信道的特点并考虑现场测试情况，金沙江下游梯级水电站水情自动测报系统通信方式如下：

（1）北斗卫星通信方式为数据传输的首选通信信道。卫星通信具有传输质量好，传输距离不受限制，覆盖面积大，受地形、气候的影响小，组网灵活等优点。尽管卫星终端设备成本和系统运行费用相对其他通信方式而言较高，但从长江上游其他流域已建的水情自动测报系统的运行情况来看，其可靠性和实时性远高于其他信道。目前常用的有海事卫星通信、北斗卫星。北斗卫星通信具有容量大、传输速度快、通信费用相对其他卫星较低廉等特点，在大规模水情自动测报系统的应用中更具有明显的优势。另从信道测试结果可以看出，金沙江梯级水电站水情自动测报系统所有站点的北斗卫星信道的通信质量均满足要求。

（2）采用PSTN作为备用信道。PSTN通信具有传输速率快、传输容量大等优点。对已经安装程控电话的水文、水位站，经测试PSTN通信质量，满足要求后作为备用信道使用。

（3）对PSTN信道不满足通信要求的水文、水位站以及重要雨量站，则采用GSM短消息通信作为备用通信信道。采用 GSM 短消息传输水情数据，GSM 网络的性能指标和通信协议可以保证通信信道的信噪比、误码率等性能指标，传输过程中可以免去很多数据校验、检错、纠错工作，数据通信的可靠性得到提高。

通过综合考虑测站可利用信道的实际情况及水文、水位站的水情信息在水文预报中的重要性，确定金沙江下游梯级水电站水情自动测报系统通信信道配置原则及组网方案为：①本系统遥测站至中心站的通信信道配置原则。水文、水位站及华弹以下流域的雨量站配置主备双信道且具有自动切换的功能；华弹以上流域的雨量站配置单信道。②系统通信的组网方案。水文、水位站采用北斗卫星/PSTN 或北斗卫星/GSM 双信道通信方式互为备份自动切换；华弹以下流域的雨量站采用北斗卫星/GSM 双信道通信方式互为备份自动切换；华弹以上流域的雨量站采用北斗卫星通信方式。

3.2.3 水文信息处理技术

计算机网络技术主要研究计算机网络和网络工程等方面基本知识和技能，进行网络安装维护、网络管理、网络软件部署、系统集成、计算机软硬件方面的维护与营销、数据库管理等。随着计算机网络技术的飞速发展和相应技术在水利部门的广泛应用，水利系统现已形成初具规模的全国信息系统网络。目前，金沙江流域信息系统网络以国家防汛抗旱指挥系统为主水文信息网络。

水文信息系统在数据处理的过程中，需要使用到实时监控服务器、数据库、信息采集处理平台以及网络技术等，有效地对水文信息进行采集、显示、发布，对遥测站进行远程维护和管理，实时向用户提供相应的防汛水情信息。另外，还需要注意对各个分中心的水情信息进行有效整合，形成以省或者以流域为单位的统一的数据库管理平台，实时对江河湖泊的流量水位进行监测、发布，对各个区域的水文要素等进行统一的管理，为后续防汛抗旱的决策打下坚实的基础。金沙江流域水情分中心网络拓扑如图 3.21 所示。

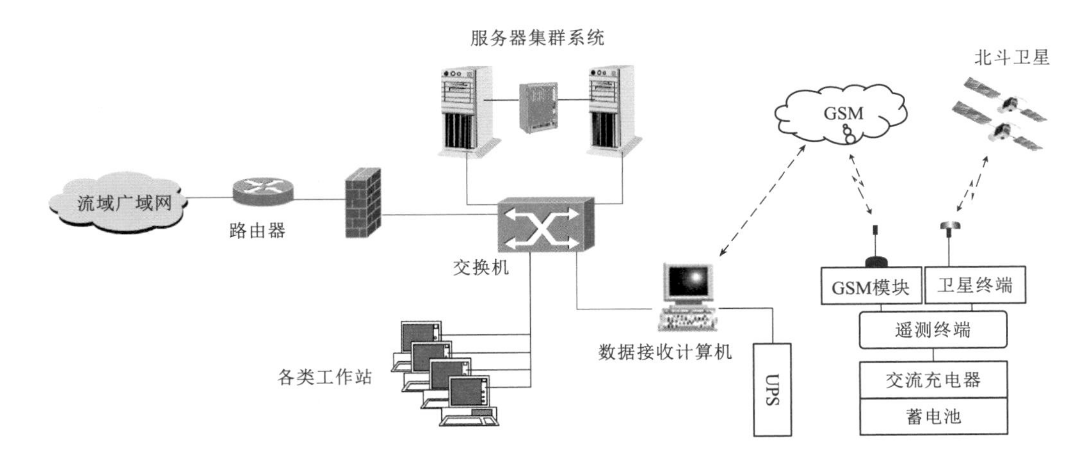

图 3.21 金沙江流域水情分中心网络拓扑图

3.2.3.1　信息系统建设

水文信息系统主要指水文自动测报系统，也称水位遥测系统，它是为收集、传递和处理水文实时数据而设置的各种传感器、通信设备和接收处理装置的总称。通常由遥测站、信道和接收处理中心三部分组成。

水情自动测报信息系统主要职责是结合水利枢纽的工程特征，应用通信、遥测和计算机等技术，完成流域内雨量、水位、流量等水文参数的实时收集和处理、联机预报，建成运行可靠、反应迅速的实时水情自动测报系统，以实现防汛、抗洪综合调度，提高防洪能力和水利资源的充分利用。

系统基于网络应用技术、数据库管理技术、地理信息系统（geographic information system，GIS）技术、接口通信控制技术，实现水文数据的接收、传输及信息的融合、发布、智能控制。

金沙江下游梯级水电站水情自动测报系统建设的总体目标是在金沙江下段石鼓—宜宾区间建立一个可靠、实用、先进的水情自动测报系统，实时准确地提供各梯级水电站区间水雨情信息；实现遥测站的水情信息 10min 内传送到水情预报中心站或分中心站，满足施工期洪水预报的需要，为工程施工安全提供水情保障。

1. 建设任务与内容

水电站水情自动测报系统建设任务：①建设或更新改造系统所辖水情遥测站的雨量、水位观测设施；②采用可靠、实用、先进的雨量、水位观测设备，实现遥测站雨量、水位信息的自动采集、固态存储和传输；③建设各遥测站与中心站之间的数据传输通信网，确保遥测站的数据传输通信的畅通；④建设中心站、分中心站计算机局域网和数据库系统，为水情信息实时接收处理、洪水预报及调度提供平台；⑤建设中心站与分中心站的计算机广域网，实现信息共享；⑥开发数据接收、处理、查询软件和洪水预报软件。

2. 系统结构与功能

从系统的实用性、可靠性原则出发，金沙江下游梯级水电站水情自动测报系统数据传输网采用星型网和网状网混合组网式结构，通信组网采用北斗卫星信道为主，短信（GSM）/电话（PSTN）信道为辅的模式。北斗卫星通信采用一发多收的工作方式，中心站、分中心站利用北斗卫星指挥机进行监听，以获取遥测站通过北斗卫星信道发出的数据。遥测站通过第二信道 GSM/PSTN 以双发的形式将遥测数据分别发送至中心站和所管辖的遥测站运行维护分中心。同时，中心站将此数据通过计算机网络传输至分中心站，实现中心站和分中心站的数据异地备份。

金沙江下游梯级水电站水情自动测报系统最初由溪洛渡中心站，运行维护协调中心，向家坝、白鹤滩、乌东德 3 个分中心站，西昌、昭通、丽江、大理、楚雄、昆明、曲靖、攀枝花、宜宾 9 个遥测站运行维护分中心以及 170 个遥测站组成。其中有 25 个站是直接利用其他系统遥测站的数据。后期随工程建设，遥测站点扩展至 200 多个，溪洛渡竣工后，中心站切换至乌东德。向家坝、白鹤滩、乌东德 3 个分中心站通过专线实现数据共享。这样当溪洛渡中心站发生故障时，任何一个分中心通过权限设置，都可作为中心站。

以金沙江下游梯级水情自动测报系统为例，数据传输网络总体结构如图 3.22 所示。

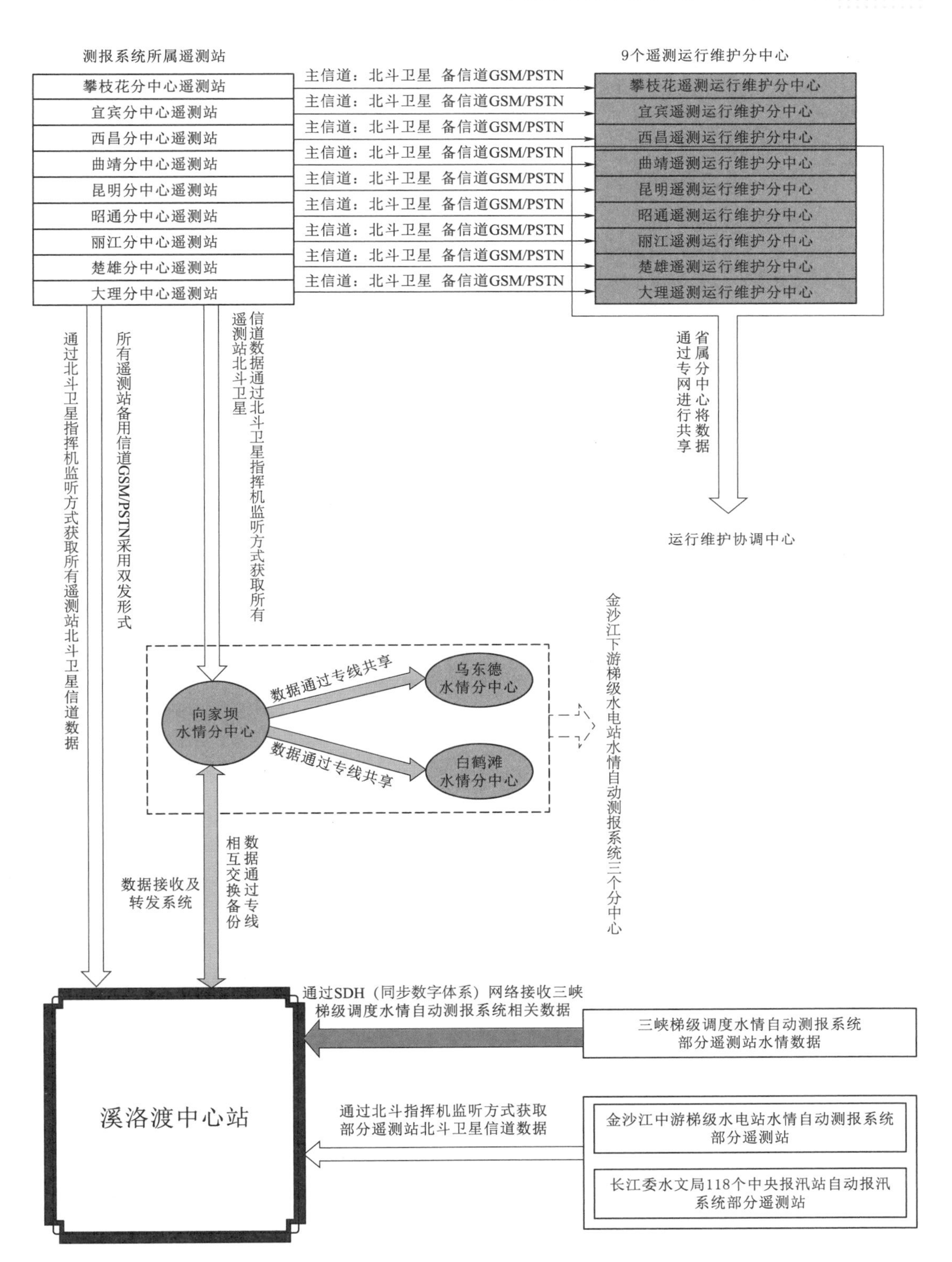

图3.22 金沙江下游梯级水情自动测报系统数据传输网络总体结构图

3. 系统集成技术

遥测站采用测、报、控一体化的结构设计实现信息的采集、预处理、存储、传输及控制指令接收和发送等测控功能。主要由传感器、自动监控及数据采集终端、通信终端、人工置数器和电源五个部分组成。遥测站数据采集采用事件启动、定时采样和指令查询等三种启动工作方式，将各种水文要素的变化经过数字化处理，按一定的存储格式存入现固态存储器，供现场和远地调用查看。采样周期、事件变化量的确定，数据传输信道和传输路径的选择，均可进行现场或远地编程实现。遥测站设备结构如图 3.23 所示。

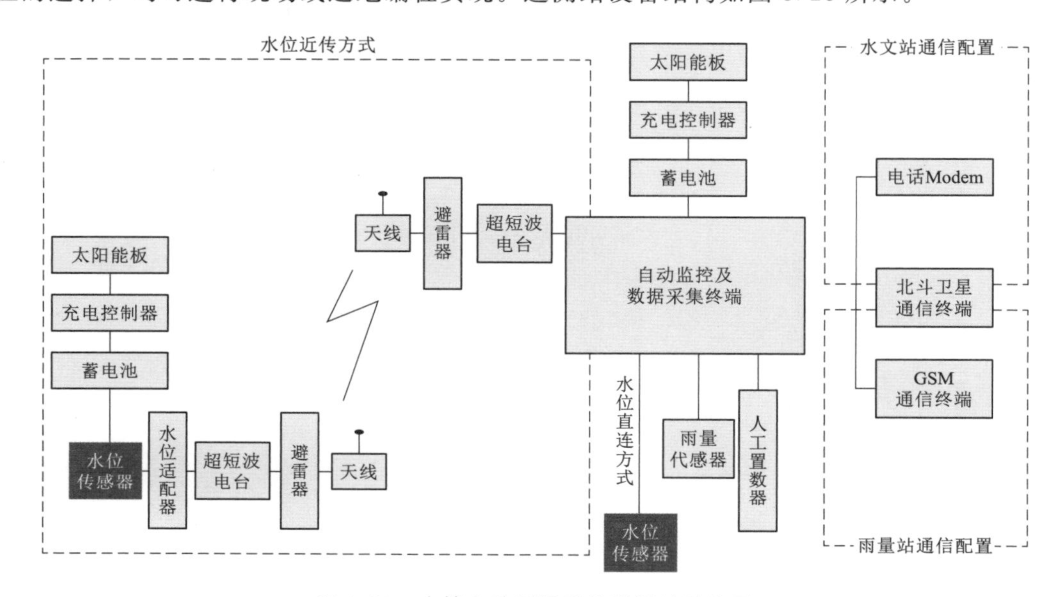

图 3.23　水情自动测报系统遥测站结构图

4. 系统建设

(1) 中心站。中心站是水情自动测报系统数据信息接收处理的中枢，主要由遥测数据接收处理系统、数据接收及转发系统、水情预报及服务系统、数据库系统和计算机网络系统组成。

1) 遥测数据接收处理系统。遥测数据接收处理系统主要完成对所有水情信息的实时接收、处理后存入原始水情数据库，供水情预报与服务系调用，并可对系统所属的遥测站进行数据远程查询、召测。基于预报方案的需要，遥测数据接收处理系统不仅需要接收处理水情自动测报所属的遥测站水情信息，还需要接收处理其他系统遥测站点的水情信息。

以金沙江下游梯级为例，接收的水情信息包括金沙江中游梯级水电站水情自动测报系统部分遥测站点、三峡梯级调度水情自动测报系统部分遥测站点、长江委 118 中央报汛站自动报汛系统部分遥测站点的水情信息，其中，金沙江中游梯级水电站水情自动测报系统和三峡梯级调度水情自动测报系统部分遥测站点的水情信息是通过北斗指挥机监听方式获取，长江委 118 中央报汛站自动报汛系统部分遥测站点的水情信息直接由其中心站通过网络直接传送至溪洛渡中心站接收。

2) 数据接收及转发系统。数据接收及转发系统主要完成对数据进行分类处理后与其他分中心进行数据交换。中心站与分中心站所接收的水情信息可通过数据接收及转发系统在转发控制机制和数据接收确认机制下相互转发。这不仅确保了数据转发接收的正常运行，还实现了根据遥测站号和数据信息类别有选择性地进行分类转发。

3）水情预报与服务系统。水情预报与服务系统主要根据流域洪水预报模型进行洪水预报作业，并提供预报成果发布服务。水情预报与服务系统首先从原始水情数据库中提取相关数据，处理成预报模型计算所需的数据格式，形成专用预报水情数据库；然后通过多种预报方法和预报模型的平行运行，多方案成果的交互式分析、误差评定比较；最后将各种预报方案的计算成果分别保存。系统主要功能包括实时信息查询、作业预报、成果展示、信息发布、精度评定等。

4）数据库系统。数据库系统主要为系统维护管理和水情预报与服务系统提供数据信息。数据库系统由原始水情数据库和预报水情数据库组成。原始水情数据库的数据来源是实时遥测水雨情信息、系统运行工况以及遥测站基本信息等；预报水情数据库的数据来源是加工后的实时水雨情信息、历史水雨情特征数据、其他相关信息等。考虑到开发应用软件及日后的培训、维护成本方面，原始水情数据库操作系统选用 Microsoft SQL Server 2005；考虑到系统在支持基于 GIS 技术的水情预报、会商系统运行和对多任务数据处理的需要，预报水情数据库操作系统选用 Oracle 10g。根据中心站数据库系统在数据处理、分析计算、数据交换、数据安全以及容错能力、成本等方面的要求，确定原始数据库服务器采用双机热备系统结构和 RAID 5 磁盘阵列存储方案。预报水情数据库服务器采用双机双控系统结构，通过镜像软件，将数据实时从一台服务器复制到另一台服务器上。

金沙江下游梯级水电站水情自动测报系统中心的数据库系统是通过计算机网络平台为各类应用系统提供基础数据服务。因此，安全是整个系统运行安全的重要环节。为了提高数据库的安全性，采用中间件技术。中间件是位于平台（硬件和操作系统）和应用之间的通用服务，这些服务具有标准的程序接口和协议，可以实现不同的操作系统和硬件平台与应用程序的通信服务，即所有外部访问都通过应用软件平台提供的一个特殊软件进行。这样做的优点是隔离了数据库与外部应用的直接联系，避免了数据库被外部访问意外损坏的可能性，提高了数据库系统的安全，避免用户数量增加导致系统运行效率下降。

另外，通过中间件访问数据库，外部应用软件的编程人员无须了解该数据库结构就可方便使用，大大减少了开发过程中的协调工作量，提高了软件开发效率。

5）计算机网络系统。计算机网络系统主要为系统数据接收、处理、查询、转发以及信息交换、水情预报与服务提供硬软件平台。具体的网络拓扑如图 3.24 所示。

（2）分中心站。分中心站的主要功能为通过北斗指挥机监听的方式实时获取本系统所属的遥测站北斗信道的数据，并通过专网与中心站进行数据的转发、备份，按指定的格式存入数据库；提供基于 WEB 方式的信息查询和成果输出服务；提供数据的备份。

3.2.3.2 资料整编技术

水文资料整编就是将测验、调查和室内分析取得的各项原始资料，按科学的方法、统一的格式和技术标准进行分析、推算、统计、审核，提炼成为系统的便于使用的整编成果，最后经汇编、刊印成水文年鉴或其他形式，便于留存查阅。精确的水文资料整编对防汛抗旱、水资源开发利用、水利设施建设都具有基础数据支撑作用。水文资料整编是一项

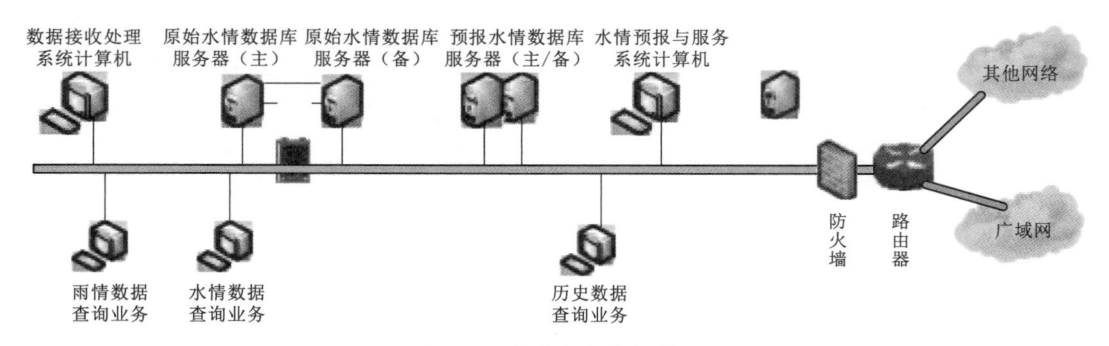

图3.24　计算机网络拓扑图

非常重要且有现实意义的工作，有利于水利工程的健康开展，也对国民经济发展具有重要价值。通过资料整编可以提供系统、完整的水文资料，还可发现水文测验技术的不足和观测资料的缺陷等，对未来水文测验技术水平提升也有一定的指导意义。

在信息技术普及之前，水文资料整编均采用人工记录的方式进行，需要的人力、物力资源多，并且容易出错，随着资料的积累，纸质文件的保存环境、空间均有一定限制，存在较多不便。随着社会的发展，我国水文资料整编逐渐信息化，从最初的资料数据库存储，到单机整编软件系统的开发应用，到目前的实时在线智能整编系统研发上线，迈入了“实时智能”的水文信息化阶段，极大提高了整编的工作效率，也大大保障了资料的准确性。

长江委水文局研发的智能整编系统，作为全国首个真正按照“规范、实时、智能”要求开发的在线整编系统，是基于浏览器/服务器模式的集各水文要素的计算、绘线、检查、成果输出、汇编等功能于一体的水文资料整编系统，可以服务于全国不同流域、不同省份的水文资料整编工作，适用于水文资料计算、整编、汇编等各个环节，应用于水位、降水、流量、泥沙、蒸发等所有水文要素的整编工作。系统契合了智慧水文发展趋势，并在智慧水利先行先试中期评估中被评为水利部优秀案例。该系统包括了水位、流量、泥沙、降水、潮流等各水文要素，建立了完备的整编方法库和模型库，各要素整编方法齐全、完善，流量计算涵盖了当前主流的推流方法，包括拟合曲线法、水位位移法、一元三点插值法等14种推流方法。该系统实现了水文资料整编全流程在线处理的功能，集成各要素整编方法API和水位流量等关系线绘线功能，以及后台数据预处理服务等；具备智能整编功能，实现不同表项间自动检查、智能查错、整编完成情况实时提醒、成果自动输出等功能；能够满足应急条件下快速、有效的需求，更好地服务于水情预报和工程运行调度等。

3.3　报汛管理流程

3.3.1　报汛管理体制

金沙江下游梯级水电站在施工期间进行了报汛管理体制上的三个转变。

1. 报汛管理观念的转变

只有转变水文报汛管理的观念，才能最大限度发挥水利工程的作用。经济社会的发展对水文报汛的时效性、准确性提出了更高的要求，为此金沙江下游梯级水电站在施工期间将由水文测站承担水文报汛任务转为水情中心承担，为水情中心开展上下游测站水情综合分析、减少报汛信息的错误率创造了条件。

2. 报汛方式方法的转变

从20世纪80年代开始，全国逐步开展站队结合，但受当时水文测报生产力和科学技术水平制约，真正实现水文巡测的并不多，多数测站仍为驻守测报的模式。水文报汛自动化后，水文报汛方式实现了如下转变：①改变了以往实现了水文信息的自动采集后，仍采用人工观测资料进行整编，导致资料整编时自动记录与人工观测资料共存的局面，成功地解决了报汛资料和基础资料收集的同步，从而解决了报汛资料与整编资料“两张皮”问题；②在相应流量报汛方面，将相应流量报汛由测站调整至水情中心，这为后期流量在线监测自动化等技术的发展应用打下了良好的基础。

3. 报汛保障体制的转变

目前金沙江下游梯级水电站水文测报从保障体制上转变，制定了项目申报、建设与运行紧密结合起来的管理制度，落实项目建设仪器设备在运行期内的各项维护经费，并配备一定数量的备品，确保报汛工作能顺利开展。

3.3.2 水文信息报汛流程

为了实现施工期水文气象预报，需全面掌握流域内的水文气象信息。通过新建工程专用站点以及共享已有的水文气象站点，将各类信息汇集到工程建设部门的水文气象中心。水文气象中心对收集到的信息进行处理，存入到实时水雨情数据库中，供相关的预报作业系统使用。整个数据从采集、传输到存储的流程如图3.25所示。

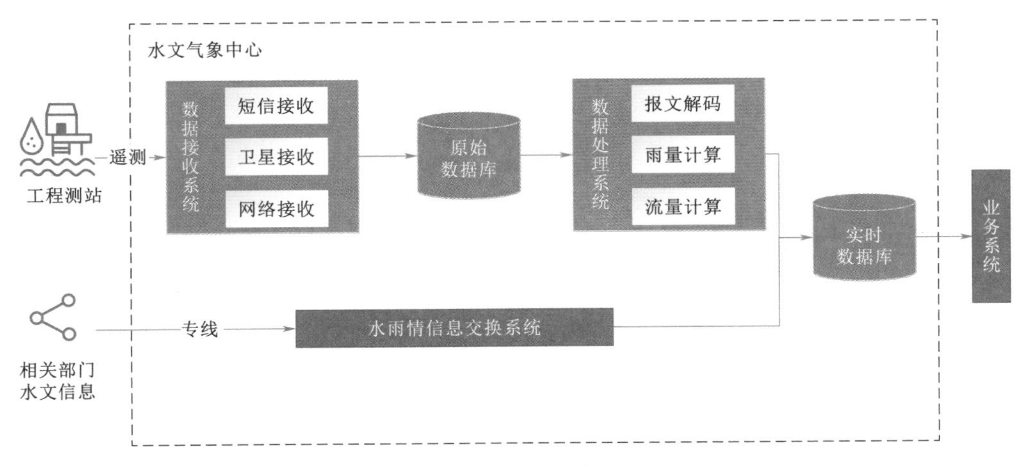

图3.25 水文信息数据流程图

由于数据来源不同，可将数据分为专用工程测站信息和共享水文信息两类。

针对专用工程站，信息来源主要为自动采集设备，设备通过3.2节所述的信息传输方式，发送到水文气象中心。水文气象中心通过数据接收系统，将接收到的数据存入到原始数据库，主要内容包括测量设备的工况信息以及水文、流量、雨量等报汛信息。数据接收系统可以远程监控各个工程站的运行状况，并发送操作指令召测报汛数据，在对数据进行识别分类后，按照指定的格式，存入原始数据库。之后，数据处理系统会对原始数据库中收集到的报汛数据进行处理，包括从接收数据源中导入原始数据、报文数据解码、生成时段数据、水位流量自动转换等，并提供检索、查询、报表等相关功能。处理之后的数据会存入到实时水雨情数据库，供业务系统使用。

考虑到水利工程多修建于偏远地区，对于无法进行自动报汛或者自动报汛设备故障的站点以及水位观测点，可以采用人工观测后发送短信的方式报送相关的水文数据。为此，在数据接收系统中增加了短信接收模块，用于接收报文信息存入原始数据库，在数据处理系统中增加了报文解码模块，用于对报文信息进行解译，获取实时水雨情数据。

针对流域内水文部门共享的数据，通过交换系统进行传输，交换系统是基于实时水雨情表结构的数据库间信息共享系统，可以将相关部门的数据直接发送到水文气象中心。这部分信息主要通过水利专网进行传输，主要来源为地方水利厅（局）以及相关流域机构。

所有的数据都汇集到实时数据库，实时数据库采用《实时雨水情数据库表结构与标识符》（SL 323—2011）的表结构，便于与各个业务系统对接。

3.3.3 委托报汛流程

在工程建设初期，因水情自动测报系统尚未建成，实时水情及水情预报所需要的水雨情信息，可暂时通过委托报汛的形式，交由流域机构及各相关省的水文气象部门及工程部门进行报汛。同时，也需对不具备报汛能力的测站进行适当改造，使其具备报汛条件。在自动测报系统建成运行后，自有测站进行遥测、短信等多手段报汛，归属流域机构或省水文局、工程部门站点仍采用委托报汛的方式处理。图 3.26 所示为流域机构或省水文局委托报汛流程，图 3.27 所示为三峡集团接收自有测站报汛信息后转发给流域机构或省水文局交换信息流程，这种共建共享的方式节省了建站开支和人力资源，同时对水文预报质量有较大提升。

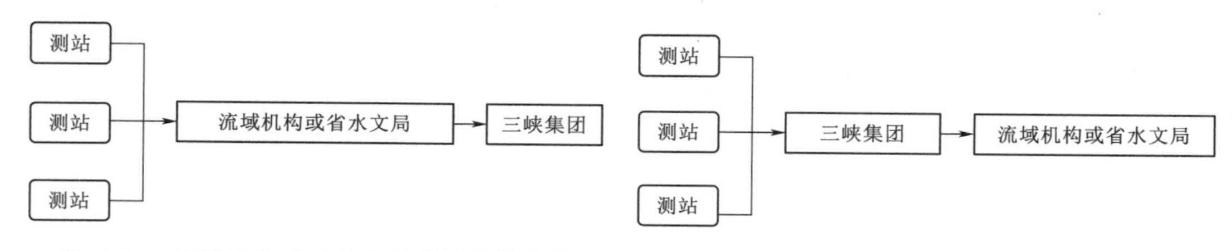

图 3.26 流域机构或省水文局委托报汛流程　　图 3.27 三峡集团向流域机构或省水文局交换信息流程

为更好支撑每年金沙江流域水旱灾害防御、水资源管理和保护工作，充分发挥水文信息的作用，本着资源共享、服务社会的宗旨，三峡集团委托流域机构及各相关省的水文部门进行报汛工作，流域机构及各相关省的水文部门于每年汛前编制年度汛旱情报送任务书下发给所属各勘测局、水情分中心。汛旱报送任务标明站名、站别、报汛时间、段次等内容。

3.3.4 信息处理流程

金沙江下游梯级水电站施工期信息处理流程主要包括测站采集数据接收、采集数据处理、时段数据生成入库、信息编码、信息转发等环节。

自动报汛信息处理流程如图 3.28 所示。

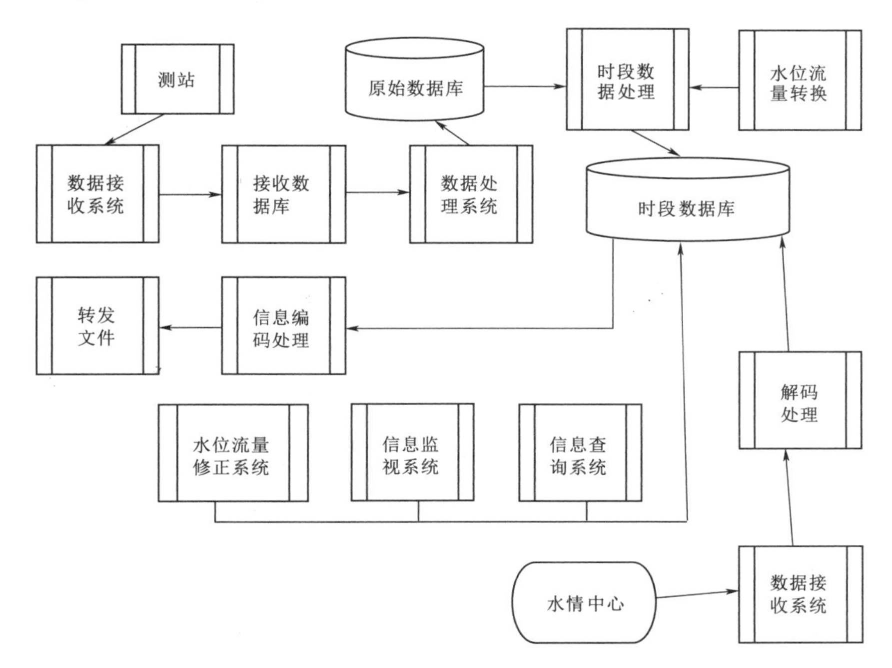

图 3.28 自动报汛信息处理流程

(1) 测站采集数据接收。测站数据通过短信、PSTN、卫星等方式，传输到所属水情中心，水情中心将接收到的数据按照设定的格式保存到遥测数据库中。

(2) 采集数据处理。针对不同的数据源（遥测数据库）分类进行处理，将处理后的数据写入原始数据库中。

(3) 时段数据生成入库。对原始库进行再加工，将原始水位、雨量转换成相应时段数据，分类写入实时数据库。同时，通过水位流量关系自动转换模式，按水位查算出相应流量。

(4) 信息编码。按照《水情信息编码标准》(SL 330—2005) 编制报文。编码采用自动和人工方式相结合，一般情况下，由系统按照各测站的拍报项目和报汛任务书自动编制报文，同时提供交互界面，供用户进行人工录入。

(5) 信息转发。按照《实时水情交换协议》，通过网络、电话拨号或其他方式将报文转发到流域机构或其他水情中心。

3.3.5 现场建设

施工期现场建设内容主要包括网络配置、硬件配置、服务器操作系统、供电系统及机房建设。

1. 网络配置

水文气象情报预报计算机局域网主要完成水情气象信息的接收处理、作业预报及发布。其业务处理及信息发布都以网络为依托，因而网络结构设计和整个网络的管理成为预报工作中极其重要的一环。根据网络现有结构、规模及未来的发展趋势，其拓扑结构采用以网管中心为中心的星形结构。

水文气象情报预报局域网覆盖面不广，主要服务器集中于水文气象情报预报网络管理中心，因而采取分布功能的集中管理方案。对内，采用 TCP/IP 体系结构，选用基于简单网络管理协议（simple network management protocol，SNMP）的网络管理子系统；对外，则采用路由器和防火墙实现网络的安全管理。

2. 硬件配置

（1）数据库服务器的性能是决定整个系统性能的关键。根据业务需求和未来的发展需要，必须保证信息资源的万无一失。

（2）从数据采集、录入、加工、更新到对实时和历史数据加工统计计算等处理，从水情预报到水库调度，数据的运算量很大，所以服务器的速度对整个系统性能尤为重要。

（3）由于 DBMS 对服务器内存资源的占用很大，且与用户数的增长成正比，为提高系统的响应速度，需要高性能的服务器支撑。

根据上述需求分析，数据库服务器采用具有集群（cluster）结构的高可用性小型机，配置双机集群软件。

为保证数据存储的独立性和易扩展性，同时为将来的容灾方案考虑，将两台数据库服务器、磁盘阵列及光纤通道交换机构成存储区域网（storage area network，SAN），以保证数据的完整性（图 3.29）。

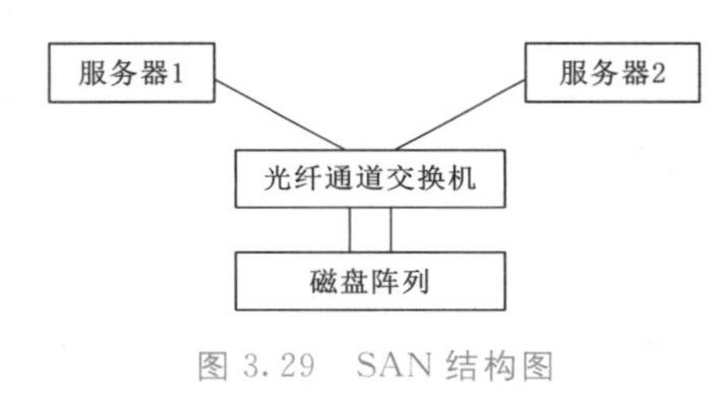

图 3.29　SAN 结构图

两台主机之间互为热备份，每台主机分别与两台交换机和光纤通道交换机相连，须配置 2 个千兆以太网接口和一个 100M 以太网接口，2 个 64 位的 CPU，可扩充到 4 个，内存 1GB 以上，内置磁盘容量 36GB 以上，CPU 的时钟频率不小于 500MHz，CPU 的 L1（一级缓存）不小于 1MB 或 L2（二级缓存）不小于 10MB，SPECint2000 大于 300、SPECfq2000 大于 250。

磁盘阵列的存储子系统应是一种开放的存储产品，即可连接 Unix 操作系统，又可连接 NT 操作系统。为提高存储设备的可靠性，应配置双控制器，可实现双控制器间的热备份。存储子系统具备在应用不间断运行情况下热插拔部件故障恢复的能力，系统提供热故障恢复能力，当一控制卡发生故障，另一控制卡能接管所有的阵列操作。从数据库服务器的应用及性能要求和发展趋势来看，每个磁盘阵列控制器应能提供 256MB 以上的 CACHE，CACHE 配有电池，以保护数据，磁盘阵列至少有两个光纤通道口，用于连接光纤通道交换机，通道带宽不小于 100MB；RAID 1/0，5，做 RAID 以后的实际容量应有 72GB。

光纤通道交换机具有业界标准的光纤通道技术，光纤通道口 10 个以上，2 个连接主机，2 个连接磁盘阵列，预留 2 个为以后的容灾系统接口，另有 4 个作为备份及扩展用，光纤通道接口的速率不小于 100Mb/s。

3. 服务器操作系统

数据库服务器是整个网络的核心，因此，必须选用高性能的操作系统。UNIX操作系统是一个多任务、多用户、分时的操作系统；应用系统和应用软件的可移植性好；支持TCP/IP协议；支持分布式网络计算；支持最新的关系数据库系统（如Sybase、Oracle等）；具有层次式的文件系统、良好的安全运行机制，运行稳定，适合于大、中型系统和对可靠性、稳定性、安全性要求较高的应用系统的运行要求；能有效地防止计算机病毒。综上，服务器操作系统选用UNIX。

4. 供电系统

服务器需配置双路供电。不间断电源（uninterruptible power supply，UPS）具有智能在线功能。

5. 机房建设

按国家标准建设机房，有良好的接地和避雷设施。

3.3.6 报文编码

考虑到水利工程建设地点主要位于偏远山区，存在无法架设自记设备以及自记设备维修困难等问题。为此，建立了短信报汛模式，通过规定水文数据的报汛格式，利用短信接收机接收人工观测的报文，再通过解码程序实现信息的转移。

报文的格式主要参照《水情信息编码标准》（SL 330—2005）的要求，采用单站多要素的报文编码格式，对每个站点的不同类型信息进行编码，数据处理系统对编码进行解析后，存入实时数据库。

报文编码主要由编码格式标识符、水情站码、观测时间码、要素标识符、数据和结束符“NN”组成。具体格式如图3.30所示。

图3.30 报文编码基本组成

报文编码可编列多个水文要素的信息。要素标识符与其数据应成对编列，标识符编列在前，数据紧列其后。编列同一观测时间的水情信息时，观测时间码可只编列一次，若在同一编码中编报不同观测时间的水情信息时，可由时间引导标识符“TT”引导后续各观测时间码，“TT”和观测时间码之间由空格分隔（图3.31）。

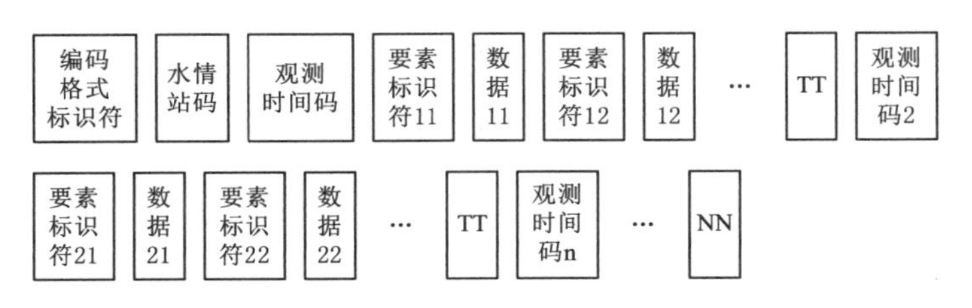

图3.31 报文编码不同观测时间的编码形式

各个字段的含义如下。

1. 编码格式标识符

其中编码格式为水情站类，包括降水、河道、水库等10类，具体格式分类见表3.13。

表3.13 水情信息编码分类

序号	水情信息编码类别	编码分类码	可编报的水情信息及编列顺序
1	降水	P	①降水；②蒸发
2	河道	H	①降水；②蒸发；③河道水情；④沙情；⑤冰情
3	水库（湖泊）	K	①降水；②蒸发；③水库水情；④冰情
4	闸坝	Z	①降水；②蒸发；③闸坝水情；④沙情；⑤冰情
5	泵站	D	①降水；②蒸发；③泵站水情
6	潮汐	T	①降水；②蒸发；③潮汐水情
7	土壤墒情	M	①降水；②蒸发；③土壤墒情
8	地下水情	G	①降水；②蒸发；③地下水情
9	特殊水情	Y	特殊水情
10	水文预报	F	水文预报

对于需要修正已报送的信息，在原编码格式标识符前加符号R，组成修正编码的编码格式标识符，其他部分的编码型式不变。对于需要删除已报送的信息，在原编码格式标识符前加符号D，组成删除编码的编码格式标识符，再编列原编码中的全部内容，编码形式不变。

2. 观测时间码

观测时间码表示水文要素值的发生时间，由月、日、时、分组成，编码格式为MM-DDHHNN。其中，MM表示月份，2位数字，取值01～12；DD表示日期，2位数字，取值01～31；HH表示小时，2位数字，取值00～23；NN表示分钟，2位数字，取值00～59。

3. 要素标识符

要素标识符报送的信息内容，包括降水量、水文、流量等，具体的分类见表3.14。

表3.14 水情信息编码分类

序号	要素分类	类型码	序号	要素分类	类型码
1	面积、气温	A	9	降水量	P
2	水温	C	10	流量	Q
3	密度	D	11	径流深	R
4	蒸发量	E	12	含沙量	S
5	气压	F	13	时间、历时	T
6	水深	H	14	流速、速度	V
7	距离、长度	L	15	水（径流）量	W
8	土壤含水量	M	16	水位、潮位	Z

4. 数据

在水情信息编码中，数据（值）应采用实测值或计算值。基面以下的水位值或零度以下的温度值可用负值表示。

3.3.7 数据处理系统

数据处理系统用于从原始库将实况数据导入到实时库，并完成时段雨量改为和流量的计算，其中最主要的功能为流量计算。目前主要采用的计算方法有落差指数法、单一曲线法以及预绳套线法。

1. 落差指数法

依据本站单值化模型整编或建模的参数成果，可以方便地实施使用落差指数法的相应流量报汛。其计算步骤为：①从数据库中读出本站的参数站站号、单值化模型的参数、单值化关系线-节点；②依据报汛水位，用插值法计算单值流量；③依据本站和参证站水位计算落差，如果参证站报汛时间点没有水位信息，则根据参证站报汛时间点前后24h水位插补出报汛点水位；④依据落差、单值流量和模型参数，计算报汛相应流量。

2. 单一曲线法

用单一曲线模型进行在相应流量自动报汛，只需根据已经率定好的水位流量单一关系线节点和报汛水位便可直接用插值法查算相应流量。当水位流量关系超出范围需要外推计算时，可在“单一曲线参数维护”模块中事先外延关系线，再根据关系曲线外延部分进行计算。

有些测站在一年中有多条单一曲线，比如区分汛期、枯季，可在“单一曲线参数维护”模块中启用相应的曲线，每个站只能同时启用一条曲线。

3. 预绳套线法

利用专业技术人员的经验，分析判断水位流量关系的未来走势，模拟出水位流量关系的预绳套线，然后根据实际水位进行相应流量的插补查算。如果所预报水位流量呈绳套关系，则处于两个相邻转弯处区间的水位用单一曲线插补出流量。

3.4 本章小结

本章系统分析了水电站施工前期站网布设的细节，水文资料的采集、传输、处理全流程技术及应用，具体结论如下：

（1）站网布设是水文信息收集的首要环节，在站网规划时应结合梯级水电站建设的位置、次序和水情需求。对金下梯级而言，采用统一规划、分步实施，分工协作，共建共享，因地制宜、滚动完善，兼顾兼容、易于拓展的原则，水雨情信息从2005年的308个站增加至2021年的675个站，水雨情站网已基本实现自动报汛全覆盖，能较好地满足金沙江中下游梯级群水库防洪调度和水资源利用需求。

（2）水文信息的采集、传输、处理技术是水文信息从测站源头到实际应用用户的全过程重要技术手段。水文信息的采集包括雨量、水位、流量的采集，对常用的仪器设备优缺点、性能指标进行了分析，并结合金沙江流域特性说明了采集仪器的使用情况；信息的传输主要是选择合适的通信信道组网方式，根据情况可采用多方法多信道进行组网，并介绍了在数据处理过程中采用的技术和整编技术现状。

（3）水文自动测报系统是区域内水文信息收集、处理汇总的综合系统，可快速获取实时数据，为实时水情查询和预报提供基础。系统由遥测站、信道和接收处理中心三个部分组成，通过集合多类网络应用通信技术、数据库管理技术等信息技术，实现水文数据的接收处理和融合展示，为施工期工程安全提供水情保障。从系统整体开发、部署的角度介绍了通用性的技术内容，并以金沙江下游梯级水电站水情自动测报系统为例，对施工期水电站的信息系统建设过程进行了说明。

（4）由于测站建设涉及多个单位，数据来源不一、传输方式各异，为保障数据的稳定性需有针对性的确定报汛管理流程。对自有测站和其他单位测站信息，分别制定不同的报汛模式，其他单位的采用委托报汛形式进行数据收集工作。对于梯级水电站对水情数据的管理要求，在建设现场建立机房，配备相关软硬件设备，保障现场数据的收集。

第4章 施工期气象预报

气象预报是保障水电站施工期室外施工作业安全的重要支撑。预报内容为：①流域面上的定量降水预报，预报要素为流域（区域）面平均降水量，根据预见期不同可划分为短期预报（1～2d）、中期预报（3～7d）、延伸期预报（8～20d）及长期预报（旬、月、季、年）等，主要作为水文预报的输入边界，为施工期水文预报服务；②施工区单站气象预报服务，预报要素较多，主要包括降水、气温、风、相对湿度等，根据预见期不同分为短期预报（1～2d）、中期预报（3～7d）及旬、月长期预报，同时针对大风、强降温、高温、暴雨及雷雨警报等各类灾害性天气进行预报预警，施工区单站气象预报主要为坝区施工服务。上述两种预报都遵循基本的天气学原理，但预报要素及技术手段有所区别。

4.1 气象要素监测技术

气象监测数据是研究大气运动特征、物理机理和化学变化的直接反映，是开展气象预报、灾害预警、气候预测评估以及各类专业气象服务的基础，气象监测包括地面气象监测、高空气象监测、大气遥感监测等。目前，全球已形成完备的长期稳定运行的气象监测网络，由各国的地面气象站（包括常规地面气象站、自动气象站和加密气象站）、海上漂浮（固定浮标、漂移浮标）站、船舶站和研究船、无线电探空站、航线飞机观测、火箭探空站、气象卫星及接收站等组成。

当前，在金沙江河谷地区主要有自动气象站、雷达及卫星等气象监测数据，在金沙江流域面雨量预报及针对金沙江下游梯级水库群的坝区气象预报服务方面发挥了重要的作用。

4.1.1 自动气象站监测技术

自动气象站是集传感器技术、数字电子技术、嵌入式技术于一体的新一代高科技产品，它可以利用仪器对气象信息数据自动地进行收集、记录和发送，能够在很大程度上克服人工观测的诸多限制，提高气象数据的实时性、准确性和可靠性。自动气象站可应用于人工气象站，提供正常观测时间以外的气象数据，能够保证气象数据时间上的完整性；可应用于人工气象站无法进入的区域，保证气象数据地域上的完整性；利用计算机技术进行数据的自动采集、处理和存储，保证气象数据的可靠性；利用电子通信技术进行数据的传输，保证气象数据的实时性等特征。

近年来，我国自动气象站监测技术得到了迅猛的发展，气象部门根据特定的业务需求制定气象要素实时监测预警系统，金沙江下游梯级水电站处于高山河谷间，为了更好地进行水电站气象保障，气象预报员基于自动化气象观测站点，结合水电站建设过程中的现场气象保障服务经验，建立了水电站气象要素实时监测预警系统，对气象观测数据进行实时采集、存储、分析，同时对极端灾害性天气进行预报预警，在多次重大气象保障中发挥了重要作用。

4.1.2 雷达监测技术

目前在金沙江下游流域气象要素实时监测与预报预警中，遥感监测技术发挥了重要作用，天气雷达是探测降水系统的主要手段，是对强对流天气（冰雹、大风、龙卷和暴洪）进行监测和预警的主要工具之一。我国新一代天气雷达是多普勒雷达，分为S波段（波长约10cm）、C波段（波长约5cm）、X波段（波长约3cm）。其中投入业务运行的以S波段与C波段雷达为主，X波段雷达个别情况下应用于地形影响的探测盲区以及局地天气服务业务。天气雷达发射脉冲形式的电磁波，当电磁波脉冲遇到降水物质（雨滴、雪花和冰雹等）时，大部分能量会继续前进，而一小部分能量被降水物质向四面八方散射，其中向后散射的能量回到雷达天线，被雷达所接收。根据雷达接收的降水系统回波的特征可以判别降水系统的特征（降水强弱、有无冰雹、龙卷和大风等）。新一代天气雷达除了测量雷达的回波强度外，还可以测量降水目标物沿雷达径向的运动速度（称为径向速度）和速度谱宽（速度脉动程度的度量）。

中小尺度天气系统由于其具有发生、发展快，生命史持续时间短的特点，常规观测网难以捕捉到它们，尤其是它们发生发展的全过程。新一代天气雷达采用的体扫描模式进行观测，可有效地监测中小尺度天气系统产生、发展、成熟和消亡的全过程，揭示它们的产生条件和演变规律。尤其是多普勒天气雷达能够提供径向速度场，使我们能够了解其内部的流场结构，并以此判断它们未来发展状况。

天气雷达在整个暴雨的发生、发展过程中，能够监测到暴雨过程产生的时间、地点，同时获得暴雨过程的强度变化、持续时间，尤其对产生暴雨过程的暴雨雨团演变具有很好的监测预警作用。天气雷达能够有效地监测获取暴雨雨团的强度、强度变化、降水率、累计降水量以及雨团内部的风场结构特征，这对于判断暴雨雨团能否持续发展十分重要。对于大尺度天气系统产生的大范围暴雨过程，天气雷达利用其组网技术优势，不仅可以发挥雷达高时空分辨率的特点获取系统和雨团的精细化结构特征，而且还能利用多部雷达组网获取登陆台风、梅雨锋暴雨过程等大范围的大尺度结构特征，从而对整个天气系统有一个完整的系统揭示。以2019年2月17日乌东德坝区大风过程为例，期间天气雷达监测情况如图4.1所示。

4.1.3 卫星监测技术

在金沙江下游流域天气预报实际业务中，卫星监测数据为提高预报准确率提供了更为全面的基础支撑，对于在高山河谷间产生的暴雨和大风、冰雹等中尺度灾害性天气的监测和预报，卫星云图发挥着十分重要的作用，同时，卫星探测资料也填补了金沙江江源地区

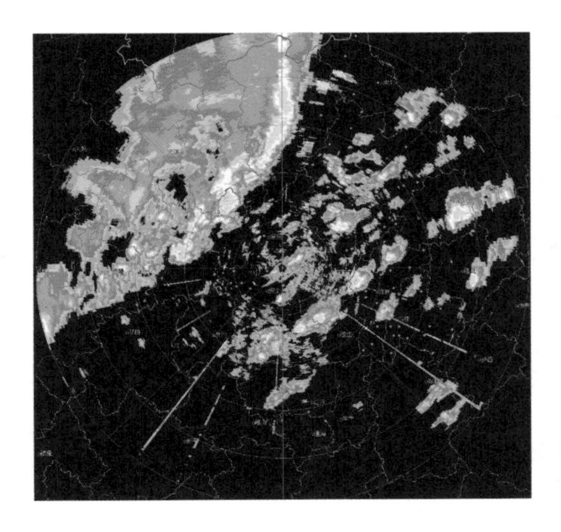
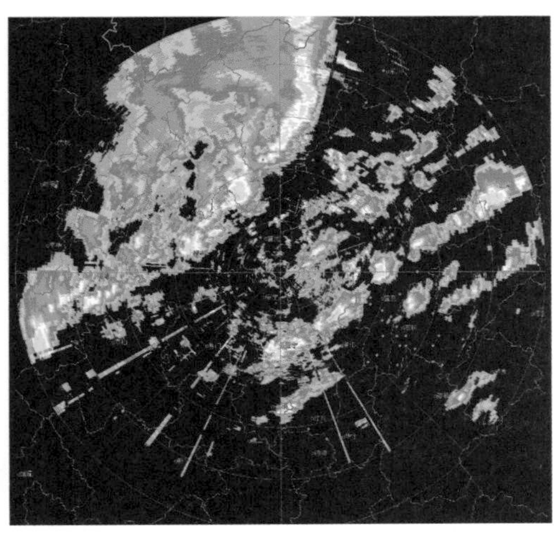

图 4.1 2019 年 2 月 17 日乌东德坝区大风过程天气雷达图

气象观测资料的空白。在预报实际过程中，卫星云图可以非常直观地看到极涡云系分布、极涡的减弱和增强以及极涡的演变，可以监测和研究极涡及其对中纬度天气影响。

当前，FY4 卫星在汛期每 15min 观测一次云图，云图的分辨率达到可见光 1.25km、红外 5km，相比风云 2 号静止卫星，风云 4 号静止卫星除新增加大气垂直探测仪和闪电观测功能外，装载的多通道扫描成像辐射计和空间天气仪器显著提升了性能，成像观测通道从 5 个扩展到 11 个，全圆盘图像观测时间从 30min 缩短到 15min 最高空间分辨率从 1.25km 提升到 500m。以 2020 年 9 月 5 日白鹤滩暴雨过程为例，期间监测的卫星云图如图 4.2 所示。

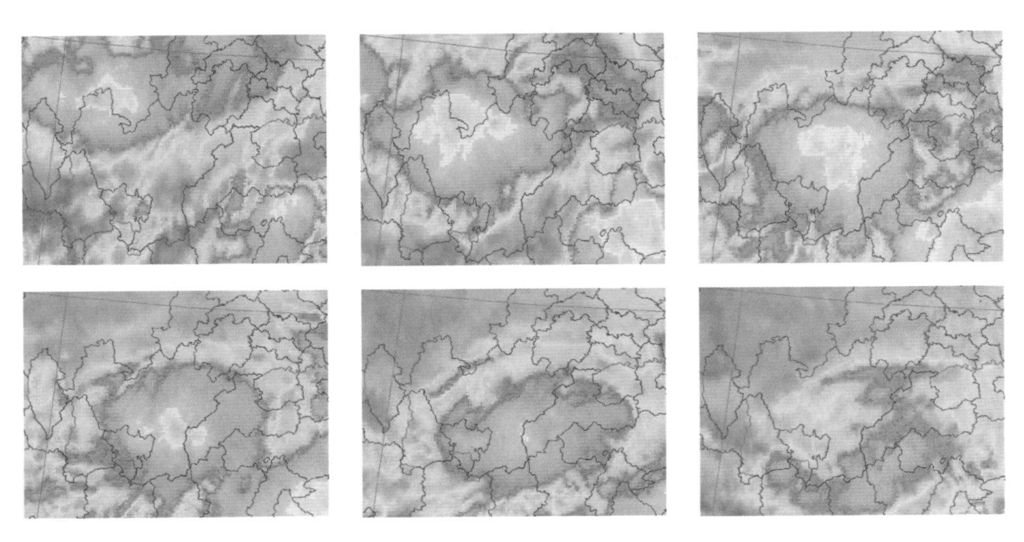

图 4.2 2020 年 9 月 5 日白鹤滩暴雨过程卫星云图

4.2 金沙江流域暴雨成因分析

4.2.1 气候及环流背景

金沙江流域典型涝年，如1965年、1966年、1974年、1998年、1999年、2014年、2017年、2018年、2020年等年份，对其气候背景进行研究，有助于指导金沙江流域旱涝长期趋势预测。

1. ENSO事件

ENSO（EI Niño－Southern Oscillation）是低纬度的海-气相互作用现象，是厄尔尼诺与南方涛动的合称。金沙江典型涝年均为中东太平洋海温发生ENSO事件年，尤其厄尔尼诺及拉尼娜互相转换时更需警惕典型强降雨的发生，中东太平洋海温正常的年份金沙江发生典型洪涝的可能性较小。

2. 西太平洋副热带高压

金沙江典型涝年夏季西太平洋副高呈脊线偏北或西伸脊点偏西同时具备或必须具备其一的特点，且近年来夏季西太平洋副高呈面积明显偏大、强度明显偏强的特点。副高偏强偏大、西伸脊点偏西或脊线偏北是金沙江产生强降雨的有利条件之一。

3. 青藏高原积雪

金沙江典型涝年前期冬季青藏高原积雪一般偏多，其中，1998年及2020年积雪异常增多，及至夏季，受太阳辐射后融雪影响，大气对流层内水汽量极为丰富，中纬度地区对流层上层冷暖空气交换异常活跃，青藏高原地区产生的冷涡增多，也是金沙江降雨偏多的原因之一。

4. 亚洲中高纬度环流

金沙江典型涝年夏季亚洲经向环流指数除1966年、2014年低于30年均值，其余较多明显在均值之上，影响金沙江降雨的主要天气系统和冷空气更多地体现在环流的经向度上，亚洲中高纬环流形势偏经向，或以经向环流为主，是金沙江形成强降雨的有利条件之一。

5. 季风

金沙江典型涝年除1974年、1999年、2018年以外，其余年份南海夏季风均偏弱或异常偏弱，在夏季风弱的年份，中国的雨季和强降雨区长时间停留在相对偏南的地区，西南风会将热带印度洋丰沛的水汽源源不断地向金沙江输送，从而导致该地区的大洪水。

6. 极涡

金沙江典型涝年汛期在近期呈亚洲区极涡面积偏小、强度偏弱的特点，如2014年、2017年、2018年、2020年汛期亚洲区极涡面积偏小，强度偏弱，但1965年、1966年、1974年汛期亚洲区极涡面积偏大，强度偏强；1998年、1999年则极涡面积偏小，强度却偏强。

7. 太阳黑子

金沙江典型涝年大多数发生在太阳黑子的极小值附近，即m年附近，2014年发生在极大值，即 M 年。

金沙江典型涝年的强降雨，其大尺度环流最主要的特征是长波脊稳定在乌拉尔山附近，长波槽位于金沙江或其西部地区，低槽附近经向环流显著加强，暖湿平流沿着槽前强劲的偏南风从南海及孟加拉湾向金沙江输送。在长波系统稳定的形势下，槽后冷空气比较明显，槽前常有高原涡、西南涡生成，低涡沿槽前西南气流向东北方向移动，成为金沙江产生强降雨的主要系统。

4.2.2 暴雨特征及成因

4.2.2.1 年、季、月雨量及暴雨降水特征

1960—2020 年金沙江流域多年平均年雨量及季节雨量空间分布如图 4.3 所示。对于年雨量而言，金沙江江源区的年雨量最少，多在 500mm 以下，金沙江上游和雅砻江上游年雨量较多，多为 500～800mm，金沙江中游和下游的年雨量多为 800～1000mm，雅砻江下游的年雨量最多，多在 1000mm 以上。对于汛期 4—10 月的雨量而言，金沙江江源区的汛期雨量多在 200mm 以下，江源区以下的降雨分布与年雨量分布类似。对于主汛期 6—8 月雨量分布而言，金沙江上游和雅砻江上游雨量多为 200～500mm，金沙江中游北

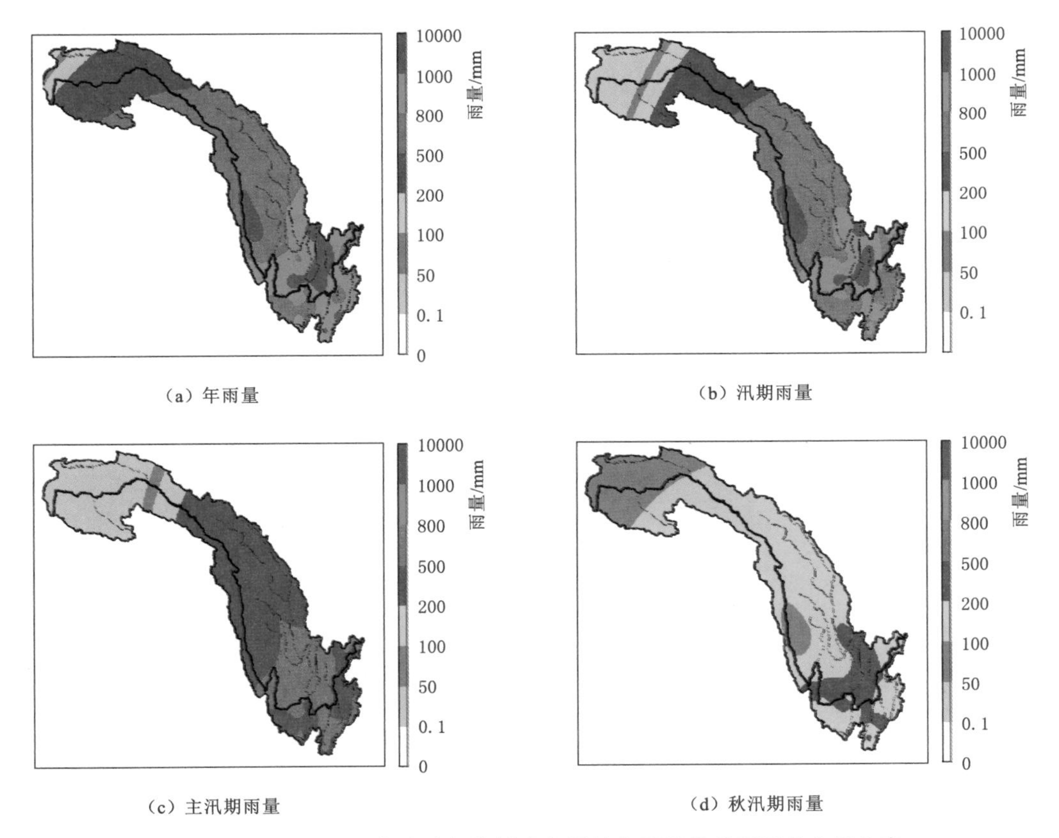

图 4.3 1960—2020 年金沙江流域多年平均年雨量及季节雨量空间分布

部和下游南部部分地区的雨量为500～800mm，雅砻江下游大部份地区的主汛期雨量多在500mm以上。对于秋汛期9—10月的雨量而言，江源区雨量在100mm以下，金沙江上游和雅砻江上中游雨量多为200mm以下，雅砻江下游附近地区雨量多为200mm以上。

图4.4从月尺度角度分析了1960—2020年金沙江流域各分区的面雨量变化。可以看到，对于金沙江上游，多年平均、最小月面雨量以及最大月面雨量极大值均出现在7月；对于金沙江中游，多年平均和最小月面雨量的峰值出现在7月，最大月面雨量的峰值则出现在8月；对于金沙江下游，多年平均、最小月面雨量以及最大月面雨量极大值同样均出现在7月；对于雅砻江流域，多年平均、最小月面雨量以及最大月面雨量极大值均出现在7月，且最小月面雨量在8月明显偏少。此外，需要指出的是，上述4个分区的雨量均集中出现在6—9月。

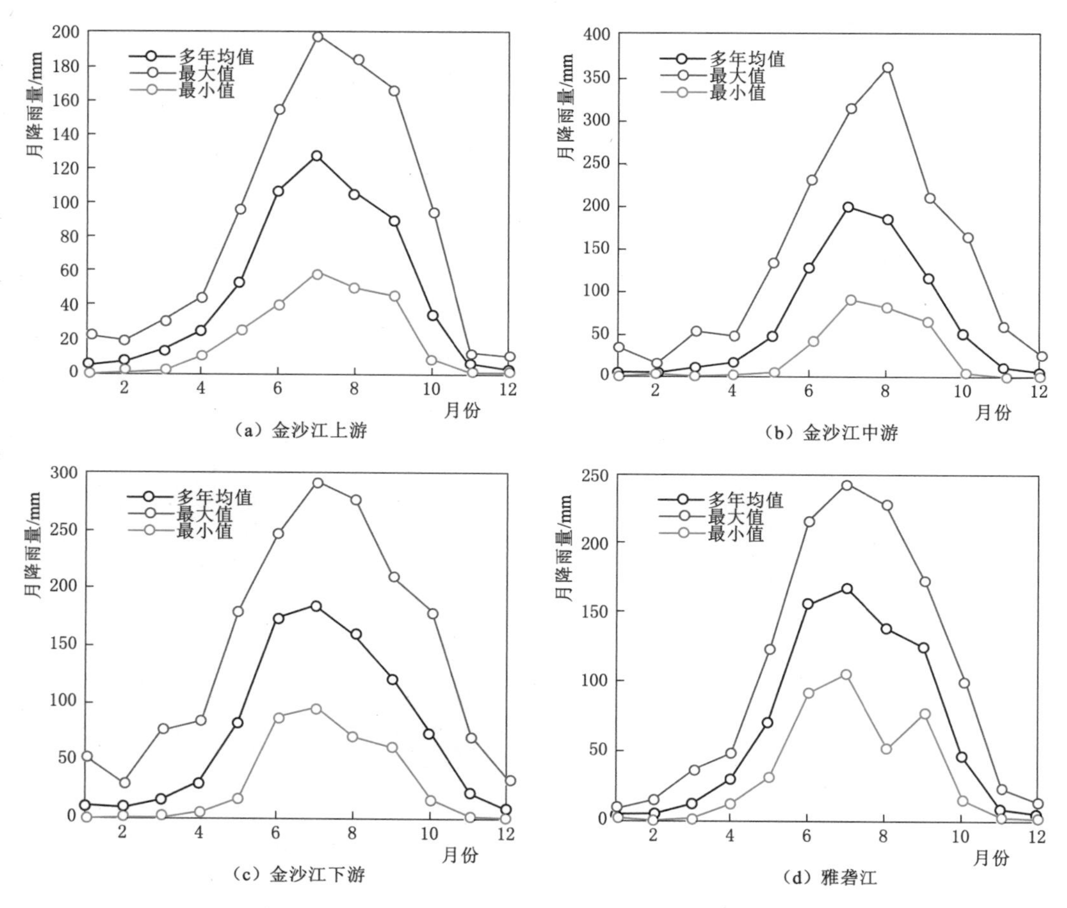

图4.4 1960—2020年金沙江流域各分区雨量季节变化

按照《江河流域面雨量等级》(GB/T 20486—2006)，将24h累积降雨大于等于30mm的面雨量称为面暴雨。表4.1为1960—2020年各月总面暴雨日数和平均面暴雨强度的统计表。由表4.1可知，近61年来，雅砻江流域从未发生过面暴雨，金沙江上游在6月和9月各发生过1次面暴雨，金沙江下游在5—11月均出现过面暴雨，但出现次数均在5次或以下，金沙江中游在5—10月均出现过面暴雨，其中7月、8月出现的频数相对较高，分别为10次和11次。

表4.1 1960—2020年各月总面暴雨日数和平均面暴雨强度统计表

月份	金沙江上游		金沙江中游		金沙江下游		雅砻江	
	日数/d	强度/(mm/d)	日数/d	强度/(mm/d)	日数/d	强度/(mm/d)	日数/d	强度/(mm/d)
1	0	—	0	—	0	—	0	—
2	0	—	0	—	0	—	0	—
3	0	—	0	—	0	—	0	—
4	0	—	0	—	0	—	0	—
5	0	—	1	33.2	4	38.3	0	—
6	1	42.3	5	33.1	5	34.0	0	—
7	0	—	10	33.4	3	32.2	0	—
8	0	—	11	32.3	4	31.8	0	—
9	1	54.4	3	36.2	1	31.5	0	—
10	0	—	1	31.1	1	30.8	0	—
11	0	—	0	—	1	31.0	0	—
12	0	—	0	—	0	—	0	—

4.2.2.2 成因分析

金沙江流域主要位于青藏高原东侧地区，受亚洲季风的影响，其上空的水汽输送有着明显的季节变化特征，大气可降水量具有明显的季节变化和区域差异，冬季大气可降水量最少，夏季大气可降水量最多。冬、春季节金沙江流域水汽主要来源于中纬度偏西风水汽输送，高原南侧经过孟加拉湾北部的南支偏西风水汽的贡献尤其重要；秋季则主要来源于南海、西太平洋地区；夏季该流域上空水汽主要来源于孟加拉湾和南海、西太平洋地区，其中，6月、7月孟加拉湾地区的水汽作用相对重要，8月南海、西太平洋地区的水汽作用更为明显，均可为金沙江流域降水提供丰富的水汽条件。

金沙江北纬30°以北以上地区位于青藏高原和川西北高原，较中下游开阔平坦，地势呈西北向东南倾斜，降水呈西北向东南递增，其平均水汽压的分布趋势与年降水量的分布趋势一致。金沙江上游高程近5000m，500hPa天气系统与地面天气系统接近，通常水汽主要集中在3000m以下的空气柱中，而上游的水汽却只能较少地存在于5000m以上的空气柱内，海拔高程高是金沙江上游水汽压低，降水量少的一个重要原因。另外，孟加拉湾水汽输向青藏高原的过程中，大量降落在高原南侧和东南缘的陡坡上，陡坡阻挡偏南暖湿气流进入高原腹地是上游降水量少的另一个原因。

金沙江北纬27°～30°地区因地形的相对高差悬殊，横断山脉的古夷平面又是冷空气的通道，所以此区的气候水平和垂直变化都很大，从干热的河谷气候变化到高山寒带气候，“一山有四季，十里不同天”是呈现的普遍现象。金沙江北纬27°以南地区，由于纬度较低，地形相对平坦，该区的金沙江河谷地区及其支流的下段是金沙江的干热河谷区。金沙江流域受大气环流影响，干湿季节分明，冬春季节受东亚冬季风、高原冬季风及青藏高原南支西风环流影响，天气晴朗干燥，降雨偏少，为干季；夏秋季节西南暖湿气流加强，降雨偏多，强度较大。

造成金沙江降雨的主要影响天气系统或因素如下：

(1) 高原低槽东移影响。500hPa 等压面上的低槽是触发金沙江强降雨的最重要的天气系统之一。从其来源考虑，一类是外来槽；另一类是高原上新生槽，高原上新生的气旋性系统较外来系统多。高原低槽的移动，由于高原大地形的影响，低槽的形态、移速、强度等都会有较大的变化，天气事实表明，当西风带低槽移进青藏高原时，在高原西侧将减速停滞，对南伸明显的长波槽还有"切变"作用。高原低槽随着西风带自西向东移动影响金沙江流域，槽前盛行暖湿西南气流，常常成云致雨，槽后盛行干冷西北气流，多晴冷天气。在金沙江典型降雨过程中，多有高原低槽出现在其西侧，随后随着西风带的波动东移出去，配合低层的切变线或低涡，造成金沙江流域的强降雨。

(2) 低涡低值系统影响。高原低涡及西南低涡是金沙江强降雨的一个重要触发系统。高原低涡是青藏高原特殊地形下边界层附近出现的现象，是青藏高原主体上空 500hPa 等压面上的气旋性涡旋，它生成后一旦离开高原便不容易维持。西南低涡是我国西南地区发生发展的中尺度气旋性涡旋，多出现在 700hPa 或 850hPa，是一个具有气旋性环流的闭合小低压。高原低涡的产生一方面是移入高原的长波槽，主要位置在高原东部；另一方面是高原横切变线，低涡形成于切变线西部。金沙江的典型降雨，在金沙江上游或中下游均可能出现低涡环流，低涡内较强的空气上升运动，为降水提供有利条件，如果水汽充沛，大气又呈不稳定状态，则低涡常产生暴雨。

(3) 切变线低值系统影响。高原横切变线是造成金沙江流域持续性降雨的主要天气系统之一，它的风场特征、生成的环流背景及演变过程似于低涡，由于没有闭合的气旋性气流，因而触发的对流没有低涡强烈。影响金沙江的切变线，主要是青藏高压南部的东北气流、南亚西南气流和西太平洋副高南部东南气流辐合形成。

(4) 低空急流水汽输送。低空急流（北纬 20°～28°、东经 95°～105°范围内，700hPa 盛行一致西南风，且有 3 站以上最大风速不小于 12m/s）与暴雨有密切联系，低空急流使大气产生不稳定层结及强上升运动，外加不断输送的暖湿水汽为暴雨提供水汽和能量通道。影响金沙江暴雨的低空急流，一般位于高空急流核的右后侧。

(5) 冷空气入侵。金沙江流域的降雨与冷空气的活动极为密切，尤其是强降雨过程，多有冷锋的直接影响。冷空气活动主要有西北路（中路）、东路、西路、东路加西路四条路径。中路冷空气经蒙古到达我国河套附近南下达长江中下游及江南地区；东路冷空气经蒙古到我国华北，继续东移的同时低空冷空气折向西南，经渤海浸入华北，再从黄河下游向南可达两湖盆地；西路冷空气经新疆、青海、西藏高原东北侧南下。在金沙江典型降雨过程中，西路及东路冷空气是主要的影响因素。

4.2.3　典型年分析

基于资料原因，对 2010 年后金沙江典型年的强降雨过程进行分析，主要影响系统多为低槽、低涡、切变线、冷锋、低空急流。各典型强降雨过程在天气图上特征见表 4.2。

表 4.2 近几年(2014—2020 年)金沙江典型涝年强降雨过程及影响天气系统分析

强降雨时间	过程累计面平均雨量	影响天气系统			
		500hPa	700hPa	地面	台风活动
2014 年 6 月 27—29 日	上游 19mm、中游 41mm、下游 40mm、雅砻江 41mm	经向环流，高空低槽东移，副高脊线约北纬 24°、西伸脊点东经 110°～120°，西昌站、郫县站 T－TD≤2℃，金沙江雅砻江有切变	低涡，切变线，郫县、西昌东北风	冷空气	无
2017 年 7 月 6—7 日	上游 21mm、中游 44mm、下游 45mm、雅砻江 24mm	经向环流（高空槽后部），副高脊线约北纬 28°、西伸脊点东经 110°～120°，西昌站 T－TD≤2℃，郫县站 T－TD≤3℃，金沙江雅砻江有切变	切变线，西南气流强盛，郫县东北风	冷空气	无
2018 年 6 月 10—14 日	上游 30mm、中游 33mm、下游 64mm、雅砻江 67mm	纬向环流，槽前，副高极偏南，脊线约北纬 10°，西昌站 T－TD≤1℃，郫县站 T－TD≤2℃	切变线，西南风强盛，腾冲西南风 16m/s，郫县、宜宾偏东风或偏北风	冷空气	台风“马力斯”在西太平洋向东北方向移动
2020 年 6 月 29 日—7 月 2 日	上游 19mm、中游 42mm、下游 63mm、雅砻江 25mm	纬向环流，副高脊线约北纬 20°、西伸脊点东经 110°～120°，西昌站 T－TD≤1℃，郫县站 T－TD≤3℃，金沙江雅砻江有切变	切变线，郫县、宜宾偏东风或偏北风	冷空气	无
2020 年 8 月 16—18 日	上游 21mm、中游 107mm、下游 77mm、雅砻江 47mm	纬向环流（高原槽底部），副高脊线约北纬 30°、西伸脊点东经 110°～120°，西昌站 T－TD≤1℃，郫县站 T－TD≤2℃，金沙江雅砻江有切变	低涡、切变线、西南气流强盛，百色、威宁、昆明东南风 12m/s 左右	弱冷空气	台风“海高斯”在南海向西北方向移动靠近广东

注 T－TD 指该站的温度与露点之差。

从典型过程中表现出的以下共性可供预报实践参考应用。

(1) 500hPa。金沙江上空有西风槽，可处于槽前或槽后；金沙江及雅砻江有切变线，且切变线大多位于下游；西昌站、郫县站的 T－TD≤2℃；副热带高压西伸脊点东经 110°～120°。

(2) 700hPa。金沙江及雅砻江有低涡或切变线存在，金沙江下游大多位于切变线南侧西南气流区内；郫县东北风或偏东风；西南或者东南暖湿气流给金沙江带来充沛水汽。

(3) 地面。冷空气从东路或西路入侵金沙江都是造成金沙江强降雨的重要因素之一。台风对金沙江强降雨一般无明显影响，但在台风登陆西移的过程中需注意倒槽给金沙江流域带来的降雨。

4.3 预报内容及特点

4.3.1 面雨量预报

面雨量是描述整个流域（区域）内单位面积上的平均降水量的物理量，能较客观地反映整个区域的降水情况。面雨量预报与常规气象站点预报不同，是对整个流域（区域）的面平均降雨量的定量预报，重点关注系统性的降雨过程。

4.3.1.1 短中期预报产品

随着金沙江流域水文气象预报以及水库群联合调度、水旱灾害防御等业务需求的发展，结合不同的业务需求，金沙江流域面雨量的预报分区也有所不同，在长江流域面雨量预报业务中，将金沙江流域分成 4 个分区，分别为金沙江上游流域、金沙江中游流域、金沙江下游流域及雅砻江流域。近年来，随着金沙江下游梯级水库相继投产，为了更好地提升短中期预报的准确率，面雨量预报在时空尺度上渐趋精细，产品展现形式上也日渐丰富，在对乌东德、白鹤滩水电站的服务中，短期面雨量将白鹤滩以上分为 7 个分区，分别为石鼓—中江、中江—攀枝花、攀枝花—龙街、龙街—乌东德、乌东德—白鹤滩、雅江—二滩、安宁河黑水河。中期面雨量预报将白鹤滩以上分为 4 个分区，分别为石鼓以上、石鼓—攀枝花、攀枝花—乌东德、乌东德—白鹤滩。在对溪洛渡、向家坝水电站的服务中，面雨量分区更细化，在短期面雨量预报中，将金沙江流域共分为 14 个分区，分别为岗托—巴塘、巴塘—奔子栏、奔子栏—石鼓、石鼓—阿海、阿海—鲁地拉、鲁地拉—攀枝花、攀枝花—乌东德、乌东德—白鹤滩、白鹤滩—溪洛渡、溪洛渡—向家坝、雅江（两河口）以上、雅江（两河口）—锦屏、锦屏—二滩、二滩—桐子林（安宁河）。在中期面雨量预报中，将金沙江流域共分为 7 个分区，分别为岗托—石鼓、石鼓—攀枝花、甘孜—锦屏、锦屏—桐子林、攀枝花—乌东德、乌东德—溪洛渡、溪洛渡—向家坝（图 4.5、图 4.6）。

溪洛渡以上分区短期降水预报

第81期　　2021-07-20 8时

预报大区	预报区域	昨日实况/mm	第1天		第2天		第3天		简要分析
			7月20日		7月21日		7月22日		
			范围	倾向值	范围	倾向值	范围	倾向值	
金沙江上游	岗托—巴塘	0	1~5	5	1~5	2	1~5	1	预计：未来1~3d，预报区无明显降水过程，以局地小雨或中雨天气为主
	巴塘—奔子栏	0	1~5	5	1~5	5	1~5	2	
	奔子栏—石鼓	0.7	1~5	3	1~5	5	1~5	5	
金沙江中游	石鼓—阿海	0	1~5	3	1~5	4	1~5	2	
	阿海—鲁地拉	0.2	1~5	4	1~5	5	1~5	5	
	鲁地拉—攀枝花	0	1~5	5	1~5	5	1~5	5	
金沙江下游	攀枝花—乌东德	0.6	1~5	5	1~5	5	1~5	5	
	乌东德—白鹤滩	0.2	1~5	5	1~5	5	1~5	5	
	白鹤滩—溪洛渡	1.1	1~5	3	1~5	5	1~5	5	
	溪洛渡—向家坝	1	1~5	4	1~5	5	1~5	5	
雅砻江	雅江（两河口）以上	0.3	1~5	3	1~5	1	0	0	
	雅江（两河口）—锦屏	0	1~5	4	1~5	4	1~5	3	
	锦屏—二滩	0	1~5	5	1~5	5	1~5	4	
	二滩—桐子林（安宁河）	0.6	1~5	4	5~10	6	5~10	6	

长江委水文局水文情报预报中心

图 4.5 溪洛渡以上分区短期降水预报表

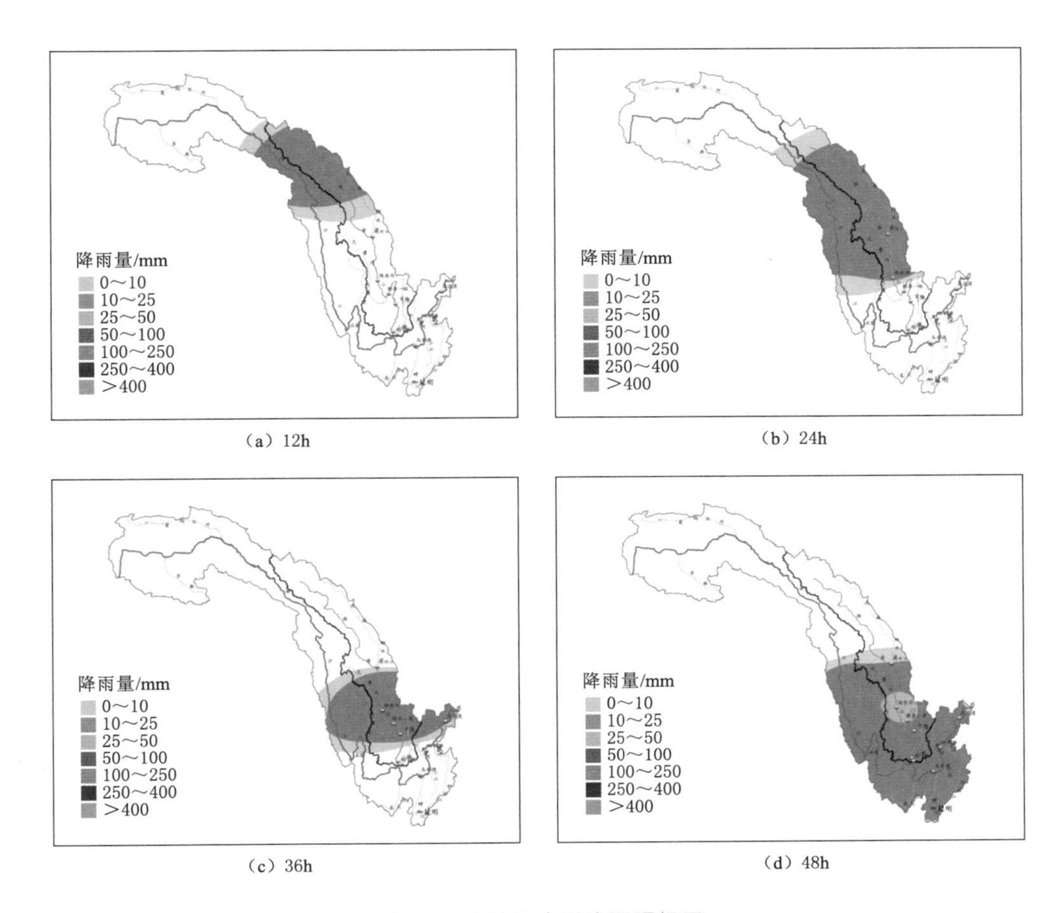

图 4.6 金沙江水系降雨预报图

4.3.1.2 长期预报产品

近年来，随着金沙江下游梯级水库陆续投产，为更好地开展金沙江下游梯级水库群联合调度工作，在联合调度方案及蓄水方案中，长期预报显得尤为重要，在近几年金沙江流域开展的长期预报业务中，包括旬尺度、月尺度、季节尺度以及年尺度的预测产品，预报要素包括金沙江上游、金沙江中游、金沙江下游及雅砻江 4 个分区旬、月、季、年的降水趋势预测以及来水趋势预测。在长期预报的制作中，预报员通常根据气候背景、前期大气环流、海温场及影响金沙江流域旱涝的其他物理因素、近期水雨情状况，采用多种数理统计分析方法及模式产品分析得出综合结论，具体产品详见图 4.7 以及表 4.3。

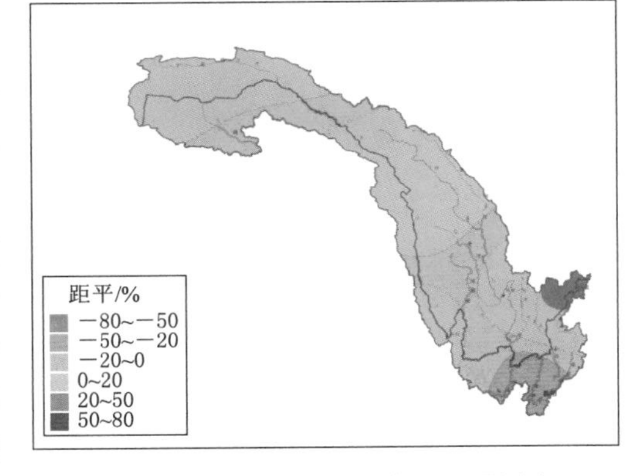

图 4.7 金沙江流域月尺度距平预测产品

表4.3　　金沙江流域2021年7月面平均雨量预报表

时间	预报要素	金沙江上游	金沙江中游	金沙江下游	雅砻江
上旬	距平/%	10～30	−15～+5	−15～+5	0～+20
	趋势	偏多	正常偏少	正常偏少	偏多
	均值/mm	47.9	61.1	67.2	65.3
中旬	距平/%	−10～+10	−20～0	−10～+10	−10～+10
	趋势	正常	偏少	正常	正常
	均值/mm	36.6	69.9	58.2	51.1
下旬	距平/%	−10～+10	−10～+10	−10～+10	−10～+10
	趋势	正常	正常	正常	正常
	均值/mm	36.5	71.9	63.3	48.0
7月	距平/%	0～+20	−15～+5	−10～+10	−5～+15
	趋势	偏多	正常偏少	正常	正常偏多
	均值/mm	121.0	203.0	188.6	164.4

4.3.2　坝区气象预报

水电站坝区气象预报主要是单站预报，预报要素主要包括坝区及周边气象站点的降雨、气温、相对湿度、风等。坝区灾害性天气主要包括大风、强降温、高温、暴雨及雷雨警报等。根据工程建设需求，坝区气象预报服务分为常规预报产品和不定期专题服务材料的分析与制作，主要包括坝区站点短中期滚动天气预报、水文气象综合分析信息、大坝混凝土浇筑周报、气象旬报、气象月报、短期气候预测等。

预报员每天制作常规气象预报，同时不定期制作专项气象保障服务及重要天气气象服务等，在面对灾害性天气过程时，在过程开始前及时发布预报，过程中，按照“预报、实报、续报”的原则，密切监视坝区各自动站监测系统和多普勒天气雷达，根据对流云团回波变化科学研判，提前预警，并在灾害性天气发生过程中跟踪分析，及时发布最新成果，为各相关单位提供咨询服务。

4.4　预报方法

4.4.1　面雨量预报方法

4.4.1.1　短中期面雨量预报

短中期降水预报的预见期为1～7d，国内短中期定量降水预报主要基于数值模式，预见期24h内的预报结合天气学方法进行融合订正，24h以上预见期的预报主要参考数值天气预报模式。天气学预报方法是以天气图、卫星云图等为主要手段，并应用天气学知识的一种半理论半经验预报方法，这种方法取决于预报员的主观经验。数值天气预报是指根据大气实际情况，在一定的初值和边界条件下，通过大型计算机作数值计算，求解描写天气演变过程的流体力学和热力学的方程组，预测未来一定时段的大气运动状态和天气现象的方法[21-24]。

根据国内外的数值天气业务预报经验显示，数值预报是实现天气预报定时、定点、定量最根本有效的科学途径，也是提高天气气候预测水平最具潜力的方法。当前国内外中期数值模式产品十分丰富，欧洲中期天气预报中心（European Centre for Medium-Range Weather Forecasts，ECMWF）、日本气象厅（Japan Meteorological Agency，JMA）、美国国家环境预报中心（Nation Centers for Environmental Prediction，NCEP）、中国气象局（China Meteorological Administration，CMA）、英国气象局（United Kingdom Meteorological Office，UKMO）、加拿大气象中心（Canadian Meteorological Centre，CMC）等均有自己的全球预报系统。近年来，中期数值模式产品的预报效果有了显著提升，预报时效也由20世纪80年代的5d提升至10d以上。

目前，ECMWF的预报系统处于全球领先水平，其模式水平分辨率达9km，垂直层数为137层，预报时效在10～15d，ECMWF、JMA、NCEP以及我国自行研发的全球区域一体化同化预报系统（Global and Regional Assimilation and Pr Ediction System，GRAPES）模式预报，都可输出高度场、风场、水汽、温度场等气象要素预报数据，并提供直接的网格化降水预报数据。

当前，围绕金沙江下游梯级水库调度运行开展的短中期面雨量预报，主要基于天气学方法和数值天气模式。其中，预见期24h内的预报需结合天气学方法、遥感资料进行融合订正，特别是遇到重大灾害性降水时，需结合人工交互方法作出较为准确的判断。而24h之后的降水预报，数值预报发挥着重要的基础性作用，数值预报产品的解释应用、集合预报技术的应用越来越受到重视。ECMWF、JMA和NCEP等数值预报模式是目前的国际主流，其业务化产品的预报质量较高基本得到了公认；我国自行研发的GRAPES模式，替代了原T639模式，已经实现了业务化。在金沙江水文气象预报业务中应用的主要模式预报产品，经过对近几年模式产品预报效果的检验分析，ECMWF、JMA的数值预报产品对金沙江流域的降水预报效果较好（表4.4）。

表4.4　金沙江流域面雨量预报业务中应用的主要模式产品信息

机构	模　式	水平分辨率	最小时间分辨率	气 象 要 素	预报时效
ECMWF	IFS-HRES	0.125°×0.125°	3h	降水、气压、温度、湿度、风等	10d
JMA	GSM	0.5°×0.5°	6h	降水、气压、温度、湿度、风等	4d
NCEP	GFS	0.5°×0.5°	3h	降水	15d
CMA	GRAPES_MESO	0.1°×0.1°	1h	降水	4d
本地化模式	WRF	27km	1h	降水、气压、温度、湿度、风等	4d

4.4.1.2 延伸期降水预报

国内气象部门常规的天气预报和预测业务包括10d以内的短中期预报和30d以上月、季尺度的长期预报，而10～30d预见期的延伸期预报仍缺少客观的预报方法和工具。延伸期预报（一般为10～30d）作为现有中期预报的延伸，填补了现有天气预报和气候预测之间的预见期缝隙。延伸期预报不同于其他尺度的预报，在这一时段内，初始场所包含的信息随着预报时间的增长而逐渐耗散，但此时外强迫所起的作用还未完全占主导。因此，在

10～30d延伸期预报的过程中，既需要考虑初值的作用，也要考虑边值的影响，这在客观条件上就决定了该时间尺度的预报难度非常大。目前，大气季节内振荡（intra seasonal oscillation，ISO）、热带低频振荡（Madden-Julian oscillation，MJO）、环球遥相关（circum global teleconnection，CGT）等低频信号是10～30d延伸期天气的主要可预报性来源。从物理上来说，在延伸期尺度内，ISO、MJO等既是大气活动的强信号，也是诱发大气环流演变的重要因子，这些缓变的外强迫及其影响下的大气低频变化为延伸期预报提供了有用的低频信息，进而使得延伸期预报成为可能。在此基础上借助动力模式、数理统计、动力统计结合法以及近年来的大数据等方法来实现对延伸期天气的预报。

1. 动力模式

数值预报作为现代气象业务的基础，在延伸期预报中扮演着不可或缺的角色。但受限于科学理论和计算能力的发展，延伸期预报的模式发展相对缓慢，预报准确率也无法与短中期天气预报和短期气候预测相比。主要因为传统的天气模式没有考虑海洋、陆面等下垫面的影响，而气候模式分辨率往往较低，且对天气尺度信息忽略不计。近年来，随着天气数值模式的不断发展，尤其是集合数值模式的发展，延伸期预报能力大大提高。如ECMWF，2004年开始正式发布延伸期天气预报，2011年将更新频率从最初两周一次提高为每周两次，内容主要为周或侯平均的降水、气温等趋势和概率预报。

2. 统计学方法

统计学方法主要有相似预报方法、基于低频信号的统计方法、物理统计方法等。相似预报方法主要是利用天气过程模式、持续性天气过程的相似性、大气环流或大气活动中心特征量时间序列的持续性来做延伸期预报。大气低频振荡是高频天气变化的直接背景，是月、季气候的主要构成分量，也是连接天气和气候的直接纽带，因此，基于大气低频信号开展延伸期预报成为除数值方法之外的另一个重要方向。主要以统计方法为主，如相关分析、回归分析、时间序列分析等。近年来，利用大气低频信号来进行延伸期预报已经在多个业务部门实施。物理统计方法是对延伸期天气过程进行物理机制分析，选取与延伸期天气变化关系密切的具有物理机制的各种大气因子和非大气因子，采用回归、典型相关等物理统计预报模型制作延伸期预报。

3. 动力统计结合法

动力统计结合法是将统计方法用于动力模式结果的分析，旨在通过合理可行的模式产品解释应用，对未来极端天气变化进行延伸预报，或者以模式预报结果为平台，结合历史规律进行相似印证，预测延伸期内的天气系统演变过程。大气系统可以分为可预报分量和混沌分量，利用数理统计方法将数值模式结果分解为可预报分量和混沌分量，在此基础上构建针对可预报分量的数值预报模型，也是近年来延伸期预报的方法之一。

目前对金沙江流域的延伸期预报方法主要有基于多源中期数值预报产品的专家经验外推分析预报方案、基于对CFS模式产品释用的延伸期降水预报方案、基于低频天气图的延伸期降水预报方案、基于大气低频信号的延伸期降水预报方案、基于ECMWF集合预报产品的延伸期降水预报方案以及基于区域气候模式RegCM4产品的延伸期降水预报方案等。图4.8～图4.10分别为长江委水文局延伸期预报目前采用的ECMWF、CFS、

RegCM4 模式产品图。

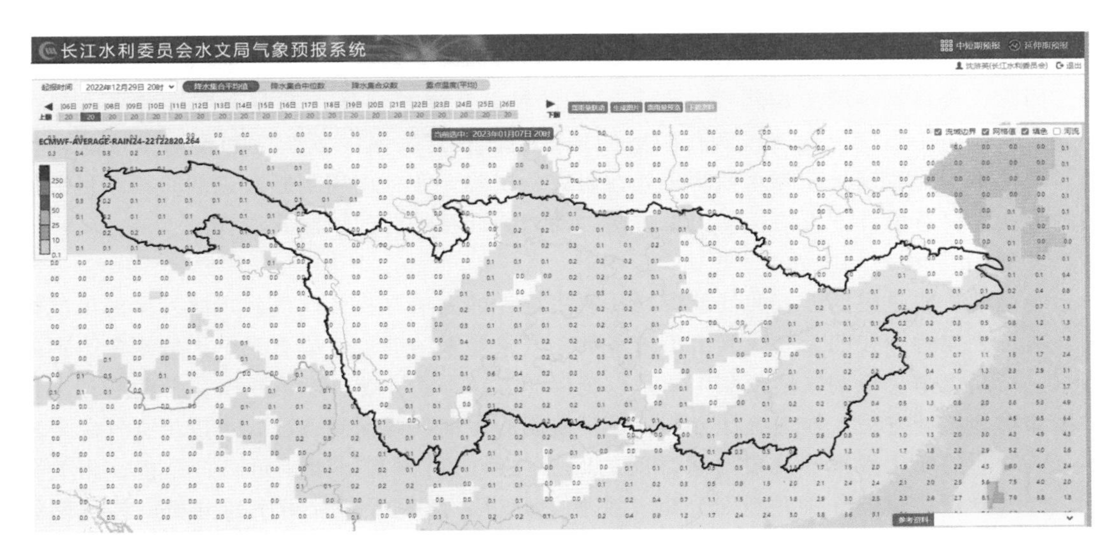

图 4.8 水文局 ECMWF 延伸期集合预报产品

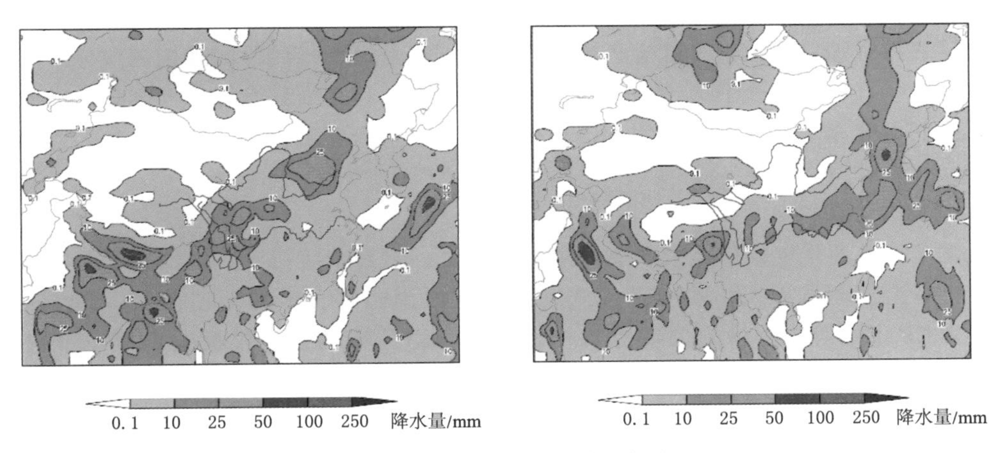

图 4.9 水文局 CFS 延伸期预报产品

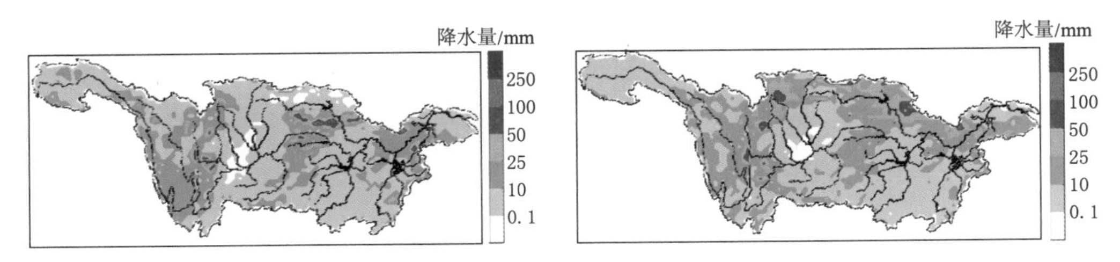

图 4.10 水文局 RegCM4 延伸期预报产品

4.4.1.3　长期降水预报

长期降水预测主要指月、季、年时间尺度的预测，属于短期气候预测范畴。长期降水预测牵涉整个大气、海洋、大陆环境、冰雪等在内的庞大系统，影响气候因素诸多，目前仍是国际大气科学领域的难题[25-30]。我国是世界上开展长期降水预测研究和业务最早的国家之一，由于影响我国气候变化因素的多重性、相互关系的复杂性和预测方法的多样性，整体来看，我国长期降水预测仍处在研究、试验、业务应用不断改进的阶段，目前使用的方法主要有统计学方法、动力学方法、动力统计相结合的预测方法。

1. *统计学方法*

统计学方法是根据已有的气象资料，利用统计的方法寻找天气气候现象发生的可能规律，从过去或者现在的天气气候给出未来某个气象要素的期望值或者某个天气现象出现的概率。长期以来，短期气候预测主要是以统计学方法为主，统计学方法又可分为数理统计方法和物理统计方法。数理统计方法是最早使用的短期气候预测方法，可以依据气象要素本身随时间的变化规律、气象要素之间的时滞关系进行预测，如多元回归分析、相关分析、合成分析、聚类分析、判别分析、主成分分析、谱分析、时间序列分析、神经网络等。物理统计方法是以具有一定物理意义的影响气候异常的因子为基础，把物理因子和前兆信号的分析作为预测的重要基础和依据，并采用统计方法，建立具有较为清晰物理图像的预测概念模型。这些主要因子有海温、青藏高原热状况、东亚季风、西北太平洋副高、中高纬阻塞高压等。从数理统计方法到物理统计方法是短期气候预测理论在业务方法上的进步，但目前有些预测模型的预报效果还不够稳定，尤其是当具有统计预测意义的前期信号异常程度不够显著，或者与后期我国夏季降水的密切程度出现年代际转变时，预测结果就很难具有说服力。

2. *动力学方法*

气候模式是现代气候研究及预测的重要手段之一，目前应用于短期气候预测的动力学模式主要有大气环流模式、热力学模式、距平滤波模式等。国际上包括 ECMWF、UKMO、NCEP 中心等在内的主要业务机构，均在利用区域耦合气候模式开展季节内到季节-年际尺度的短期气候预测。我国短期气候预测业务中，国家气候中心建立了一套由月动力延伸预报模式、海气耦合的全球气候模式、高分辨区域气候模式和 ENSO 预测模式以及前处理、后处理系统组成的业务动力模式系统，系统在进行月、季、年际时间尺度的气候预测业务试报中表现出一定的预报能力。与物理统计预测方法相比，气候模式的优势是充分考虑气候系统的物理过程，通过不断改进、集合预报等方法，其预测能力不断提高，在业务预测中的作用和地位得到明显加强。但目前来看，动力学方法的预测水平还不能满足业务预测的要求，并且对大量历史信息利用不足，预报技巧仍有待提高。目前我国主要以物理统计和动力模式相结合的方式开展短期气候预测。

3. *动力统计相结合的预测方法*

动力统计相结合的预测方法主要有两大类：一类是从改造动力方程着手，在动力方程中引入随机项、统计系数，或按照某种准则导出新的统计动力方程，这类方法称为动力统计的“内”结合方法；另一类是把数值预报的结果资料加以统计分析，对预测结果进行再加工和修正，这类方法称为动力统计的“外”结合方法。目前，动力统计相结合更多体现在外部结合，类似于两种方法混合使用但相对独立，统计方法一般只作为模式预报的辅助和补充。早期发展的完全预报（perfect prognostic，PP）方法和模式输出统计方法（model output statistics，MOS），利用过去观测或预报数据建立环流与地面要素之间的统计关系，再通过模式输出环流场间接预报地面要素，据此进一步发展了降尺度技术以及模式结果后处理技术等，尤其是模式误差订正技术，已成为改善模式预报不可或缺的有力工具。

目前，在金沙江流域长期预报方法主要是统计学方法、动力学方法、动力统计相结合的方法这三种方法相结合完成，长江委水文局开展长期预报业务主要有 RegCM4 气候模式预测系统、CFS 本地化自动处理系统及聚类模型预测系统等。

4.4.1.4 短中期面雨量预报方案

当前，在金沙江流域天气学预报方法在 24h 短期预报中有明显的优势，48h 以后的中期预报，主要靠解释应用中期数值预报为手段。因而，中期面雨量预报与短期面雨量预报流程基本一致。

在金沙江流域面雨量实际预报业务中，除考虑预报精度以外，预报的时效性也非常重要。设计预报流程时，应充分考虑各种资料获得的时间先后，促使及时、准确的提交预报。根据现有的可获取的气象资料条件，提出短期降雨预报方案流程图，中期降雨预报也可以按此短期预报流程操作（图 4.11）。

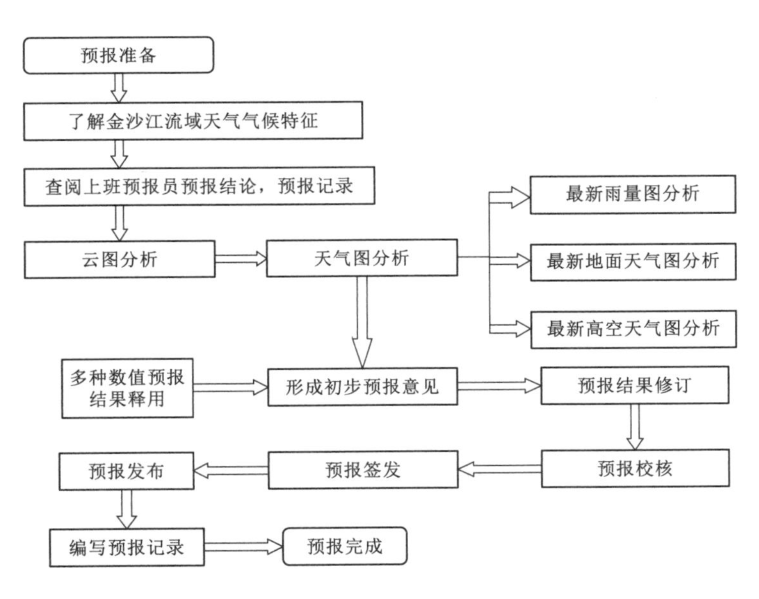

图 4.11 金沙江流域短中期面雨量预报方案

4.4.1.5 长期降水预报方案

在金沙江流域长期预报实际业务中，考虑各类气候因子对金沙江流域降水的影响，建立物理概念模型，并充分考虑各类统计方法及气候模型对金沙江流域的预报效果，提出长期预报方案流程图（图 4.12）。

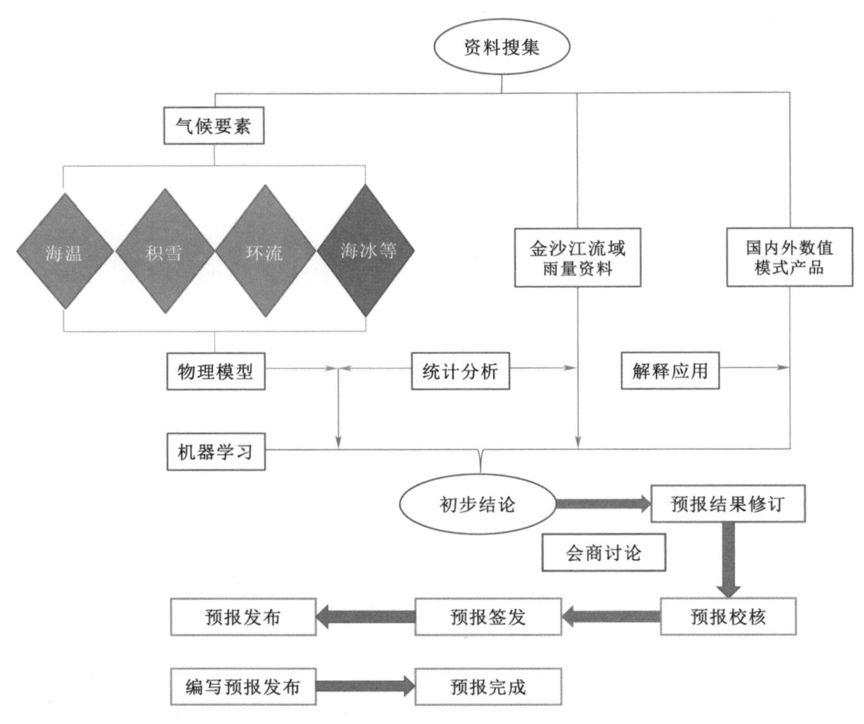

图 4.12　金沙江流域长期降雨预报方案

4.4.2　坝区气象预报预警技术

4.4.2.1　暴雨预报预警技术

1. 雷达估计临近降雨

雷达能提供周围几百千米范围内的水汽时空分布以及降雨系统的移动和降雨回波的发生、发展、演变等直观资料，因此数字化天气雷达是在微机上实现降雨临近客观外推预报的重要工具之一[31-34]。在金沙江流域，雷达测量是基于雷达回波信号和云雨本身之间的关系来估计降雨，可以得到时空分辨率较高的降雨分布，但雷达覆盖面积有限，不适合估计大面积的降雨。随着雷达探测技术的提高和地面处理能力的增强，由雷达得到的气象参数和信息不断增多，利用雷达作定量降雨估计正在蓬勃发展。

雷达定量测量降水的关键技术之一是 $Z-R$ 关系式的确定。水滴的反射率称为雷达反射率因子 Z，与降水率 R 有下述关系：

$$Z=AR^{b} \tag{4.1}$$

这是雷达反射率因子 Z（mm^6/m^3）和降水率 R（mm^6/h）之间的一种关系。式中的常数 A 和 b 是由通过若干年资料推导出来的经验平均值，为常数，该值随降水类型和地理位置的不同而不同，对不同类型降水和地形一般取值如下：

连续性降水：

$$Z=200R^{1.6} \tag{4.2}$$

对流性降水：

$$Z=31R^{1.71} \tag{4.3}$$

地形雨：

$$Z=486R^{1.37} \tag{4.4}$$

降雪或降雹：

$$Z=2000R^{2.0} \tag{4.5}$$

需要指出的是，长期以来人们采用的是用雨滴谱方法求 $Z-R$ 关系，但是影响此关系精度的原因很多，主要有两个：一是雷达有效照射体积和地面雨量计附近雨滴谱分布的空间差异；二是雷达波束的平均作用。近年来，很多学者提出了 Z 的垂直廓线订正及雨量计校准等方法，同时另一种建立在新概念基础上的 $Z-R$ 关系的研究也在兴起且不断完善，它把雷达测量的 Z 值直接与地面实测雨量 R 在 ATI 原理基础上，用概率配对法以概率相等为原则求取两者在条件概率下的对应关系，一般称为气候 $Z-R$ 关系。

2. 气象卫星估测降水

近几年来，随着卫星探测技术的提高，资料处理方法的不断改进，卫星云图估计降水量的方法得到了很大的发展。在金沙江流域，由卫星云图估计降水，主要是根据云的亮度、云的种类、云面积与降水之间的关系间接求得的，其精度决定于云图的空间分辨率、时间分辨率和采用的估计方法等。利用云图估计降水的方法很多。

（1）云指数法估计降水。如果在某一时间内的降水是云的种类和面积的函数，即

$$R=f[A,i(h)] \tag{4.6}$$

式中：R 为降水量；A 为云区面积；i 为云的种类；h 为 i 类云的高度。

该方法在具体实行时先把所要估计的降水区按经纬度分成若干子区域，识别出子区域内云的种类，然后选择有地面实测降水记录的区域，与卫星云图上相应区域的云类作对比分析，求出每种云发生降水的概率，把每个区域内的各种云的降水概率化为降水系数，最后由历史资料求出降水系数和给定时间内降水量的回归方程和回归系数。

（2）使用云移动模式估计中高纬度地区冬半年降水。在北半球冬半年，降水主要是由稳定而均匀的层状云造成的，因而降水量可简单地看成云的降水强度与降水持续时间的乘积，即

$$R=ID \tag{4.7}$$

式中：R 为降水量；I 为降水强度，由气候资料确定；D 为降水持续时间，由云的移动模式确定。

降水强度是云发展阶段的函数，与云的种类和地形有关，可表示为

$$I=I_SCO \tag{4.8}$$

式中：I_S 为与云发展阶段有关的降水量；C 为与云类有关的降水因子；O 为由地形引起的降水因子。

降水持续时间与云的种类、厚度有关，可表示为

$$D=D_kK \tag{4.9}$$

式中：D_k 为由云移动模式得到的降水持续时间；K 为云厚与降水持续时间有关的因子。

因此，降水估计方程为

$$R=ID=I_SCOD_kK \tag{4.10}$$

根据研究，在云的不同发展阶段、不同类型的云、云高和地形的影响下 I_S、C、K、

O 取值不一样。

（3）根据云的亮度和面积估计降水。在可见光和红外云图上，云越亮且面积越大，表示云层越厚并且上升运动较强，低层辐合和高空辐散很强烈，大气中含有的水汽丰富，其产生的降水也越大。

（4）使用半小时间隔的增强红外云图估计对流性降水（Scofield/Oliver方法）。利用半小时间隔的增强红外云图估计对流性降水尤其适用，其公式为

半小时对流性降水/mm=[云顶温度及云扩展因子(或高空辐散因子)+穿透云顶因子+合并因子+饱和环境因子]×地面到500hPa可降水量/1.5 (4.11)

式中：地面到500hPa可降水量表示对干燥环境的修正，且当地面到500hPa可降水量因子小于或等于1时才乘上这个因子。此种方法常与地理信息系统相结合。地理信息系统可以为空间数据和属性数据合并进入计算机数据库系统提供一个方法，从而可以允许对地理学上的参数数据进行输入、存储、检索和分析。美国学者利用可以对数字图像数据进行分析和处理并能建立地理数据文件的地球资源实验室应用软件（Earth Resources Laboratory Applications Software，ELAS），对每半小时从GOES得到的可视图像和远红外卫星云图数据进行分析处理从而实现对降雨量的估计。

气象雷达监测及气象卫星监测是气象监测的重要手段，在突发性、灾害性的监测、预报和警报中具有极为重要的作用。当前在金沙江流域的暴雨预报预警中主要采用雷达预估临近降雨技术及气象卫星估测降雨技术，这两种技术当前方法较为成熟且在业内使用较为广泛。

4.4.2.2 大风预报预警技术

金沙江河谷大风形成的各种尺度系统和气象条件相互影响，错综复杂，瞬发性高、局地性强，受山地地形影响，金沙江中下游大风多为局地对流性大风，在对对流性大风的预报预警中，主要是基于对各项对流参数进行分析，内容如下：

（1）0℃层高度。各月出现大风的0℃层高度不尽相同，夏季0℃层高度普遍偏高，春季和秋季的0℃层高度较夏季偏低。夏季0℃层高度主要在5000～5500gpm，春季0℃层高度在4000～5000gpm，秋季0℃层高度在4900～5200gpm。

（2）自由对流高度（level of free convection，LFC）。出现对流性大风前的LFC主要在600～800hPa，4月LFC较高，54%以上的样本LFC在600～700hPa。9月LFC偏低，75%的样本LFC在690hPa以下。

（3）沙氏指数（SI指数）。SI指数是反映大气稳定状态的物理量，常用于预报局地对流性天气。目前常用的SI指数（I_{SI}）预警对流性天气的阈值$I_{SI}>3$℃时，出现雷暴天气的可能性不大；0℃$<I_{SI}<3$℃时，有发生阵雨的可能；-3℃$<I_{SI}<0$℃时，可能有雷暴；-6℃$<I_{SI}<-3$℃时，可能有强雷暴；$I_{SI}<-6$℃时，可能出现严重对流性天气，如龙卷风等。

（4）对流有效位能（convective available potential energy，CAPE）。CAPE表示在LFC之上气块从正浮力做功而获得的能量。CAPE越大，则出现对流性天气的可能性越大。但是大部分个例的CAPE均在1000～1500J/kg以下。

（5）700hPa与500hPa间温度差（ΔT）。ΔT为垂直温度递减率，用于判断大气稳定

度，不稳定的大气层结是对流性天气发生、发展的背景。金沙江中下游出现对流性大风前，ΔT 的变化范围主要集中在 14～18℃。这表明，当 $\Delta T>14$℃，可判断大气处于不稳定状态，具有对流性大风天气出现的条件。

在对对流参数进行分析的同时需结合雷达回波图，对流性大风的雷达回波多为块状回波、部分带状回波、飑线和超级单体。

4.4.2.3 高温预报预警技术

金沙江下游梯级电站处于低纬高原金沙江干热河谷地带，属于亚热带半干旱区，金沙江流域的高温天气与高空环流形势的持续稳定有着密切的关系。关于金沙江流域的高温黄色预警，在确定 500hPa 影响系统后，参考 850hPa 不小于 20℃ 的温度指标即可，目前 ECMWP、JMA 或 GRAPES 等数值模式对气温的精细化预报结果是发布高温黄色预警信号的有效工具。橙色高温预警时也主要参考数值模式产品。当副高边缘影响时，前一天最高气温均在 36℃ 以上，850hPa 不小于 21℃ 等温线覆盖了金沙江中下游，925hPa 不小于 25℃ 线覆盖了金沙江中下游，且上游有不小于 27℃ 的暖中心。大陆暖高压影响时，850hPa 不小于 21℃ 等温线基本覆盖了金沙江中下游，925hPa 不小于 26℃ 等温线覆盖了金沙江中下游，且高温日前一天最高气温一般在 35℃ 以上。

综上所述，金沙江中下游的高温预警主要依据数值模式对气温的预测同时结合前期的实况数据。

4.5 预报实践

4.5.1 面雨量预报

4.5.1.1 面雨量评定方法

在金沙江流域的短期面雨量预报主要采用以下两种评定方法：

(1)“长江委”评分标准。即实况面雨量落在预报面雨量范围之内则得 100 分，预报与实况面雨量差值越大，得分越小，详见表 4.5。

(2)“三率”评定标准。对不同预见期、不同等级的面雨量预报，计算其准确率、漏报率、空报率。针对中雨及以上量级，如果预报与实况属于相同的量级，则视该次预报为正确。针对无雨和小雨量级，如果预报无雨，实况无雨或小雨均视为预报正确；如果预报小雨，实况无雨或小雨也均视为正确。如果预报的量级较实况量级大两级或两级以上，则为预报空报。如果预报的量级较实况量级小两级或两级以上，则为预报漏报。面雨量量级的划分采用江河流域面雨量等级划分标准，见表 4.6。

对不同预见期、不同等级面雨量预报的准确率 η、漏报率 β、空报率 κ 计算式统一如下：

$$\eta=n/m\times100\% \tag{4.12}$$

$$\beta=u/m\times100\% \tag{4.13}$$

$$\kappa=v/m\times100\% \tag{4.14}$$

式中：m 为发布预报次数；n 为预报正确的次数；u 为漏报的次数；v 为空报的次数。

表 4.5　　长江流域短中期面雨量预报评分简表

评分值		预报值/mm											
		0	1～5	5～10	5～15	10～20	15～25	20～30	30～50	40～60	50～80	60～100	>100
实况值/mm	$R=0$	100	80	0	0	0	0	0	0	0	0	0	0
	$0<R\leqslant5$	80	100	90	80	80	60	0	0	0	0	0	0
	$5<R\leqslant10$	0	80	100	100	90	80	60	0	0	0	0	0
	$10<R\leqslant15$	0	60	90	100	100	90	80	60	0	0	0	0
	$15<R\leqslant20$	0	40	80	90	100	100	90	80	60	0	0	0
	$20<R\leqslant25$	0	0	60	80	90	100	100	90	80	60	0	0
	$25<R\leqslant30$	0	0	40	60	90	90	100	90	90	80	40	40
	$30<R\leqslant40$	0	0	0	40	80	90	90	100	90	90	60	60
	$40<R\leqslant50$	0	0	0	0	60	80	90	100	100	90	80	70
	$50<R\leqslant60$	0	0	0	0	40	60	80	90	100	100	90	80
	$60<R\leqslant80$	0	0	0	0	0	40	80	90	90	100	100	90
	$80<R\leqslant100$	0	0	0	0	0	20	60	80	90	90	100	100
	$R>100$	0	0	0	0	0	0	40	80	90	90	100	100

表 4.6　　江河流域面雨量等级划分表

雨量等级	24h 面雨量值/mm	雨量等级	24h 面雨量值/mm
小雨	0.1～5.9	暴雨	30.0～59.9
中雨	6.0～14.9	大暴雨	60.0～150.0
大雨	15.0～29.9	特大暴雨	>150.0

（3）中期面雨量评定方法。中期面雨量预报评定采用两种方法：第一种方法同短期面雨量预报评定方法，即“长江委”评分方法；第二种方法为降雨过程评定，依据江河流域面雨量等级划分标准，对面雨量连续两天及以上达到中雨及以上量级的降雨过程进行评定，依据实况降雨过程，如果中期降雨预报中有文字说明或者数字证明有降雨过程，则为降雨过程预报正确，否则认为预报错误；针对降雨过程强度，如果实际发生的降雨过程累积雨量在预报累积雨量范围内，则认为过程强度预报正确，否则为预报偏强或偏弱。

（4）长期预报评定方法。长期预报一般为趋势检验，若实况在预报区间内则预报正确，若实况不在预报区间内，但与预报趋势一致也认为预报正确。

4.5.1.2　降水预报精度评定

1. 短期预报精度评定

从 2004 年 5 月 20 日开始开展溪洛渡短期定量降雨逐日滚动预报服务，一直到 2013 年 10 月结束，2014 年 5 月 1 日开始开展乌东德、白鹤滩短期定量降雨逐日滚动预报服务，对上述年份短期预报开展评定，评分方法采用“长江委”评分标准。由表 4.7 可知，总体而言，24h 预报综合评分高于 48h 预报综合评分，且 24h 预报综合平均分数基本均高于 90 分，48h 预报综合平均分数均高于 85 分，满足 24h 预报评分 85 分以上，48h 预报评分 80 分以上的合同要求，同时，通过对比每年的评分发现，在溪洛渡、向家坝水电站的预报服务中，前几年的评分相对较低，随着服务年限的增加，评分逐年增加直至一个较高的水平，这种情况在乌东德、白鹤滩水电站的预报服务中同样可以体现，说明在短期预报中，除了采用各种预报方法外，人工经验也十分重要，金沙江流域地形结构复杂，受天气系统、地形、地貌等因素影响，气候特征具有明显的地区、时间差别，且国内外数值模式产品对金沙江流域的预报效果均不如长江中下游等平原地区，因此，预报员在针对金沙江各流域的预报中，随着预报服务时间的增加，预报经验也逐渐积累，这对提高短中期降雨预报准确率起到十分重要的作用。

表 4.7　2004—2020 年金沙江短期面雨量预报评分结果

	年份	分数			年份	分数	
		24h	48h			24h	48h
溪洛渡、向家坝短期定量降雨逐日滚动预报服务	2004	92.2	89.0	乌东德、白鹤滩短期定量降雨逐日滚动预报服务	2014	94.0	93.8
	2005	91.0	90.2		2015	86.5	85.4
	2006	88.0	85.9		2016	91.0	87.5
	2007	88.5	86.2		2017	92.0	89.0
	2008	91.4	89.1		2018	91.0	89.0
	2009	93.6	90.8		2019	93.0	86.0
	2010	91.4	89.2		2020	96.0	89.0
	2011	93.0	90.6				
	2012	94.3	92.6				
	2013	94.1	91.4				

2. 中期预报精度评定

对 2004—2020 年中期降雨预报（3～7d）进行检验，依照短期降雨预报的评分标准，分别按期数和预报区进行评分，并按预报区和期数进行算数平均，检验结果见表 4.8。结果显示，中期预报评分随着预见期的延长分数逐日降低，第 3 天的综合平均分数基本均在 90 分以上，第 4～7 天逐渐降低，但均在 80 分以上，由于中期预报手段主要依据数值模式产品，由于金沙江流域降雨受地形影响较为显著，数值模式对金沙江流域的降雨预报效果较为不稳定，因此中期预报的评分逐年波动较大。

表 4.8　2004—2020 年金沙江流域中期面雨量预报评分

项　目	年　份	评　分				
		第 3 天	第 4 天	第 5 天	第 6 天	第 7 天
溪洛渡、向家坝水电站服务	2004	82.5	79.8	85.5	63.8	66.4
	2005	87.8	88.4	80.9	85.3	90.2
	2006	91.0	91.0	87.0	85.0	92.0
	2007	92.0	94.0	91.0	88.0	91.0
	2008	92.0	92.0	90.0	90.0	91.0

续表

项　目	年　份	评　分				
		第 3 天	第 4 天	第 5 天	第 6 天	第 7 天
溪洛渡、向家坝水电站服务	2009	92.0	92.0	90.0	90.0	91.0
	2010	92.3	91.3	89.5	86.7	88.7
	2011	92.0	89.0	87.0	88.0	87.0
	2012	90.6	90.2	89.3	90.3	87.9
	2013	89.6	87.2	86.7	86.1	84.9
乌东德、白鹤滩水电站服务	2014	90.0	89.0	94.0	83.0	93.0
	2015	93.0	93.0	90.0	87.0	86.0
	2016	90.0	89.0	94.0	83.0	93.0
	2017	90.0	89.0	90.0	89.0	80.0
	2018	90.5	89.0	87.5	88.0	82.5
	2019	90.5	89.5	87.5	84.5	82.5
	2020	92.0	90.5	89.0	86.5	84.0

3. 长期预报精度评定

水文局从 2004 年开始就开展金沙江流域长期预报服务工作，基本在每年的 4 月前后会提供汛期水文气象综合分析，随后会逐月进行滚动，同时结合业务需求进行加密滚动，从 2004 年开始服务以来，针对金沙江的长期预报准确率基本稳定在 60%以上，随着近几年长期预报手段的不断增加及人工经验的不断积累，预报准确率有了进一步提高，下面具体对 2018—2020 年汛期雨量预报进行检验，结果详见表 4.9。

表 4.9　2018—2020 年汛期金沙江流域面平均雨量预报与实况检验表

年份	时间	雨量距平预报/%	趋势预报	实况雨量距平/%	检验
2018	6—8 月	−15～+5	正常偏少	−7	预报正确
	5—10 月	−15～+5	正常偏少	−8	预报正确
2019	6—8 月	−15～+5	正常偏少	−5.5	预报正确
	5—10 月	−15～+5	正常偏少	−1.5	预报正确
2020	6—8 月	−15～+5	正常偏少	−0.3	预报正确
	5—10 月	−10～+10	基本正常	2.0	预报正确

4.5.1.3　典型过程预报分析

以 2021 年 8 月 16—18 日金沙江流域的强降水过程为例进行分析。

1. 降水实况

8 月 16—18 日，受高空槽、切变线和冷空气影响，金沙江中下游自北向南有大—暴雨的降水过程，这是 8 月降水强度最强的一次过程。其中 16 日，金沙江中下游大部地区有中—大雨，雅砻江、安宁河、黑水河有大范围大—暴雨，日雨量以安宁河的益门站108mm最大、锦川站89mm次之；17日，流域内仍有大范围中—大雨，攀枝花以上及蜻蛉河有大范围大—暴雨，日雨量以蜻蛉河的凤屯站107mm最大，石金区间的北衙站95mm次之；18日，以上地区仍有大—暴雨，日雨量以石金区间的战河站87mm最大，金攀区间的上拉姑站83mm次之。

2. 预报过程

8月14日发布的溪向短期降水72h预报已准确预报金沙江中下游降雨过程的开始，即8月16日，金沙江中下游和雅砻江中下游有中雨、局地大雨的降雨过程，降雨量级在15～25mm左右，预报降雨量级较实况相比略偏小，强降雨落区与实况基本一致，整体预报效果较好。

8月15日发布的短期降水预报中，48h预报对16日的降水进行了微调，总体预报与14日72h的预报接近，其中将雅砻江下游的雨量值向上调整，使其更加接近实况。72h预报对17日的强降雨也有明显反应，预报显示金沙江中下游、雅砻江雅江以下区域有大雨、局部暴雨，这与17日的实况雨区分布基本一致，强度较为接近实况，特别是对金沙江中游、溪洛渡—向家坝、雅江—二滩区间的预报效果良好。

8月16日发布的短期降水预报中，24h预报对16日的降水进行了明显调整，预报雨量的量级明显提升，如溪洛渡—向家坝的雨量预报量级由15～25mm提升到了20～40mm，二滩—桐子林的预报量级由10～20mm提升到15～25mm，调整后的雨量明显更加接近实况。48h预报对17日的预报进行了微调，总体上与15日72h的预报一致。72h预报对18日的强降水也有明显反映，预报显示金沙江中游、白鹤滩附近、雅砻江下游有大雨、局部暴雨，这与18日的实况雨区分布基本一致，强度也接近实况，预报效果良好。

8月17日发布的短期降水预报中，24h预报对17日的降水进行了明显的调整，主要表现在将金沙江中游的预报雨量等级上调，将金沙江下游和雅砻江的雨量预报等级下调，对比实况发现，调整后的预报雨量明显更加接近实况，预报效果优良。48h预报对18日的降水的调整主要表现在，将金沙江中游、金沙江下游上段的预报雨量上调，雅砻江的预报雨量略微下调，同样发现调整后的雨量更加接近实况。72h预报显示，19日金沙江流域的降雨明显减弱，以中雨为主，与实况相比预报结果偏大。

8月18日发布的短期降水预报中，24h预报与17日的48h预报结果基本一致，预报效果优良。48h和72h预报显示，19日和20日金沙江流域的降雨明显减弱，以小—中雨为主，但预报值与实况相比略偏大（图4.13）。

8月19日发布的短期降水预报中，未来3d预报区域有小雨、局地中雨，与实况的降雨量级基本一致，标志着成功预报本次降雨过程基本结束。

8月16—18日期间溪洛渡以上分区短期降水预报的评分见表4.10。由表可知，此次降雨过程预报评分整体较高，降水强度及落区把握较准确，其中24h降雨预报评分最高，平均在92分左右；48h降雨预报评分次之，平均得分为90分；72h降雨预报评分最低，为87分，均满足预报精度要求。

溪洛渡以上分区短期降水预报

第80期 2020-8-14 8时 单位：mm

预报大区	预报区域	昨日实况	第1天 8月14日		第2天 8月15日		第3天 8月16日		简要分析
			范围	倾向值	范围	倾向值	范围	倾向值	
金沙江上游	岗托—巴塘	8.6	5～15	8	5～10	6	5～10	6	预计：未来1～2d，预报区有小—中雨；第3天，有小—中雨、局地大雨。
	巴塘—奔子栏	0.4	5～15	8	1～5	4	5～15	9	
	奔子栏—石鼓	11.5	5～10	6	5～10	6	5～15	9	
金沙江中游	石鼓—阿海	3.6	5～10	7	5～10	5	10～20	16	
	阿海—鲁地拉	13.3	5～10	7	5～10	6	10～20	15	
	鲁地拉—攀枝花	20.9	1～5	4	5～10	6	10～20	12	
金沙江下游	攀枝花—乌东德	21.4	1～5	4	1～5	4	1～5	3	
	乌东德—白鹤滩	14.9	5～15	8	5～10	6	5～10	6	
	白鹤滩—溪洛渡	10.3	1～5	4	1～5	4	10～20	16	
	溪洛渡—向家坝	4.7	5～10	6	1～5	5	15～25	20	
雅砻江	雅江(两河口)以上	4.3	1～5	4	5～10	6	5～15	8	
	雅江—锦屏	3.5	5～10	6	5～15	8	15～25	18	
	锦屏—二滩	6.1	5～15	8	10～20	11	10～20	15	
	二滩—桐子林(安宁河)	7	5～10	6	5～15	9	10～20	12	

(a) 8月14日

溪洛渡以上分区短期降水预报

第81期 2020-8-15 8时 单位：mm

预报大区	预报区域	昨日实况	第1天 8月15日		第2天 8月16日		第3天 8月17日		简要分析
			范围	倾向值	范围	倾向值	范围	倾向值	
金沙江上游	岗托—巴塘	2.7	1～5	2	1～5	4	5～15	8	预计：未来第1天，预报区有小—中雨；第2天，有小—中雨、局地大雨；第3天，有中—大雨、局地暴雨。
	巴塘—奔子栏	0.1	1～5	3	5～10	6	15～25	18	
	奔子栏—石鼓	3.4	1～5	3	5～10	7	30～50	36	
金沙江中游	石鼓—阿海	1.8	1～5	3	10～20	12	20～40	22	
	阿海—鲁地拉	0.8	1～5	2	10～20	12	30～50	36	
	鲁地拉—攀枝花	1.9	5～10	6	10～20	12	20～40	26	
金沙江下游	攀枝花—乌东德	1.4	5～10	5	5～15	10	10～20	16	
	乌东德—白鹤滩	1.2	1～5	4	10～20	15	30～50	36	
	白鹤滩—溪洛渡	0.2	1～5	4	10～20	16	20～40	26	
	溪洛渡—向家坝	0.3	5～10	6	10～20	15	30～50	38	
雅砻江	雅江(两河口)以上	4.8	1～5	5	5～10	6	5～15	10	
	雅江—锦屏	5.1	5～15	9	10～20	15	20～40	22	
	锦屏—二滩	6.9	5～15	11	15～25	20	20～40	26	
	二滩—桐子林(安宁河)	0.4	5～15	9	10～20	16	30～50	35	

(b) 8月15日

溪洛渡以上分区短期降水预报

第82期 2020-8-16 8时 单位：mm

预报大区	预报区域	昨日实况	第1天 8月16日		第2天 8月17日		第3天 8月18日		简要分析
			范围	倾向值	范围	倾向值	范围	倾向值	
金沙江上游	岗托—巴塘	10	1～5	4	1～5	1	0	0	预计：未来3d，预报区有中—大雨、局地暴雨。
	巴塘—奔子栏	1.9	5～10	8	5～15	11	1～5	2	
	奔子栏—石鼓	0.4	5～15	10	15～25	20	1～5	20	
金沙江中游	石鼓—阿海	3.3	10～20	15	15～25	22	20～40	26	
	阿海—鲁地拉	1.3	10～20	17	30～50	40	20～40	27	
	鲁地拉—攀枝花	1.8	5～15	10	20～40	25	15～25	19	
金沙江下游	攀枝花—乌东德	2.8	5～15	10	20～40	30	10～20	17	
	乌东德—白鹤滩	5	15～25	22	20～40	32	15～25	20	
	白鹤滩—溪洛渡	2.2	20～40	35	20～40	30	10～20	14	
	溪洛渡—向家坝	0.6	20～40	32	20～40	30	5～15	11	
雅砻江	雅江(两河口)以上	9.2	5～10	6	1～5	1	0	0	
	雅江—锦屏	10.6	10～20	13	15～25	20	15～25	20	
	锦屏—二滩	12	10～20	18	20～40	36	20～40	30	
	二滩—桐子林(安宁河)	14.7	15～25	20	30～50	40	20～40	28	

(c) 8月16日

溪洛渡以上分区短期降水预报

第83期 2020-8-17 8时 单位：mm

预报大区	预报区域	昨日实况	第1天 8月17日		第2天 8月18日		第3天 8月19日		简要分析
			范围	倾向值	范围	倾向值	范围	倾向值	
金沙江上游	岗托—巴塘	9.7	1～5	4	1～5	1	1～5	1	预计：未来1～2d，金沙江中下游有大—暴雨；第3天，有中—大雨。
	巴塘—奔子栏	14.4	5～15	10	1～5	3	1～5	1	
	奔子栏—石鼓	0.9	20～40	27	20～40	29	5～15	9	
金沙江中游	石鼓—阿海	13.3	20～40	31	20～40	30	5～15	10	
	阿海—鲁地拉	9.9	40～60	48	30～50	43	10～20	17	
	鲁地拉—攀枝花	8.4	30～50	45	20～40	30	20～40	25	
金沙江下游	攀枝花—乌东德	7.5	20～40	30	15～25	23	5～15	12	
	乌东德—白鹤滩	30.8	20～40	30	15～25	20	5～15	10	
	白鹤滩—溪洛渡	21.4	20～40	30	10～20	17	5～15	11	
	溪洛渡—向家坝	55.6	30～50	40	10～20	15	5～15	10	
雅砻江	雅江(两河口)以上	10	5～15	9	1～5	1	1～5	1	
	雅江—锦屏	20.4	20～40	33	10～20	16	5～10	8	
	锦屏—二滩	34.4	40～60	50	20～40	26	10～20	15	
	二滩—桐子林(安宁河)	35.5	30～50	45	20～40	25	5～15	12	

(d) 8月17日

溪洛渡以上分区短期降水预报

第84期 2020-8-18 8时 单位：mm

预报大区	预报区域	昨日实况	第1天 8月18日		第2天 8月19日		第3天 8月20日		简要分析
			范围	倾向值	范围	倾向值	范围	倾向值	
金沙江上游	岗托—巴塘	1.1	1～5	1	1～5	1	1～5	1	预计：未来第1天，预报区域有大—暴雨；第2～3天，有中雨。
	巴塘—奔子栏	6.3	5～10	6	1～5	1	1～5	1	
	奔子栏—石鼓	29.9	20～40	33	5～15	10	1～5	4	
金沙江中游	石鼓—阿海	28.8	20～40	35	5～15	11	1～5	5	
	阿海—鲁地拉	41.3	30～50	40	10～20	17	5～15	10	
	鲁地拉—攀枝花	43.4	20～40	32	10～20	15	10～20	15	
金沙江下游	攀枝花—乌东德	28.7	15～25	20	10～20	14	10～20	15	
	乌东德—白鹤滩	10.5	10～20	15	10～20	13	5～15	10	
	白鹤滩—溪洛渡	13.4	10～20	14	10～20	8	5～15	11	
	溪洛渡—向家坝	36.9	5～10	6	5～10	6	5～15	9	
雅砻江	雅江(两河口)以上	6.9	1～5	2	1～5	1	1～5	1	
	雅江—锦屏	21.9	10～20	17	1～5	5	1～5	2	
	锦屏—二滩	20.2	20～40	28	5～15	11	1～5	5	
	二滩—桐子林(安宁河)	13.9	20～40	26	5～15	12	5～10	7	

(e) 8月18日

图4.13 8月14—18日发布的溪洛渡以上分区短期降水预报表

表4.10 溪洛渡以上分区8月16—18日降水过程短期预报评分

预报评分日期	预见期		
	24h	48h	72h
8月14日	—	—	85
8月15日	—	86	88

续表

预报评分日期	预见期		
	24h	48h	72h
8月16日	92	91	88
8月17日	93	91	—
8月18日	91	—	—
平均	92	90	87

总体而言，对8月16—18日的降水过程预报进行分析，发现预报员72h可以准确预报出降雨过程的发生和结束，大致预报出强降雨落区以及降雨量级；24h和48h预报可以较为准确预报出强降雨落区和降雨量级。

4.5.2 灾害性天气预报实践

4.5.2.1 乌东德坝区2019年2月17日14级陆地罕见大风

1. 实况

2019年2月17日中午，受青藏高原东侧南支槽影响，乌东德坝区出现突发、短时、局地飑线型强对流天气，坝址上下游出现一次自西北向东南顺向水流的飓风量级大风过程，同时伴有强雷电和降雨。其中，大茶铺站风速达到了陆地历史罕见42.9m/s，相应风力14级。此次大风过程风速大、过境迅速，据统计乌东德坝区各站最大风量级在9～14级范围，其中，上围堰站和大茶铺站的风力等级分别达到12级、14级，属于摧毁性的飓风等级。大风量级之大为金沙江下游—葛洲坝区域有气象观测纪录以来之最。本次大风持续时间短，变化剧烈，破坏性极强。对坝区各测站分钟极大风变化过程进行分析，大风从增加到结束历时约半个小时，各测站风速变化大，涨落持续数间短，大风过境迅速。大风空间分布不均匀，坝区各站最大风速相差较大。在出现今年首次雷暴天气在飑线型天气影响下，2月17日，坝区出现2019年以来的首次雷暴天气。大茶铺站2019年2月17日风速过程线如图4.14所示。

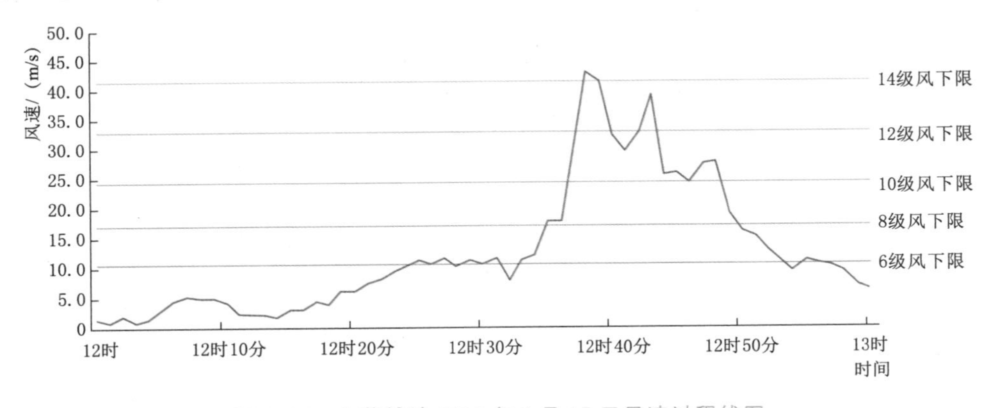

图4.14 大茶铺站2019年2月17日风速过程线图

2. 预报分析

对欧洲中心17日8时数值预报产品分析，从图4.17可以看出，2月17日8时开始，南支槽从青藏高原东侧东移影响云南省滇西附近，坝区处于槽前气流控制，为强对流天气提供了触发机制。同时，700hPa 在坝区西部有切变线，而且切变线附近有温度槽配合，风场与温度场有一定夹角，利于低层冷空气以偏东路径向坝区输送，为这次强对流天气的发生提供不稳定条件。

飑线是带状雷暴群所构成的小尺度强对流天气，具有突发性、局地性、持续时间短、破坏力强的特点。云南省飑线一般发生在春夏季，春季较少。为进一步分析此次飑线的强对流天气过程的雷达回波结构特征，选用昆明雷达站资料进行分析，图 4.15 显示坝区至滇中地区，由北向南形成极强飑线，于 12 时 20 分开始进入坝区范围，自西向东移动影响坝区，飑线中强回波强度超过 45dBZ。12 时 32—38 分对流系统主体影响坝区，于 49 分结束影响。

3. 预报预警情况

在 2 月 15 日的中期预报中，预报 17 日将有一次冷空天气过程，出现阴雨天气，风力

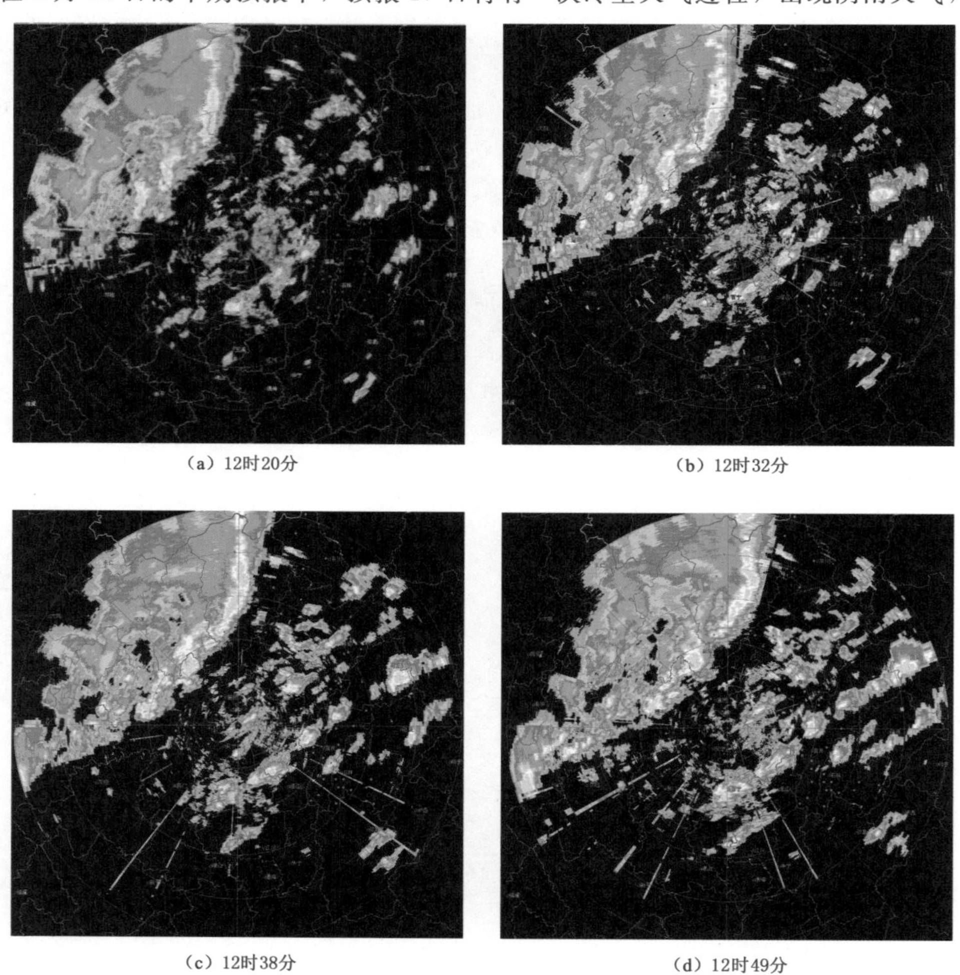

(a) 12时20分　(b) 12时32分

(c) 12时38分　(d) 12时49分

图 4.15　17 日 12—13 时天气雷达图

较大，48h 平均气温下降 4～6℃。2 月 16 日的短期预报中，预报 17 日出现阴雨天气，极大风力 7～8 级，24h 平均气温下降 2～4℃。

在大风过程开始前及开始后，现场技术人员密切监视坝区各自动站监测系统和多普勒天气雷达，根据对流云团回波变化科学研判，提前预警，并在灾害性天气发生过程中跟踪分析，及时发布最新成果。

4.5.2.2 白鹤滩 2020 年 6 月 30 日暴雨天气过程

1. 实况

受高空气旋、低层切变及地面冷空气影响，白鹤滩坝区 6 月 29 日 23 时到 30 日 13 时出现了暴雨天气过程，坝区 8 个自动气象站中，有 7 个站达到暴雨量级，其中旱谷地达到 82.7mm。整个过程坝区降雨量为：新田 64.0mm、左岸 763 平台 68.3mm、荒田水厂 69.0mm、马脖子 72.3mm、上村梁子 62.2mm、六城坝 47.7mm、旱谷地 82.7mm、葫芦口大桥 78.8mm。此次过程坝区降雨时间主要集中在 29 日 23 时到 30 日 8 时。马脖子极大风速达 20.3m/s（偏北风，8 级，29 日 20 时 8 分），后期逐渐减小。本次降雨过程具有降雨持续时间长、空间分布不均的特点。

2. 预报分析

29 日 8 时 500hPa 高空图显示：阿坝州到凉山州东部有低槽，29 日 20 时凉山州东部低槽维持，四川盆地南部有切变南压，30 日 8 时切变压至白鹤滩，使白鹤滩 6—8 时雨量有所增大。

29 日 8 时 700hPa 高空图显示：四川北部有切变，29 日 20 时切变南压到四川盆地南部，30 日 8 时切变南压到白鹤滩，对白鹤滩 6—8 时雨量有增强作用。地面显示：29 日 14 时有冷空气自东北向西南影响凉山州，14 时冷空气前锋已经到达白鹤滩，晚上继续影响白鹤滩。29 日 8 时西昌 T－ln－P 图显示：高低层湿度异常偏大，并有正对流能量，有利于凉山州强对流天气发生发展。由于高低层湿度大，并有对流能量，使高层低槽配合地面冷空气，引导凉山州出现了强对流云团，并影响白鹤滩坝区，此后高低层切变南压至白鹤滩，使白鹤滩强降雨持续时间增长，造成了 30 日白鹤滩暴雨天气过程。

卫星云图显示，29 日 20 时西昌西北部有强对流云团发展，此后继续发展影响凉山州中部、东部地区，29 日 23 时 30 分云团发展，东南移到白鹤滩坝区，开始影响白鹤滩坝区，30 日 0—1 时强对流云团位于白鹤滩，对白鹤滩坝区造成短时强降雨，此后最强对流云东移，云团中后部云系持续影响白鹤滩坝区，持续到 30 日 12 时 20 分云系移出白鹤滩坝区（图 4.16）。

3. 预报预警情况

在 6 月 28 日的短期预报中，预报白鹤滩 29 日夜间到 30 日白天坝区有强降雨天气过程，并伴有降温、大风和雷电，在 6 月 29 日的短期预报中，预报白鹤滩坝区 29 日晚上到 30 日白天阴有大雨，并伴有雷暴，左岸 763 平台气温 21～35℃，极大风力 8～9 级。

针对此次强降雨天气过程，水文气象中心提前发布了大雨强降雨天气预报，此后连续进行雨情通报和后期天气趋势预报，及时通报实况雨量和未来天气发展趋势，并发布雨情蓝色预警，启动暴雨Ⅳ级应急响应。

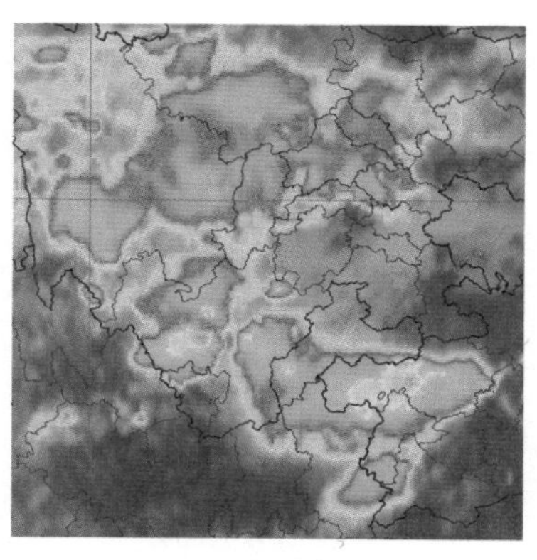

（a）29日20时

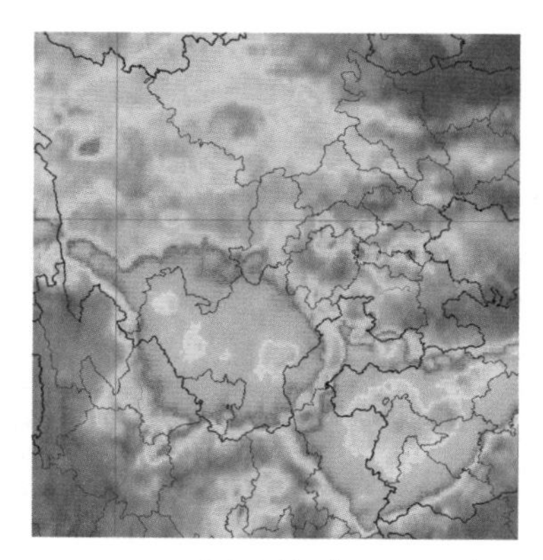

（b）30日1时

图 4.16　29 日 20 时至 30 日 1 时红外卫星云图

4.6　本章小结

本章从气象要素监测、金沙江暴雨成因、气象预报特点及方法、预报实践等方面，对梯级水电站施工期气象预报进行了研究分析，主要结论如下：

（1）在金沙江河谷地区主要采用自动气象站监测、雷达监测及卫星监测的气象监测数据，上述监测数据作为基础支撑在金沙江流域面雨量预报及针对金沙江下游梯级水库群的坝区气象预报服务方面发挥了重要的作用。

（2）从空间分布来看，无论是主汛期还是秋汛期，金沙江流域的降雨量大值区均位于雅砻江下游和金沙江中下游流域附近，金沙江上游则最少。从时间分布来看，金沙江流域各分区的降雨量在近 61 年均无明显的变化趋势，各分区降雨量的峰值主要出现在 7 月，且雨量集中时段为 6—9 月。

（3）金沙江典型强降雨过程中，中高层一般有西风槽或切变线，且切变线大多位于下游，地面一般有冷空气从东路或西路入侵金沙江流域，台风对金沙江强降雨一般无明显影响，但在台风登陆西移的过程中需注意倒槽给金沙江流域带来的降雨。

（4）气象预报根据预见期的时效长短主要分为短期、中期、延伸期及长期。面雨量预报与坝区降雨预报中采用的方法大部分一致，但灾害性天气预报预警技术由于预报要素的不同有所区分，在对预报的检验中发现随着时间推移，预报精度也有所提高。

（5）对于坝区灾害性天气服务，短中期预报与短临预报相结合，现场技术人员密切监视坝区各自动站监测系统和多普勒天气雷达及卫星云图，根据实时资料变化科学研判，提前预警，并在灾害性天气发生过程中跟踪分析，及时发布了最新成果。

第 5 章 施工期水文预报

水利水电工程施工以河槽为主要工作环境，受到工程施工影响的河段，称为施工区。在工程建设的施工期，由于施工区防汛标准低，做好水文预报对于工程施工的进度和安全至关重要。

施工期水文预报方法与河道洪水预报、流域洪水预报方法基本相同，但需要根据工程施工期间河道、水流改变情况和施工期具体要求对预报要素作必要的调整。本章将分别介绍施工期水文预报的内容及特点、方法和实践。

5.1 预报内容及特点

水利水电工程施工期一般长达数年甚至数十年，不同施工时期的水文预报内容需根据工程各施工阶段的具体要求进行调整，以保证施工人员及设备的安全。修筑围堰和导流建筑物阶段，预报要素为施工河段围堰上下游的水位和流量；截流施工阶段通常在枯水季，除对枯季中小洪水作出预报外，特别要开展截流时导流洞（明渠）分流比、龙口落差、龙口最大流速等水力学要素的预报，作为截流实施的依据。此外，在整个施工期间，预报要素均包含水工建筑物附近的料场、生活区以及相关场地的水位，以保证建筑物免于淹没。除短期水文预报外，往往还要有中长期水文预报及坝区气象预报予以配合，以便对施工现场进行布设和处理。以上为水利水电工程施工期提供的水文预报服务，称为水利水电工程施工期水文预报。

5.1.1 施工期各阶段预报特点

工程施工期水文预报的要求和计算方法与施工阶段相关。按施工进展情况，施工预报主要分为 5 个阶段，即施工前期、围堰束流期、截流期、围堰挡水期、初期蓄水期。

5.1.1.1 施工前期

在施工前期阶段，由于工程的临时建筑物、永久建筑物均未动工，待施工河段呈天然河道状态，预报方法与流域水文预报方法一样（详见 5.2.1 节），预报内容通常要结合工程建设进度和需求进行变化，主要预报要素为坝址流量和水位。该阶段需要在流域水文预报方案的基础上，结合已有水情信息站网布设情况、工程施工需求，编制施工前期水文预报方案，为后续施工期其他阶段的工作开展打好基础。

5.1.1.2 围堰束流期

在围堰束流期阶段，围堰及导流建筑物均会占据部分河道，对河道水流有明显的压束作用。此时，工程需要防护的主要对象是围堰，坝址流量，围堰上、下游及施工区河段的水位是需要关注的主要预报要素，描述如下：

（1）坝址流量预报。上、下游围堰距离较短，坝址流量过程即可作为上、下游围堰的流量过程。

（2）围堰上、下游的水位预报。主要是进行束窄河道的壅水计算，建立上游围堰壅高后的水位流量关系曲线。根据预报的坝址流量，利用水位-流量关系推求出围堰上、下游水位。

5.1.1.3　截流期

截流施工强度大、施工进展快，故截流期水情预报需要时效快、精度高。尤其在合龙期，落差大、流速急，水文要素变化急剧，预报要求高、难度大。目前，水文情报预报规范对截流期的水情预报项目未做具体要求，一般以能否满足截流施工要求作为考核标准。

截流期水情预报项目包括来水流量、导流洞（明渠）分流量、导流洞（明渠）分流比、堰体渗流量、龙口流量、龙口落差、戗上水位、戗下水位、龙口最大流速、龙口水面宽、平均单宽流量、平均单宽功率。其中导流洞（明渠）分流比、龙口落差、龙口最大流速等为主要预报项目。

5.1.1.4　围堰挡水期

江河截流后，形成围堰挡水，河水从泄流建筑物通过，围堰以上形成一定范围的回水区，近似水库概念。该阶段主要预报项目包括入库流量、下泄流量（由于围堰挡水期的“坝址流量”概念已转变，一般以蓄水库的下泄流量代表）、上围堰、下围堰的水位，预报精度需满足施工安全要求，精度考核参照水库预报精度考核标准。

5.1.1.5　初期蓄水期

当大坝浇筑至具备挡水条件时，一方面水电站为了与后期的正常运行进行过渡，需开展下闸蓄水工作；另一方面，为保证下游河道生态和通航流量，需由放空洞或底孔保持过流，该时期内实际已形成水库规模，称为初期蓄水期。该阶段主要预报项目包括入库流量、下泄流量、库水位，预报精度需满足施工安全要求，精度考核参照水库预报精度考核标准。

5.1.2　金沙江下游梯级水电站施工期预报内容

根据金沙江下游 4 座梯级水电站实际施工需要，各水电站施工期主要预报对象及预报内容如下：

1. 溪洛渡水电站

溪洛渡水电站预报内容为：①溪洛渡坝址预见期 36h 内的水位流量预报；②溪洛渡坝区上、下围堰，导流洞以及各施工断面预见期 36h 的水位预报；③溪洛渡坝址中期（7d）流量预报、长期（逐月及汛期、枯期）流量预报。

2. 向家坝水电站

向家坝水电站预报内容为：①向家坝坝址预见期 48h 内的水位流量预报；②向家坝坝区上、下围堰，导流洞以及各施工断面预见期 48h 内的水位预报；③向家坝坝址中期（7d）流量预报、长期（逐月及汛期、枯期）流量预报。

3. 乌东德水电站

乌东德水电站预报内容为：①乌东德坝址预见期24h内的流量预报；②乌东德工程施工区上、下围堰，导流洞以及各施工断面预见期24h内的水位预报；③乌东德坝址中期（7d）流量预报、长期（逐月及汛期、枯期）流量预报。

4. 白鹤滩水电站

白鹤滩水电站预报内容为：①白鹤滩坝址预见期24h内的流量预报；②白鹤滩工程施工区上、下围堰，导流洞以及各施工断面预见期24h内的水位预报；③白鹤滩坝址中期（7d）流量预报、长期（逐月及汛期、枯期）流量预报。

5.2 预报方法

5.2.1 坝址水文预报

以水利水电工程坝址在流域中所处的位置作为出口断面来完成水文预报。一般来说，流域内由降雨到出口断面的径流过程分为两个阶段：①降雨经植物截留、下渗、填洼等损失过程。降雨扣除这些损失后，剩余的部分称为净雨。净雨在数量上等于它所形成的径流量。降雨转化为净雨的过程称为产流过程，净雨量的计算称为产流计算。②净雨沿地面和地下汇入河网，并经河网汇集形成流域出口的径流过程，称为流域汇流过程，与之相应的计算称为汇流计算，两者合称流域产汇流计算[35]。

就径流来源而论，流域出口断面的流量过程是由地面径流、表层流径流（壤中流）、浅层和深层地下径流组成。深层地下径流（基流）数量很小，且较为稳定，又非本次降雨所形成，计算时一般从次径流中分割出去。地面径流和表层流径流直接进入河网，计算中常合并考虑，称为直接径流，通常还称为地面径流。

坝址流量一般分为降雨径流计算和河道洪水演算两部分，其中闭合流域或区间来流量采用降雨径流模型（如新安江、API、Tank模型）编制预报方案进行预报计算，干流站自上而下的逐级演算采用河道汇流演算模型进行计算。在编制流域水文预报方案时，常用方法有API模型[36]、新安江模型[37-39]、马斯京根法[40] 等。

在金沙江下游梯级水电站建设期间，坝址水文预报始终是工程施工期水文预报的重点。在开展金沙江下游溪洛渡、向家坝、乌东德、白鹤滩水电站施工期坝址水文预报时，均建立了各坝址以上流域来水拓扑图体系，结合表5.1中提到的常用水文预报模型，编制了洪水预报方案（详见5.3.1节），据此开展水电站工程施工期水文预报服务。

表5.1　金沙江流域常用水文预报模型列表

类型	模型	模型结构及原理	特点
降雨径流	API-UH	基于蓄满产流原理，建立降水量P与产流量R之间定量的相关关系，主要参数有土壤含水量日消退系数、前期影响雨量等；汇流采用单位线卷积计算；基流采用前期退水分割	用P与R之间的经验相关图描述复杂的降水径流关系，适用性强，参数少且易于调试

续表

类型	模型	模型结构及原理	特　点
降雨径流	新安江	基于蓄满产流原理，模型结构为分散型，包括蒸散发计算、产流计算、分水源计算和汇流计算4个层次结构。水源分为地表径流、壤中流、地下径流；汇流采用单位线、线性水库、滞后演算法等	采用蓄水容量曲线考虑降水的空间不均匀性，用自由水容量曲线，控制径流的组成和分布
河道演算	马斯京根	建立示储流量与槽蓄量的单一关系，以线性假定构建槽蓄方程，联立求解水量平衡方程和马斯京根槽蓄方程，可以得到流量演算方程	物理概念明确、使用简单
	合成流量	基于洪水波平移原理，将由上游来水站流量直接错时合成到下游预报站	紧扣水量要素、使用简单

5.2.1.1　降雨径流相关模型（API－UH模型）

流域降雨径流相关模型（以下简称API－UH模型）是通过API流域产流与单位线汇流结合，成为一个完整地模拟降雨径流过程的流域模型，包括次洪和连续API模型，本书简要介绍次洪API－UH模型的基本算法。

API－UH模型产流采用三变量相关图 $P-P_a-R$ 进行查算，汇流采用谢尔曼单位线卷积计算。

1. *产流*

产流模型的主要参数有 K、I_m，用来推算模型参数 P_a。前期影响雨量 P_a 表示土壤干湿程度的指标，计算公式为

$$P_{a,t+1}=K(P_{a,t}+P_t) \tag{5.1}$$

其中

$$K=1-\frac{E_P}{I_m} \tag{5.2}$$

式中：P_t 为 t 时段（日）降雨；$P_{a,t}$ 为 t 时段初的前期雨量指数；$P_{a,t+1}$ 为 $t+1$ 时段初的前期雨量指数；K 为影响雨量消减系数；E_P 为流域日（或时段）平均蒸散发能力，mm；I_m 为前期影响雨量的上限值，$P_a \leqslant I_m$；K 有年内变化，但又不十分敏感，一般按月份选用不同的 K 值。

在次洪模型中，P_a 计算到降雨开始时刻为止，更换洪次则更换 P_a。有了参数 P_a 值，根据降雨过程和相关图可查图计算出净雨过程。

2. *汇流*

次洪模型汇流计算时，首先需要分割前期退水过程。前期退水过程计算纳入系统的三种方法分别为退水系数、退水曲线和退水方程计算法，常用的方法主要是退水系数法，计算公式为

$$Q_{t+1}=k_g Q_t \tag{5.3}$$

式中：Q_{t+1} 为 $t+1$ 时刻流量值；Q_t 为 t 时刻流量值；k_g 为退水系数。退水系数可为常数，也可根据流量级不同而区分。

根据单位线计算径流过程后，再叠加基流过程，可得到流域出流过程。

在给定流域上，单位时段内均匀分布的单位地面（直接）净雨量，在流域出口断面形成的地面（直接）径流过程线，称为单位线（图5.1）。单位净雨量（径流深）一般取10mm，单位时段可取1h、3h、6h、12h、24h等，依流域大小而定。

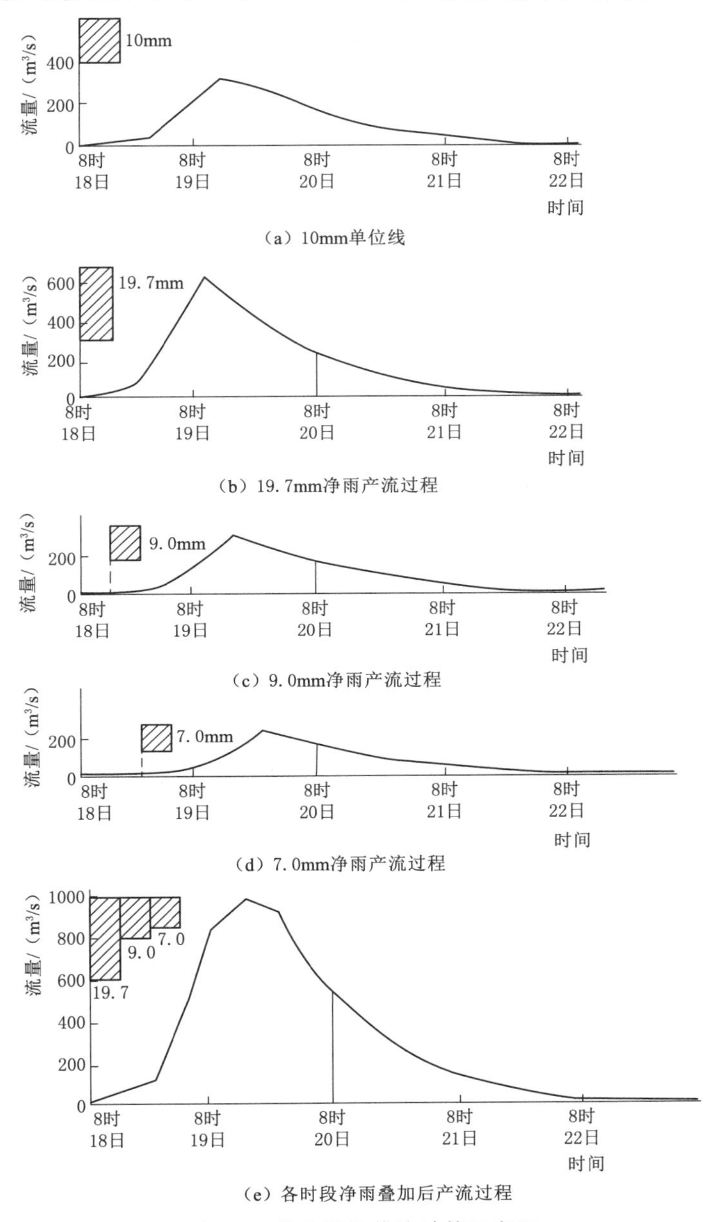

图5.1 单位线及推流计算示意图

由于实际的净雨量不一定正好是一个单位和一个时段，所以分析使用时有两条假定：①倍比假定。如果单位时段内的净雨不是1个单位而是k个单位，则形成的流量过程是单位线纵坐标的k倍。②叠加假定。如果净雨不是一个时段而是m个时段，则形成的流量过程是各时段净雨形成的部分流量过程错开时段叠加。

根据上述假定，将汇流计算公式积分式写为如下和式，即流域出口断面流量过程线的表达式：

$$Q_i = \sum_{j=1}^{m} \frac{h_j}{10} q_{i-j+1} \begin{cases} i=1,2,\cdots,I \\ j=1,2,\cdots,m \\ i-j+1=1,2,\cdots,n \end{cases} \tag{5.4}$$

式中：Q_i 为流域出口断面各时刻流量值，m^3/s；h_j 为各时段净雨量，mm；q_{i-j+1} 为单位线各时刻纵坐标，m^3/s；I 为流域出口断面流量过程线时段数；m 为净雨时段数；n 为单位线时段数。

由此可见，单位线就是以流量过程形式所表示的流域的汇流曲线。由于次洪降雨开始时间和基流的确定，采用常规算法得到的结果不一定完全符合实际，甚至有时还会有大的出入，因此，在模型的研制时，需要将这两部分结果的确定设计为自动和交互两种处理模式。

5.2.1.2 新安江模型

新安江模型[37-39]是赵人俊等在1973年对新安江水库做入库流量预报工作中，归纳成的一个完整的降雨径流模型。最初的模型为两水源（地表径流和地下径流），后来，相继提出了三水源和四水源的新安江模型。模型主要由四部分组成，即蒸散发计算、蓄满产流计算、流域水源划分和汇流计算。两水源是按Horton产流理论用稳定下渗率把总径流划分成超渗地面径流和地下径流，而三水源是采用自由水蓄水水库把径流划分成地面径流、壤中流和地下径流。地面径流汇流计算一般采用单位线法，壤中流和地下径流汇流计算采用线性水库法。三水源新安江模型基本结构流程如图5.2所示。

模型参数分为4种，分别为蒸散发参数，包括KC、UM、LM、C；产流量参数，包括WM、B、IM；水源划分参数，包括SM、EX、KI、KG；汇流参数，包括CI、CG、CS（UH）、L、Ke、Xe等17个参数。其中前三种蒸散发、产流量和水源划分参数即为三水源蓄满产流模型参数，汇流参数为三水源滞后演算模型参数。模型参数物理含义见表5.2。

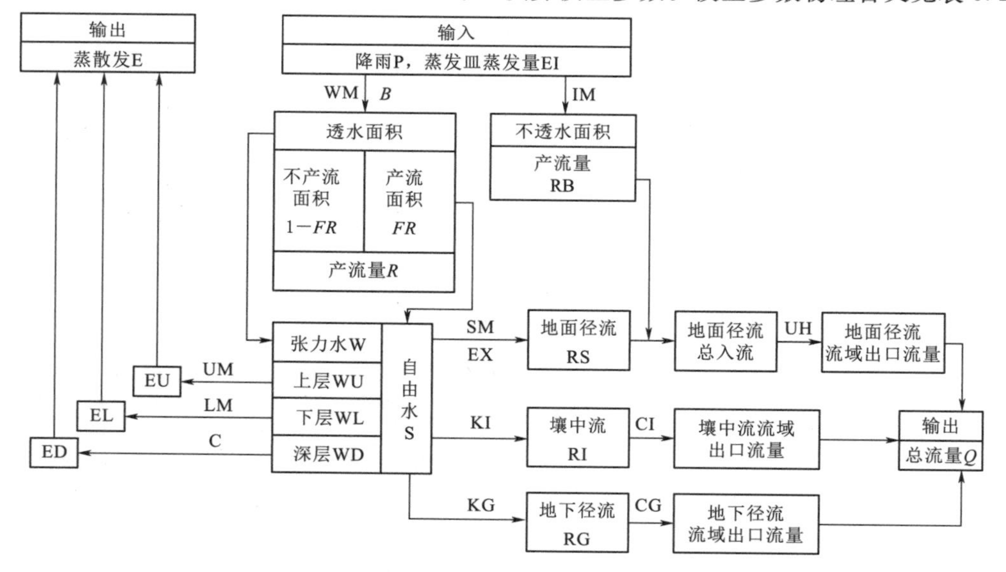

图5.2 三水源新安江模型基本结构流程图

表 5.2　　　　新安江模型参数含义及敏感性表

参数	含义	敏感性
KC	蒸散发能力折算系数	敏感
UM	上层张力容量	不敏感
LM	下层张力容量	不敏感
C	深层蒸散发折算系数	不敏感
WM	流域平均张力水容量	不敏感
B	张力水蓄水容量曲线方次	不敏感
IM	不透水面积占全流域面积的比值	不敏感
SM	流域表层自由水蓄水容量	敏感
EX	表层自由水蓄水容量曲线方次	不敏感
KI	表层自由水蓄水库对壤中流的日出流系数	敏感
KG	表层自由水蓄水库对地下水的日出出流系数	敏感
CI	壤中流消退系数	不敏感
CG	地下径流消退系数	不敏感
CS（UH）	河网蓄水消退系数（单位线）	敏感
L	滞时	敏感
Ke	马斯京根法演算系数	敏感
Xe	马斯京根法演算系数	敏感

5.2.1.3 马斯京根法

马斯京根法是由麦卡锡于 1938 年提出的，因首先应用于美国马斯京根河而得名。在河段流量演算中，我国广泛地应用此方法。从 20 世纪 50 年代起对该方法进行深入的研究，并逐步加以改进。1962 年，华东水利学院提出马斯京根法有限差解的河网单位线，随后长江流域规划办公室水文处导出马斯京根法河道分段连续演算的通用公式及完整的汇流系数表。

1. 槽蓄方程

在忽略惯性项的前提下，圣维南方案组的动力方程可简化为槽蓄方程，用式 $S=f(O,I)$ 表达。该式反映流量和水面比降对槽蓄量的影响。马斯京根法就是基于该式而表达为如下槽蓄方程：

$$S=K[xI+(1-x)O]=KQ' \tag{5.5}$$

式中：Q'为示储流量，m^3/s，$Q'=xI+(1-x)O$；K 为蓄量流量关系曲线的坡度，h，可视为常数；x 为流量比重因素。

由此可见，马斯京根法通过流量比重因素 x 来调节流量，使其与槽蓄量呈单一关系，并以线性假定来建立槽蓄方程。若 $x=0$，式（5.5）就变为特征河段的槽蓄关系式。

一些著作认为 x 值的物理意义是反映河段“楔蓄”的作用。x 值随楔蓄作用的增大而增大，如湖泊、水库，入流影响可忽略，x 值接近于 0。

2. 参数的物理意义

马斯京根法的基本假定，要使示储流量 Q' 和槽蓄量 S 呈单一线性关系，只有在此槽蓄量下的 Q' 值等于该蓄量所对应的恒定流流量 Q_0 时才能满足这一要求，亦即 $Q'=Q_0$，这是 Q' 的物理意义。

K 值是槽蓄曲线的坡度，即 $K=\mathrm{d}S/\mathrm{d}Q'=\mathrm{d}S/\mathrm{d}Q_0$。由此可见，$K$ 值等于在相应蓄量 S 下恒定流状态的河段传播时间 τ_0，这是 K 的物理概念。显然，K 值随恒定流流量的变化而变化的，取 K 为常数是有误差的。

3. 马斯京根法流量演算

联解水量平衡方程式 $\frac{I_1+I_2}{2}\Delta t=\frac{O_1+O_2}{2}\Delta t=\Delta S=S_2-S_1$ 和马斯京根槽蓄方程式，可得流量演算方程式为

$$O_2=C_0I_2+C_1I_1+C_2O_1 \tag{5.6}$$

其中

$$\begin{cases} C_0=\dfrac{\frac{1}{2}\Delta t-Kx}{\frac{1}{2}\Delta t+K-Kx} \\ C_1=\dfrac{\frac{1}{2}\Delta t+Kx}{\frac{1}{2}\Delta t+K-Kx} \\ C_2=\dfrac{-\frac{1}{2}\Delta t+K-Kx}{\frac{1}{2}\Delta t+K-Kx} \\ C_0+C_1+C_2=1.0 \end{cases}$$

直接将连续方程差分求数值解，可得到与以上同样的马斯京根方程。对于一个河段，只要确定参数 K、x 值及选定演算时段 Δt 后，可以求出 C_0、C_1、C_2，并带入演算公式，就能根据上站流量过程 $I(t)$ 及下站起始流量计算出下站的流量过程 $O(t)$。

5.2.1.4 合成流量

在河道演算中，部分预报站的流量预报可采用上游来水站错时合成的办法完成，即合成流量模型。应用此方法时，只需在预报过程中获取上游各分支来水流量过程及各上游站与预报站间的平均传播时间，即可预测下游河道站预见期内的流量过程。该模型还可以通过简单条件的判别来分析采用哪种合成方式进行流量合成，例如当预报站（或上游站水位、流量）水位低于某量级时采用一种合成流量方案，其他情况采用另一种合成方案。合成方案根据采用的合成来水情况及传播时间不同而变化。

合成流量法河道演算其实是马斯京根河道演算法的特例，当马斯京根河道演算法槽蓄方程中的 $x=0.5$ 时，参数 $C_0=0$、$C_1=1$、$C_2=0$，此时马斯京根河道演算法的方程式变为

$$O_2 = C_0 I_2 + C_1 I_1 + C_2 O_1 = I_1 \tag{5.7}$$

此时，$\Delta t = 2Kx = K$，其中 O_2 为时段末预报站流量，I_1 为时段初上游流量（单一来水时为来水站流量，多支流来水时为其合成流量）。

当采用合成流量方法将上游流量直接合成到预报站时，则马斯京根演算法方程式变为

$$O_t = I_{t-\Delta t} \tag{5.8}$$

当预报站为 n 条支流合成时，合成流量公式为

$$I_{t-\Delta t} = SQ_t = \sum_{i=1}^{n} Q_{i,t-\tau_i} \tag{5.9}$$

式中：SQ_t 为 t 时刻合成到预报站的预报流量；$Q_{i,t-\tau_i}$ 为上游第 i 个来水站控制站 $t-\tau_i$ 时刻的流量，其中 τ_i 为第 i 个来水控制站到预报站平均传播时间。

5.2.1.5 MIKE11 模型

MIKE11 是一个基于丹麦水力研究所研究开发[41]，用于模拟任何河流流量、水位、泥沙输送的软件系统。MIKE11 中的水动力（hydrodynamic，HD）模块是用以模拟河流及河口水流的隐式有限差分模型，也适合于支流、河网及准二维的洪泛平原区水流的模型，是一个一维一层（垂向均质）的水力学模型。其差分格式采用了 6 点中心的 Abbott-Ion 格式，其数值计算采用传统的“追赶法”，即“双扫”算法。

MIKE11 HD 模型基于以下三个要素：反映有关物理定律的微分方程组；对微分方程组进行线性化的有限差分格式；求解线性方程组的算法。并基于以下几个假定：流体为不可压缩、均质流体；一维流态；坡降小、纵向断面变化幅度小；符合静水压力假设。

MIKE11 HD 模型是基于垂向积分的物质和动量守恒方程，即一维非恒定流圣维南（Saint - Venant）方程组来模拟河流或河口的水流状态。方程组具体形式为

$$\begin{cases} B_s \dfrac{\partial h}{\partial t} + \dfrac{\partial Q}{\partial x} = q \\ \dfrac{\partial Q}{\partial t} + \dfrac{\partial}{\partial x}\left(\dfrac{\alpha Q^2}{A}\right) + gA\dfrac{\partial h}{\partial x} + \dfrac{gQ|Q|}{C^2 AR} = 0 \end{cases} \tag{5.10}$$

式中：x、t 分别表示空间坐标和时间坐标；Q 为断面流量，m^3/s；h 为水位，m；A 为断面过流面积，m^2；R 为水力半径，m；B_s 为河宽，m；q 为单位河长的旁侧入流量，m^3/s；C 为谢才系数；α 为动量修正系数。

方程组中第一个为连续性方程，反映了河道中的水量平衡。第二个为运动方程，前两项为惯性项，分别反映某固定点的局地加速度和由于流速的空间不均匀引起的对流加速度；第三项为压力项，反映水深的影响；第四项为摩阻项，反映摩阻和底坡的影响。

圣维南方程中的连续性方程和动量方程通过有限差分法进行离散，计算网格由流量点和水位点组成，其中水位点和流量点在同一时间步长下分别进行计算，如图 5.3 所示。计算网格由模型自动生成，水位点是横断面所在的位置，相邻水位点之间的距离可能不同，流量点位于两个相邻的水位点之间。计算网格点的分布遵循以下规则：①河段上下游端点为计算水位点；②支流入流点为计算水位点；③实测断面资料点为计算水位点；④模型根据设置的水系最大间隔 $\max\Delta x$ 值自动插入的点为计算水位点；⑤建筑物点为计算水位点；⑥两个水位点之间只存在一个流量点。

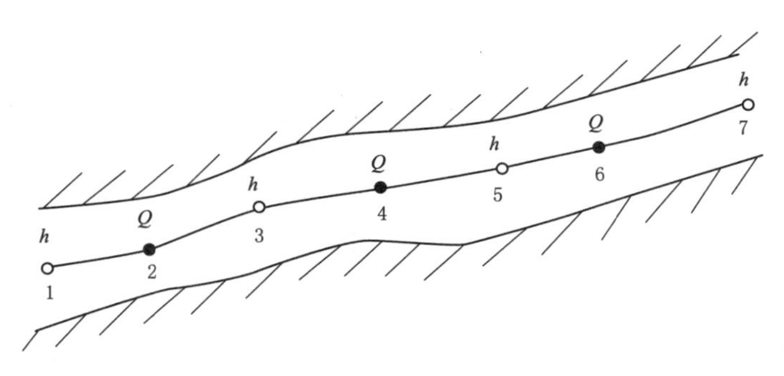

图5.3 水位点和流量点交替布置图

MIKE11采用的有限差分格式为6点中心的Abbott-Ionescu格式。将圣维南方程组连续方程、动量方程分别写成以水位点h和流量点Q为中心的形式，离散示意如图5.4所示。

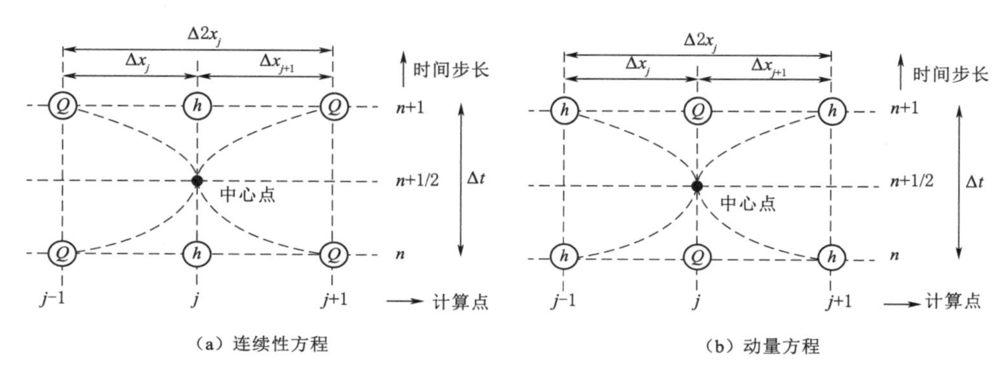

图5.4 6点中心的Abbott-Ionescu格式对圣维南方程组离散示意图

连续性方程离散后的形式如下式：

$$\alpha_j Q_{j-1}^{n+1} + \beta_j h_j^{n+1} + \gamma_j Q_{j+1}^{n+1} = \delta_j \tag{5.11}$$

式中：α、β、γ为B_s、δ的函数，其值决定于h点在时间n处及Q点在时间$n+\frac{1}{2}$处的值。

动量方程离散后的形式如下式：

$$\alpha_j h_{j-1}^{n+1} + \beta_j Q_j^{n+1} + \gamma_j h_{j+1}^{n+1} = \delta_j \tag{5.12}$$

式中：$\alpha_j = f(A)$；$\gamma_j = f(A)$；$\delta_j = f(A, \Delta t, \Delta x, \alpha, q, \nu, \theta, h_{j-1}^n, Q_j^{n+1/2}, h_{j+1}^n, Q_{j+1}^{n+1/2})$。

方程求解采用追赶法。

在溪洛渡、向家坝水电站施工建设期间，根据实际使用需要，在金沙江下游河段分华弹—溪洛渡、溪洛渡—向家坝两部分建立了基于MIKE11的水力学模型。

其中，在华弹—溪洛渡部分中河道为华弹—溪洛渡水文站，上边界有华弹入流流量、4个点源入流（黑水河、西溪河、牛栏江、美姑河）以及代表无控区间的沿河程加入的旁侧入流。同时，在模型中考虑了溪洛渡工程的6条导流洞布置情况，在截断原河道的基础上设置2条虚拟河道，并用管流建筑物实现导流洞过流效果，2条虚拟河道在导流洞出口处汇合，而后延伸至溪洛渡水文站。

在溪洛渡—向家坝部分中河道为溪洛渡—向家坝水文站，上边界有溪洛渡入流流量、5个点源入流（大汶溪、团结河、细沙河、中都河、西宁河）以及代表无控区间的沿河程加入的旁侧入流。同时，在模型中考虑了向家坝工程的6个导流底孔布置情况，在截断原河道的基础上设置两条虚拟河道，其中一条用管流建筑物实现导流底孔过流，另一条河道用堰流建筑物实现导流底孔顶部缺口过流，两条虚拟河道在导流洞出口处汇合，而后延伸至向家坝水文站。

在乌东德、白鹤滩水电站施工建设期间，根据乌东德、白鹤滩坝区地形资料，建立了基于MIKE11的两坝区水力学模型，并根据导流洞的设计标准，在模型中添加相应建筑物，分别模拟计算在导流洞与原河道同时过流以及截流后由导流洞单独过流情况下，坝区（导流洞进口处）水位变化情况和各导流洞的过流量。

5.2.1.6 实时校正

采用反馈模拟实时校正方法[42] 对输入的预报计算结果进行实时校正。

反馈模拟实时校正是最大限度地利用计算时段内所获得的各种信息对后期预报值自动进行校正，以提高预报计算精度。已知实际流量过程 $Q_{ob(i)}$（$i=1, 2, \cdots, N$）和预报流量过程 $Q_{f(i)}$（$i=1, 2, \cdots, LAP$），算法如下：

对实际流量与预报流量进行相关分析，计算出相关系数 R_c 和确定性系数 D_y。

相关系数 R_c：

$$R_c=\frac{\sum_{i=1}^{N}(Q_{f(i)}-\overline{Q_f})(Q_{ob(i)}-\overline{Q_{ob}})}{\left[\sum_{i=1}^{N}(Q_{f(i)}-\overline{Q_f})^2\ \sum(Q_{ob(i)}-\overline{Q_{ob}})^2\right]^{\frac{1}{2}}} \tag{5.13}$$

式中：$\overline{Q_{ob}}=\frac{1}{N}\sum_{1}^{N}Q_{ob(i)}$ $\overline{Q_f}=\frac{1}{N}\sum_{1}^{N}Q_{f(i)}$；确定性系数 $D_y=R_c^2$。

（1）求相邻时刻实际流量间的差值：

$$DQ_{ob(i)}=Q_{ob(i)}-Q_{ob(i-1)} \tag{5.14}$$

式中：$i=2, \cdots, N$；对于 $i=1$，$DQ_{ob(i)}=0$。

（2）求预报计算流量间的差值：

$$DQ_{f(i)}=Q_{f(i)}-Q_{f(i-1)} \tag{5.15}$$

式中：$i=2, \cdots, LAP$；对于 $i=1$，$DQ_{f(i)}=0$。

（3）计算相邻两个时段实际流量差值之和与预报流量差值之和的比值FACT因子，其表达式为

$$FACT_{(i-1)}=\frac{DQ_{ob(i)}+DQ_{ob(i-1)}}{DQ_{f(i)}+DQ_{f(i-1)}}\text{或}\ FACT_{(i-1)}=\frac{DQ_{ob(i)}-DQ_{ob(i-1)}}{DQ_{f(i)}-DQ_{f(i-1)}} \tag{5.16}$$

$$F_{(i,j)}=FACT(i)^{0.75**j}(j=1,2,\cdots,6) \tag{5.17}$$

（4）用 $DQ_{f(i)}\geqslant 0$ 或 $DQ_{f(i)}<0$ 把流量过程分为涨水段和退水段，进行反馈模拟实时校正。

1）涨水段反馈模拟实时校正。如果 $i-(N+6)\geqslant 0$，且 $i>7$，则实时校正流量为

$$Q_{ob(i)}=Q_{ob(i-1)}+DQ_{f(i)}$$

如果 $i-(N+6)<0$，则实时校正系数为

$$FAC=\frac{F_{(i-6,6)}+F_{(i-5,5)}+\cdots+F_{(N,i-N)}}{7+N-i} \tag{5.18}$$

$$Q_{ob(i)}=Q_{ob(i-1)}+DQ_{f(i)}\cdot FAC \tag{5.19}$$

2）退水段反馈模拟实时校正。退水段反馈模拟实时校正计算公式为

$$Q_{ob(i)}=Q_{f(i)}\cdot\frac{Q_{ob(i-1)}}{Q_{f(i-1)}} \tag{5.20}$$

3）当 $N=1$ 时的涨水段反馈模拟实时校正。

其计算公式为

$$Q_{ob(i)}=Q_{ob(i-1)}+[Q_{f(i)}-Q_{f(i-1)}] \tag{5.21}$$

式中：$i=2$，3，…，K，K 为洪峰对应的序数。

5.2.2 围堰束窄河道水力计算

受施工影响，河道水流受施工建筑（一般指围堰）的压束作用，上游水位受下游河段束窄影响，发生壅高现象[43]，如图 5.5 所示。

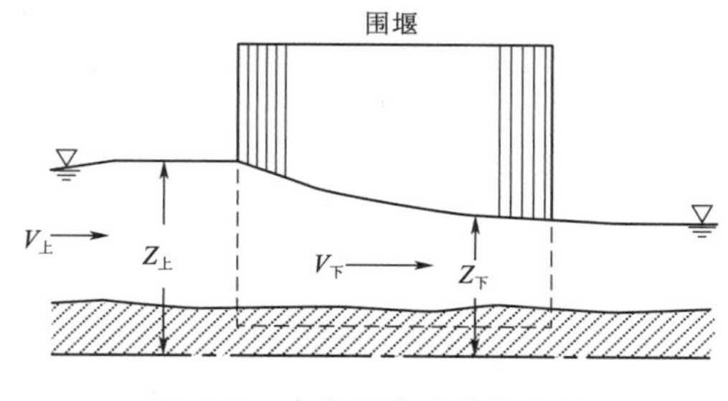

图 5.5 束窄河段水流示意图

$V_上$、$V_下$—围堰上游、围堰下游的断面流速；

$Z_上$、$Z_下$—围堰上、下的河道水位

1. 坝址流量预报

束流期由于围堰有一定的壅水作用，施工区槽蓄量有所增加，一定程度上改变了原天然河道的槽蓄特性，但影响有限，仍可以将其当作天然河道，坝址流量可代表坝区来水。由于上、下游围堰距离较短，坝址流量过程即可作为上、下游水尺断面的流量过程。

就径流来源而论，流域出口断面的流量过程是由地面径流、表层流径流（壤中流）、浅层和深层地下径流组成。深层地下径流（基流）数量很小，且较为稳定，又非本次降雨所形成，计算时一般从次径流中分割出去。地面径流和表层流径流直接进入河网，计算中常合并考虑，称之为直接径流，通常仍称为地面径流。

编制流域水文预报方案时，常用方法有降雨径流相关模型（API 模型）、新安江模型、单位线、马斯京根法、合成流量法、水动力学模型及实时校正等。

2. 围堰上、下游的水位预报

主要是进行束窄河道的壅水计算，建立上游围堰壅高后的水位流量关系曲线。下游围堰的水位流量关系曲线，原则上仍用天然情况下的坝址断面处的水位流量关系，但由于受施工的影响，围堰下游附近河道的水位流量关系也往往发生较大变化，需要依据实测的资料不断进行率定修正。修筑围堰后，围堰上游天然情况下的水位流量关系发生了变化，此时应重新建立上游水位流量关系曲线。根据预报的坝址流量，利用水位流量关系便可求出围堰上、下游水位。

根据坝址流量，可用下列公式近似推求束窄河段水位的壅高值 ΔZ。

$$\Delta Z = Z_{上} - Z_{下} = \frac{\alpha V_c^2}{2g} - \frac{\alpha V_{上}^2}{2g} \tag{5.22}$$

其中
$$V_c = \frac{Q}{A_c}$$

$$V_{上} = \frac{Q}{A_{上}}$$

式中：$Z_{上}$、$Z_{下}$分别为上、下游断面水位，m；$V_{上}$、V_c 分别为上游及束窄断面平均流速，m/s；$A_{上}$、A_c 分别为上游及束窄断面面积，m^2；Q 为稳定流量，m^3/s；α 为动能修正系数，取 1.0～1.1；g 为重力加速度，m/s^2。

采用试算法计算 ΔZ，在计算时，要求具备下游断面的水位流量关系 $Q-f(Z_{下})$，上游及束窄断面的水位面积曲线 $A_{上}=f_1(Z_{上})$ 和 $A_c=f_2(Z_{下})$。具体计算方法步骤如下：

(1) 拟定过水流量 Q，查 $Q-f(Z_{下})$曲线得 $Z_{下}$。

(2) 由 $Z_{下}$值查 $A_c=f_2(Z_{下})$曲线得 A_c，由此计算出 V_c，并算出 $\alpha V_{上}^2/(2g)$。

(3) 假定壅水高度 $\Delta Z'$，则得上游水位 $Z_{上}=Z_{下}+\Delta Z'$，由 $A_{上}=f(Z_{上})$曲线查得 A 上，计算出 $V_{上}$，并计算出 $\alpha V_{上}^2/(2g)$。

(4) 按公式计算壅水高度 ΔZ，若计算出的 ΔZ 与假定的 $\Delta Z'$相符，则试算完毕，否则重新计算。

计算出各级流量的壅水高度，即可建立上游壅高后的水位流量关系曲线 $Q-f(Z_{下}+\Delta Z)=f(Z_{上})$，如图 5.6 所示。围堰下游的水位流量关系仍是天然情况下的，即 $Q-f(Z_{下})$。得知围堰上、下游水位流量关系，便可利用前面预报的流量 Q，推求出上游水位 $Z_{上}$ 和 $Z_{下}$，完成围堰上、下游的水位预报。

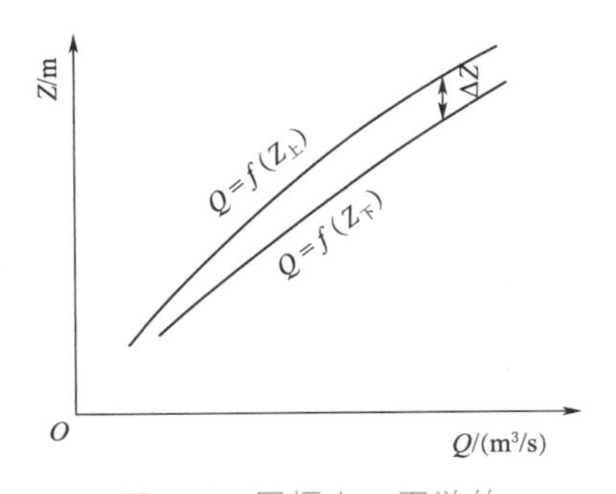

图 5.6 围堰上、下游的水位流量关系曲线

在实际的施工预报过程中，因为断面面积 $A_{上}$、A_c 受施工影响变化较大，上游及束窄断面的水位面积曲线 $A_{上}=f(Z_{上})$和 $A_c=f(Z_{下})$关系不佳，常常参照围堰形成前的水位流量关系，以实测资料为依据进行趋势外延，经过一段时间后就可以得到相对稳定的围堰上、下游水位流量关系，从而完成围堰上、下游的水位预报。

5.2.3 截流期水情预报

截流期使用的预报方案范围较广泛，预报坝址来水流量的水文预报方法与围堰束流期水情预报方法相同，本部分重点介绍截流期龙口水文要素预报方法[43-47]。

截流预报和天然河道一样，需要编制预报方案，不同的是天然河道有历史水文资料可供利用，而龙口则不具备这一条件，龙口水文要素预报方案主要依据水工模型试验成果。由于水工模型的试验条件，往往与工程截流时的实际情况有较大差异，上述预报方案只能作为实际预报时参考。

龙口水文要素变化迅速复杂，任何一个方案都不能保证不出偏差，目前龙口水文预报方法主要有相关图法、水力学堰流公式计算、系统理论的实时跟踪预报技术以及基于专家经验的综合分析等基本方法。

5.2.3.1 相关图法

相关图法可参考由水工模型数据编制的预报方案、依据已出现的不多的实测信息，配合预报员的判断来制作预报方案。由于该法克服了其他数学模型难以外延的局限，可凭借预报员的知识和经验进行外延。具体应用时，相关图建模形式灵活，可以多种途径建立关系，实现互相校核，经过诸多水电站截流预报的实践检验，相关图法仍是截流水位预报的主要技术。

1. 分流比的预报

开展截流龙口预报时，首先需预报分流比（即龙口分流量占坝址流量的百分比），分流比大小与上、下龙口口门宽和坝址流量有关。若以 α 表示分流比（%），$Q_{坝}$ 表示分流流量，$B_{上}$、$B_{下}$ 表示龙口口门宽（上口、下口），$Q_{坝}$ 表示坝址流量，$Q_{分}$ 表示分流流量，则有以下形式的相关关系可以使用。

$$\alpha=\frac{Q_{分}}{Q_{坝}} \tag{5.23}$$

$$\alpha=f(Q_{坝},B_{上},B_{下}) \tag{5.24}$$

2. 龙口落差预报

截流戗堤上游水位与下游水位之差代表龙口的落差，影响龙口落差的主要影响因素是上、下龙口口门宽、进占强度、坝址流量。

若以 ΔH 表示龙口总落差，$B_{上}$、$B_{下}$ 为上、下龙口口门宽（m），β 表示上、下龙口落差分配比（%），$Q_{坝}$ 表示坝址流量，则相关图基本形式为

$$\Delta H=f(Q_{坝},B_{上},B_{下}) \tag{5.25}$$

$$\beta=f(Q_{坝},B_{上},B_{下}) \tag{5.26}$$

3. 龙口最大流速预报

流速在截流河段是变化最剧烈的水文要素，预报难度最大。影响龙口流速的主要影响因素是龙口流量和龙口过流断面面积。

选用坝址流量和龙口口门宽，与所需的流速要素直接建立相关图效果最好，因为一旦确定，龙口流量和龙口过水断面面积也就确定。

以 $v_{龙\max}$ 表示龙口最大点流速，$v_{头\max}$ 表示戗堤头最大点流速，则最大点流速预报相关图的基本形式为

$$v_{龙\max}=f(Q_{坝},B_{上},B_{下}) \tag{5.27}$$

$$v_{头\max}=f(Q_{坝},B_{上},B_{下}) \tag{5.28}$$

5.2.3.2 水力学堰流公式

龙口断面的水流形态由明流变成了堰流，在截流施工阶段，堰流水力学公式的主要用途是依据流量、口门变化信息独立地计算龙口落差，虽然流量系数 m 的预测有一些误差，但它可以作为相关图预报的重要独立参证系，不可缺少。

水利工程中的泄水和引水建筑物运用过程中，兼有蓄水、挡水作用，承受巨大荷载，不宜建成薄壁堰，大多采用实用堰型。常将龙口作为有侧面收缩的宽顶堰来进行计算。

一般实用堰、宽顶堰水力学公式为

$$Q=mB\sqrt{2g}H_0^{3/2} \tag{5.29}$$

式中：B 为龙口口门宽；H 为堰前总水头，包括流速水头；m 为龙口流量系数。

在金沙江下游溪洛渡、向家坝水电站工程河道截流期，针对截流期内上游来水情况，编制了两座工程的截流期预报方案。其中，溪洛渡水电站工程截流期预报中，预报项目共12个（来水流量、龙口水面宽、龙口流量、5条导流洞分流量，导流洞分流比、龙口落差、龙口区最大流速、平均单宽流量、平均单宽功率，戗堤上、戗堤下水位、戗堤渗流量等），建立了13种主要相关图预报方案，并在截流施工期和预进占期，根据实测资料和新的模型试验成果，新增4种主要相关图预报方案，组成了溪洛渡水电站工程截流期水文预报作业的基础。17种相关图预报方案为：①导流洞分流比预报相关图；②导流洞分流量预报相关图；③龙口落差预报相关图；④龙口最大流速预报相关图；⑤戗堤上水位预报相关图；⑥龙口平均单宽流量预报相关图；⑦龙口平均单宽功率预报相关图；⑧导流洞分流比-龙口宽相关图；⑨龙口落差-龙口宽相关图；⑩龙口最大流速-龙口宽相关图；⑪戗堤上水位-龙口宽相关图；⑫龙口平均单宽功率-龙口宽相关图；⑬水位-导流洞联合泄流能力曲线；⑭戗左（上、下）水位-龙口流量相关图；⑮龙口口门宽-分流比关系图；⑯龙口水位流量关系图；⑰6导进水位-导流洞分流量相关图。

向家坝水电站工程截流期预报中，预报项目共12个（来水流量、6条导流底孔联合分流比、龙口区最大流速、龙口落差、戗上水位、导流底孔分流量、龙口流量、戗下水位、龙口水面宽、平均单宽流量、平均单宽功率、堰体渗流量等），建立26种相关图预报方案，组成了向家坝水电站工程截流期水文预报作业的基础，具体方案如下：①导流底孔（1～6号）分流比-龙口宽相关图；②戗堤上游水位-龙口宽相关图；③戗堤落差-龙口宽相关图；④堤头最大流速-龙口宽相关图；⑤龙口断面平均流速-龙口宽相关图；⑥龙口区最大流速-垂线平均流速相关图；⑦龙口最大单宽功率-龙口宽相关图；⑧龙口平均单宽功率-龙口宽相关图；⑨导流底孔分流量-龙口宽相关图；⑩导流底孔泄流水位流量关系曲线；⑪截流流量-终落差（闭气）关系曲线；⑫龙口区平均流速-最大点流速相关图（按进占过程连时序）；⑬龙口平均单宽流量-龙口宽相关图；⑭龙口最大单宽流量-龙口宽相关图；⑮龙口流量-龙口宽相关图；⑯向家坝水文站水位-流量关系曲线；⑰向家坝坝址各断面水位流量关系曲线；⑱龙口平均单宽功率-龙口最大单宽功率相关图；⑲导流洞分流比预报图；⑳龙口落差预报图；㉑上戗上游水位预报图；㉒左堤头最大流速预报图；㉓右堤头最大流速预报图；㉔平均单宽功率预报图；㉕平均单宽流量预报图；㉖向家坝截流测流断面位置示意图。

5.2.4 围堰挡水期及初期蓄水期水力计算

围堰挡水期及初期蓄水期，河水改道由泄流建筑物通过，受围堰壅水影响施工河段附近形成一定范围的回水区而形成一个蓄水库。其预报项目上围堰水位（或坝前水位）、下围堰水位以及坝址流量、入库流量的关系类似于水库的库水位、坝下水位、出库流量、入库流量。

入库流量包括上游入库站流量、入库站以下到库区周边及库面直接降水所转化的径流量等三部分，实际制作预报时，将入库站的实况及预报来水过程，采用河道洪水演算方法演算到入库点，再加上区间来水和库面直接降水所转化的径流量，即可得到预报的入库流量过程。

对入库站来水流量，可以根据入库站以上流域地理和水文特征确定适当的水文模型，根据实测的降水和流量资料率定水文模型，制作预报方案进行预报计算；对水库区间来水流量的计算，应根据其面积大小和雨量、流量监测站点等信息来决定采用何种方法，方法能简则简，该详则详。复杂的是采用流域（区域）产汇流的水文模型进行计算，常用的简易方法有面积系数法、指示流域法等；河道洪水演算常用的是以合成流量、马斯京根为代表的水文学方法，也可采用直接求解圣维南方程组或其简化方程组的水力学法。

出库流量的计算是该时期的关键所在，一般而言，此阶段的水流通过导流底孔或导流洞流向下游，其计算遵循管道导流的水力学计算方法，在5.2.5节中将详细介绍。

在开展金沙江下游溪洛渡、向家坝、乌东德、白鹤滩水电站建设阶段的围堰挡水期水文预报时，均以前期建立的坝址水文预报体系及方案为基础（详见5.3.1节洪水预报体系及方案），结合该时期内的预报项目开展工作。在四座水电站的初期蓄水期，根据水库蓄水计划和蓄水方案，均相应地对水文预报方案进行了修订，跟踪库区来水传播时间变化情况，实时分析修订大坝过流建筑物泄流曲线关系，编制水库入库流量计算方案和水库调洪计算方案，修订及新增坝区、库区关键断面水位预报方案，为四座水库的初期蓄水提供强有力的技术支持。

5.2.5　管道导流水力计算

在水电站工程施工期，水流常通过底孔、导流洞或水电站尾水管等排往下游，这些可以称为管道导流。管道中的水流流态可能为明流、半压力流或压力流。根据管道形状、下游水位和有无翼墙等条件来判别其流态。不同流态按不同的公式计算出流量。

5.2.5.1　导流孔（洞）流态判别

根据水力学原理，导流底孔水流状态很大程度上取决于孔、洞上游水位（图5.7）。当上游水位较低时，虽然导流底孔（或洞）断面形状封闭，但水流并没有充满整个底孔和洞断面，水流存在自由水面，此时导流底孔出流为自由无压出流［图5.7（a）］。水流特性为明渠水流（长管）或堰流（短管）。随着上游水位升高，孔内水面也随之上升。当上游水位升高到一定高度时，底孔的前段充满水流，而后段仍可能是无压流，这种水流状态称为半有压流［图5.7（b）］，这是一种不稳定的过渡流态，对管道的过水能力和管道的安全都有不利的影响，在实际工程中应尽量避免。当上游水位继续上升到一定高度时，水流将充满整个管道，没有自由水面，这种水流状态称为有压流［图5.7（c）］。

对于工程上一般采用的喇叭形进口的矩形管道，水流为无压流的判别条件为

$$\frac{H}{d}<1.15$$

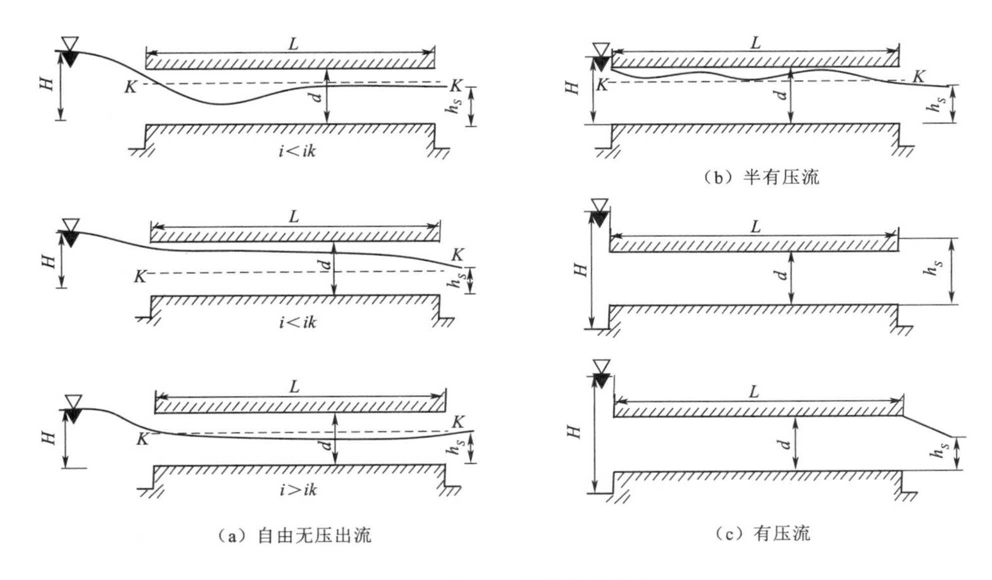

图 5.7 管道泄流的水流流态

式中：H 为上游水头；d 为矩形管道断面的高度。

在半有压流状态下，当上游水位上升，即上游水头 H 增加时，流量也相应增加，水流的有压段长度加长，无压段长度缩短，有压段和无压段分界断面下移，直到管道出口断面水深等于洞高 d 时，管道全程变为有压流，这时的管道水流为从半有压流到有压流的临界状态。

通过出口断面的底部取基准面，列出上游断面和出口断面的能量方程，并略去断面至管道进口断面之间的距离，则有

$$H+iL+\frac{a_0 v_0^2}{2g}=h+\frac{av^2}{2g}+\sum\xi\frac{v^2}{2g}+\sum\lambda\frac{L}{4R}\frac{v^2}{2g} \tag{5.30}$$

式中：$\sum\xi\frac{v^2}{2g}$为从进口到出口的局部水头损失之和；$\sum\lambda\frac{L}{4R}\frac{v^2}{2g}$为管道沿程水头损失之和；$L$ 为管长；R 为管道的水力半径。

忽略行近流速水头$\frac{a_0 v_0^2}{2g}$，并以管高 d 除上式两端得

$$\frac{H}{d}=\frac{h}{d}+\left(d+\sum\xi+\sum\lambda\frac{L}{4R}\right)\frac{av^2}{2gd}-i\frac{L}{d} \tag{5.31}$$

在界限状态下，如果出口断面水深为临界水深并等于管（或洞）道高度，即 $h_k=d$，则 $Fm=\frac{v^2}{gd}=\frac{v^2}{gh_k}=1.0$，将其代入上式得临界条件为

$$\left(\frac{H}{d}\right)_k=1.0+0.5\left(d+\sum\xi+\sum\lambda\frac{L}{4R}\right)-i\frac{L}{d} \tag{5.32}$$

因此，当$\frac{H}{d}>\left(\frac{H}{d}\right)_k$时，管道水流为完全有压流。

当管道出口条件不符合上述情况，即出口断面水深不是临界水深时，其界限条件不能用上述公式计算，而需采用经验数值。在实际工程中，一般当$\frac{H}{d}\geqslant 1.15$时，管道水流为完全有压流状态。

5.2.5.2 导流孔、洞泄流量计算

区分三种不同流态，导流孔、洞中的管道水流流量采用不同的公式进行计算。

1. 半有压流下泄流量的计算

半有压流的下泄流量Q_{pc}采用下式计算：

$$Q_{pc}=\mu A_d\sqrt{2g(\tau_{pc}-\varepsilon)d} \tag{5.33}$$

式中：τ_{pc}为半有压流的下限临界壅高比，为管道进口水深与管身高度之比，其值根据管道进口形式不同而采用不同值；μ为流量系数，随进口形式不同取0.576～0.670；ε为进口竖向收缩系数；A_d为管道断面面积；d为管身高度。

2. 有压流下泄流量的计算

半有压流与有压流分界点的上游临界壅高比为

$$\tau_{Fc}=H_{Fc}/d \tag{5.34}$$

式中：H_{Fc}为形成有压流时进口底槛以上的水深，m；d为管（洞）身高度，m。

从工程实际和实体模型试验测到的数值来看，τ_{Fc}不是一个固定不变的数值。当上游水位渐增，从半有压流到有压流时，其分界点的τ_{Fc}值较高；而当水位渐降，从有压流到半有压流时，则因出口处产生一定的负压水流渐不脱壁，产生半有压流的τ_{Fc}值更低。

由于洞内流态还受洞长、坡度、糙率等因素的影响，水流情况比较复杂，而目前用以计算的公式尚待进一步的试验研究及工程考验，作为近似计算，可以采用经验值$\tau_{Fc}=1.5$，相应的临界流量可用有压流公式计算：

$$Q_{Fc}=\mu A_d\sqrt{2g(\tau_{Fc}-\eta d+il)} \tag{5.35}$$

式中：τ_{Fc}为有压流的下限临界壅高比，采用经验值$\tau_{Fc}=1.5$；η为有压流出口水头比；μ为流量系数。

μ的计算公式为

$$\mu=1/\sqrt{1+\sum\zeta+2gl/C_d^2R_d} \tag{5.36}$$

式中：$\sum\zeta$为局部水头损失；g为重力加速度；l为导流底孔长度；C_d为管道的谢才系数；R_d为水力半径。

3. 明流泄流量计算

底孔（洞）导流时，当水流不能完全充满整个管道，底孔中的水流为明流。底孔管道的长短、底坡的陡缓、进口型式及出流条件都直接影响明流的泄流能力。

为保持明流，孔内净空应不少于10%～20%的断面面积，故可判断当底孔水流为明流时，渠道为矩形断面，其水面不会到孔顶圆弧段。

（1）临界水深h_k计算。当底孔水流为明流时，渠道为矩形断面，临界水深h_k可用下列公式计算：

$$h_k = \sqrt[3]{\alpha Q^2 / gB^2} \tag{5.37}$$

式中：α 为动能修正系数，可取 α 为 1.05；g 为重力加速度，取 9.8m/s^2。

（2）判断导流底孔明流时是短管还是长管。底孔明流时长、短管的判断条件为：$l < l_c [l_c = (106m_0 \sim 270m_0) h_k]$时为短管，$l \geqslant l_c$ 时为长管。计算时取 m_0 为 0.335。

（3）导流底孔出口流态及泄流能力。根据 $h_s - il \geqslant 1.25h_k$，可以判断导流底孔出口流态是淹没出流还是自由出流。当底孔明流为淹没出流，其流量按淹没宽顶堰计算，计算公式为

$$Q = \sigma m \overline{B}_k \sqrt{2g} H_0^{1.5} \tag{5.38}$$

式中：σ 为淹没系数，其值与 $\dfrac{h_s - il}{H}$ 有关，具体见表 5.3；m 为流量系数，计算公式为 $m = m_0 + (0.385 - m_0)\dfrac{A_H}{3A - A_H}$，其中 A 为上游壅高水深处断面面积，m^2；A_H 为水深与 $\overline{B}_k$ 的乘积，m^2；m_0 为进口系数，此处取 $m_0 = 0.335$；$\overline{B}_k$ 为临界水深下过水断面的平均宽度，m；H_0 为底孔进口底板以上的上游总水头，m。

表 5.3 明流管道淹没系数 σ 值

$(h_s - il)/H$	<0.75	0.75	0.80	0.83	0.85	0.87	0.90	0.92	0.94
σ	1.0	0.974	0.928	0.889	0.855	0.815	0.793	0.676	0.598
$(h_s - il)/H$	0.95	0.96	0.97	0.98	0.99	0.995	0.997	0.998	0.999
σ	0.552	0.499	0.436	0.360	0.257	0.183	0.142	0.116	0.085

当底孔明流为自由出流，其流量按非淹没宽顶堰计算，计算公式为

$$Q = m \overline{B}_k \sqrt{2g} H_0^{1.5} \tag{5.39}$$

在龙口水文预报中使用导流孔（洞）时，为了计算快速、可靠，一般不在作业现场进行水力学计算，而是事先建立其泄流曲线 $q = f(H)$，泄流曲线依据围堰上游水位。直接查算导流孔（洞）的过流量。曲线可依据 5.2.5 节所述公式来计算。在投入龙口水文预报作业前需组织流量测验，对曲线的准确性进行校测、修正，使之在作业预报中更为可靠。

5.2.6 施工期关键预报技术

5.2.6.1 区间洪水预报技术

金沙江下游梯级水电站建设时期，干流主要控制水文站距离相隔较远，在进行水电站坝址流量预报时，主要采用上下游站相关图结合区间产汇流模型进行计算。其中，各主要控制站区间流域包含有水文站控制的较大支流和无控区间（即无资料地区），区间洪水预报技术主要指没有控制站点的无控区间的来水预报。

无资料地区的径流预报具有重要的作用和意义，常用的方法为区域化方法，即通过某种途径，利用有资料流域的模型参数推求无资料流域的模型参数，从而对无资料流域进行预报。常用的区域化方法有：①空间相近法。指找出与预报区域（无资料流域）距离上相近的一个（或者多个）流域（有资料流域），并将其参数作为研究流域的参数，其研究根

据为同一区域的物理和气候属性相对一致，因此相邻流域的水文行为相似。②属性相似法。指找出与研究流域属性（如土壤、地形和气候等）上相似的流域，并将其参数作为研究流域的参数。③回归法。指根据有资料流域的模型参数和流域属性，建立二者之间的多元回归方程，从而利用无资料流域的流域属性推求其模型参数。

在构建金沙江流域洪水预报体系时，对于流域内存在控制水文站点的较大支流或区间，流域产汇流模型一般选用API单位线或新安江模型，并根据历史资料进行率定计算，确定模型参数，经验证后投入到区间洪水预报业务的应用中。对于无控区间，常用方法为区域化方法中的空间相近法和属性相似法，选定与无控区间地理位置相近或流域属性相似的区域，直接将其模型关键参数用作本区间模型参数，即可开展无控区间洪水预报业务。

5.2.6.2 泄洪建筑物泄流能力曲线复核技术

水电站通过大坝挡水抬高水位储蓄水能，通过发电机组将水能转化为电能输出，同时会修建泄洪建筑物来宣泄水库超过调蓄或承受能力的洪水至下游河道、泄放水库存水以便于安全防护或检查维修等[48-50]。

常见泄洪建筑物通常有：①低水头水利枢纽的滚水坝、拦河闸和冲沙闸；②高水头水利枢纽的溢流坝、溢洪道、泄水孔、泄水涵管、泄水隧洞；③由河道分泄洪水的分洪闸、溢洪堤；④由渠道分泄入渠洪水或多余水量的泄水闸、退水闸；⑤由涝区排泄涝水的排水闸、排水泵站。

泄洪建筑物的泄水方式有堰流和孔流两种，其中通过溢流坝、溢洪道、溢洪堤和全部开启的水闸的水流属于堰流，通过泄水隧洞、泄水涵管、泄水（底）孔和局部开启的水闸的水流属于孔流。其中溢流坝、溢洪道、堰流堤、泄水闸等泄水建筑物的进口为不加控制的开敞式堰流孔或由闸门控制的开敞式闸孔；泄水隧洞、坝身泄水（底）孔、坝身泄水涵管等泄水建筑物的进口淹没在水下，需设置闸门进行启闭控制。

不同泄洪建筑物均有各自的设计泄流能力曲线，即泄洪建筑物在某一水头下的泄流能力，在该水头下泄洪建筑物可能通过的最大流量，是实际泄流量的上限。对于无闸溢洪道，该水头下的泄流量和泄流能力是一致的，对于有闸溢洪道，当闸门全开时，两者也是一致的。溢洪道的类型、尺寸既定之后，不论是否有闸门，其泄流能力仅随水头而变化。溢洪道的泄流能力按堰流公式计算：

$$q_{溢}=M_1BH_0^{\frac{3}{2}} \tag{5.40}$$

式中：$q_{溢}$为溢洪道泄流能力，m^3/s；H_0为考虑行近流速v的堰顶水头，近似等于堰顶水深H，m；B为溢流堰净宽，m；M_1为溢流系数，其值取决于溢流堰型式。

泄洪洞的泄流能力可按有压管流公式计算：

$$q_{洞}=M_2\omega H_0^{\frac{1}{2}} \tag{5.41}$$

式中：$q_{洞}$为溢洪道泄流能力，m^3/s；H_0为考虑行近流速v的堰顶水头，非淹没出流时H等于库水位与洞口中心高程之差，淹没出流时H为上游水位之差，m；ω为泄洪洞洞口的过水断面面积，m^2；M_2为流量系数。

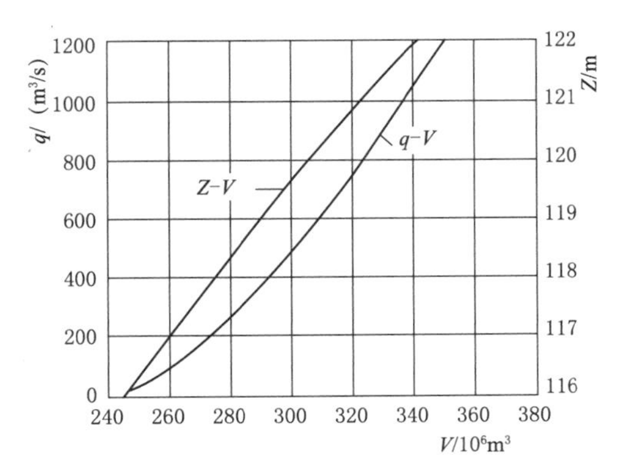

图 5.8 水库库容曲线 $Z-V$ 及蓄泄曲线 $q-V$ 示意图

从溢洪道和泄洪洞的泄流能力公式可知，对于一定的泄洪建筑物来说，当行近流速水头不计时，q 仅为水库蓄量 V 的单值函数，即 $q=f(V)$。因而，对于一定的水库和泄洪建筑物，可按溢洪道和泄洪洞的泄流能力公式及库容曲线计算并绘制的蓄泄曲线 $q-V$，其中 q 为当水库蓄量为 V 时对应的泄流能力，若绘制成泄流能力曲线，即 q 为当水库水位 Z 时对应的泄流能力（图 5.8）。

水电站工程设计施工的过程中，泄洪建筑物的泄流能力曲线一般是通过水力学模型试验及计算公式得到的，与实际泄流量存在一定的误差。在水电站开始蓄水、各个泄洪建筑物首次过流后，逐时收集水电站坝上坝下的实测资料并进行分析，与经过物模、数模获得的设计泄流能力曲线进行对比调整，即是对泄洪建筑物泄流能力曲线的复核。以金沙江下游梯级水电站中的乌东德水电站为例，2020 年初水电站开始下闸蓄水，大坝中孔开始过流后，依据实测资料对大坝中孔泄流能力曲线进行复核，保障了水电站的调洪演算精度和科学蓄水进程（图 5.9）。

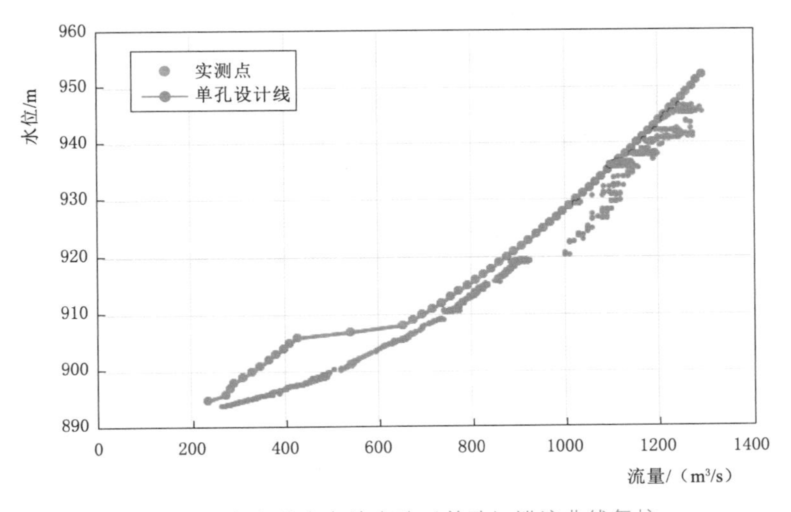

图 5.9 乌东德水电站中孔（单孔）泄流曲线复核

5.2.6.3 库区移民点水位预报技术

应用静库容调洪演算方法、库水位涨差预报相关图、水力学计算方法相结合开展库区移民点水位预报。

水位预报中主要采用静库容调洪演算，即利用已知起调水位，结合库容曲线，根据预测入库水量计算未来库水位。

水库调洪演算主要通过水库水量平衡方程来进行。水库水量平衡是指在某一时段 Δt 内，入库水量减去出库水量，应等于该时段内水库增加或减少的蓄水量，水量平衡方程为

$$\frac{Q_1+Q_2}{2}\Delta t-\frac{q_1+q_2}{2}\Delta t=V_2-V_1 \tag{5.42}$$

式中：Q_1、Q_2 分别为时段始、末的入库流量，m^3/s；q_1、q_2 为时段始、末的出库流量，m^3/s；V_1、V_2 为时段始、末的水库蓄水量，m^3；Δt 为计算时段，其长短的选择，应以能较准确地反映洪水过程线的形状为原则，对于陡涨陡落的来水过程应该取较小值，对于来水平缓的来水过程可适当放大。

调洪计算主要步骤为：①确定库容曲线 $Z-V$；②分析确定调洪开始时的起始条件，即起调水位和与之相应的库容、下泄流量（导流槽过流前下泄流量为零）；③从调洪开始，计算各时段末的 V_2、q_2。试算从第一时段开始，逐时段连续进行。对于第一时段 Q_1、Q_2（预报值）、V_1 及 Δt 均为已知，过流前下泄流量为0，计算出 V_2，由库容曲线 $Z-V$ 即可得到坝前水位 Z；过流后，q_1、q_2 由谢才公式计算得到（即导流槽的过流流量）。

为校正预报结果，建立坝前水位、入库流量、坝前水位日涨幅的预报相关图，供实时预报做参考。库水位涨差相关图方案以入库流量作纵轴，以库水位涨差作横轴，以坝前水位为参数的三变数相关图。通过预报的入库流量、坝前水位查算库水位涨差。静库容调洪演算预报的库水位与库水位涨差相关图互为校核，综合分析后再发布。

5.3　预报实践

以金沙江干流在建、已建工程和重要水文站为节点，逐段进行流域产汇流和河道汇流预报。在工程投入运行前、尚未对河道洪水传播产生明显影响时，以拟定的方案预报一定预见期内工程所在节点的水文要素；在工程投入运行后，改变了原天然河道的洪水传播特性，工程所在节点处的一定预见期内水文要素由工程调度信息代替。

5.3.1　洪水预报体系及方案

根据预报体系建立原则和洪水传播时间分析成果，金沙江下游乌东德、白鹤滩、溪洛渡和向家坝水电站坝址流量预报方案体系建设范围为金沙江干流攀枝花、雅砻江二滩（桐子林）水电站至向家坝水电站区间。

5.3.1.1　溪洛渡、向家坝施工期

溪洛渡和向家坝水电站建设期间，金沙江中游梯级水电站尚未明显影响河道洪水传播情势，攀枝花站控制金沙江中游来水，二滩水电站下游小得石站与安宁河湾滩站基本可以控制雅砻江来水，下游干流主要水文站有三堆子、龙街、乌东德、华弹、六城、白鹤滩、溪洛渡、屏山、向家坝等，主要支流控制水文站有龙川江小黄瓜园、蜻蛉河多克、黑水河宁南、西溪河昭觉、美姑河美姑、牛栏江小河等。干流石鼓—溪洛渡洪水平均传播时间约为67h，石鼓—向家坝洪水平均传播时间约为76h，二滩水电站—溪洛渡洪水平均传播时间约为37h，二滩水电站—向家坝洪水平均传播时间约为46h，以二滩实时出库流量和攀枝花实时流量为预报输入，基本可满足溪洛渡、向家坝36～48h预见期要求。考虑各梯级水电站投入运行后，原天然河道变为水库，洪水传播由扩散波变为压力波，洪水传播时间显著缩短，如果得到预见期24h上游水电站调度信息，可基本保证溪洛渡、向家坝48h预

见期要求。

根据流域内主要水文站点布设、水系分布及工程建设，溪洛渡、向家坝坝址来水预报以金沙江中游攀枝花站流量及雅砻江二滩出库流量、安宁河湾滩站流量为输入条件进行流域产汇流预报，将向家坝以上预报区划分为攀枝花（小得石、湾滩）—龙街、龙街—华弹、华弹—溪洛渡、溪洛渡—向家坝及支流蜻蛉河、龙川江、黑水河、西溪河、美姑河、牛栏江共10个预报分区，编制预报方案23套。本阶段内，金沙江下游预报体系和预报方案统计见图5.12和表5.4。

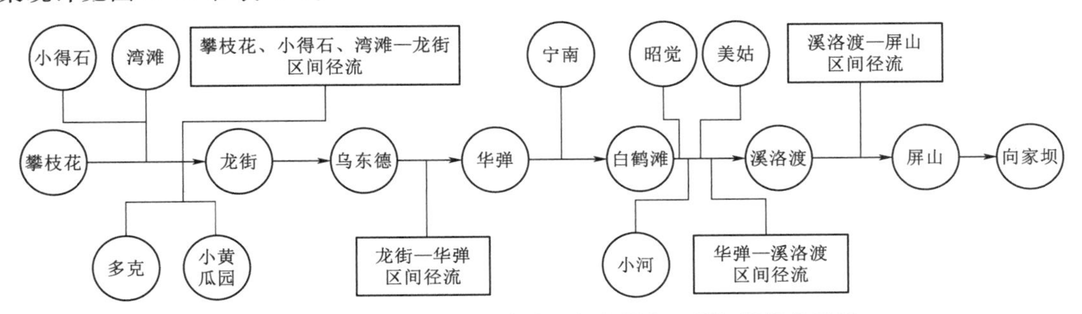

图5.10 金沙江下游（溪洛渡、向家坝施工期）预报体系图

表5.4 金沙江下游(溪洛渡、向家坝施工期)预报方案配置表

序号	预报分区	预 报 项 目	流域降雨径流预报方案	河道汇流方案	
			API-UH模型	马斯京根	合成流量
1	攀枝花—龙街区间	雅砻江小得石 Q	√		
2		雅砻江湾滩 Q	√		
3		攀枝花 Q	√		
4		攀枝花、小得石、湾滩—龙街区间 Q	√		
5		龙街 Q		√	√
6	龙街—华弹区间	蜻蛉河多克 Q	√		
7		龙川江小黄瓜园 Q	√		
8		龙街—华弹区间 Q	√		
9		华弹 Q		√	√
10	华弹—溪洛渡区间	黑水河宁南 Q	√		
11		西溪河昭觉 Q	√		
12		牛栏江小河 Q	√		
13		美姑河美姑 Q	√		
14		华弹—溪洛渡区间 Q	√		
15		溪洛渡 Q		√	√
16	溪洛渡—屏山区间	溪洛渡—屏山区间 Q	√		
17		屏山 Q		√	√
18		向家坝 Q		√	√
合 计			13	5	5

注 Q 为流量。

5.3.1.2 乌东德、白鹤滩施工期

乌东德和白鹤滩水电站建设期间，金沙江中游梯级水电站相继投入运行，攀枝花站仍然控制金沙江中游来水，下游干流主要水文站有三堆子、龙街、乌东德、六城、白鹤滩等，主要支流控制水文站有雅砻江桐子林、龙川江小黄瓜园、蜻蛉河多克、普渡河尼格、黑水河宁南等。干流石鼓—攀枝花洪水平均传播时间约为20h，攀枝花（或桐子林）—乌东德洪水平均传播时间约为17h，乌东德—白鹤滩洪水平均传播时间约为12h，以桐子林实时出库流量和攀枝花实时流量为预报输入，基本可满足乌东德、白鹤滩18～30h预见期要求，如果得到预见期24h上游水电站调度信息，可基本保证乌东德、白鹤滩36h预见期要求。

根据流域内主要水文站点布设、水系分布及工程建设，乌东德、白鹤滩坝址来水预报以金沙江中游攀枝花站及雅砻江桐子林水电站出库流量为输入条件进行流域产汇流预报，将白鹤滩以上预报区划分为攀枝花（桐子林）—三堆子、三堆子—龙街、龙街—乌东德、乌东德—白鹤滩及支流蜻蛉河、龙川江、普渡河、黑水河共8个预报分区，编制预报方案17套。乌东德、白鹤滩施工期金沙江下游预报方案体系和预报方案见图5.11和表5.5。

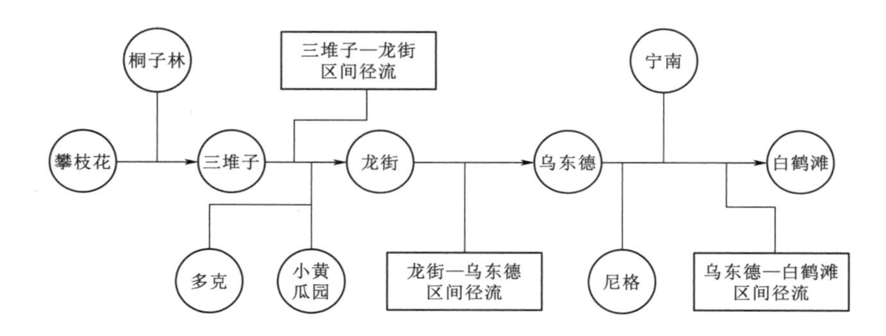

图5.11 金沙江下游（乌东德、白鹤滩施工期）预报体系图

表5.5 金沙江下游(乌东德、白鹤滩施工期)预报方案配量表

序号	预报分区	预报项目	流域降雨径流预报方案	河道汇流方案	
			API-UH模型	马斯京根	合成流量
1	攀枝花—三堆子区间	雅砻江桐子林 Q	√		
2		攀枝花 Q	√		
3		三堆子 Q		√	√
4	三堆子—龙街区间	蜻蛉河多克 Q	√		
5		龙川江小黄瓜园 Q	√		
6		三堆子—龙街区间 Q	√		
7		龙街 Q		√	√
8	龙街—乌东德区间	龙街—乌东德区间 Q	√		
9		乌东德 Q		√	√

续表

序号	预报分区	预 报 项 目	流域降雨径流预报方案	河道汇流方案	
			API-UH模型	马斯京根	合成流量
10	乌东德—白鹤滩区间	普渡河尼格Q	√		
11		黑水河宁南Q	√		
12		乌东德—白鹤滩区间Q	√		
13		白鹤滩Q		√	√
合计			9	4	4

注 Q为流量。

5.3.1.3 金下梯级水库运行期

随着乌东德、白鹤滩水电站相继下闸蓄水、机组投产发电，金沙江下游梯级水库建设期已经入尾声。乌东德、白鹤滩水电站库水位抬升后，河道洪水传播特性进一步发生了变化。金沙江下游梯级水库形成后，对金沙江下游预报体系和方案进行了调整，不变的是，攀枝花站仍然控制金沙江中游来水，下游干流主要水文站有三堆子、乌东德、白鹤滩、向家坝等，主要支流控制水文站有雅砻江桐子林、龙川江小黄瓜园、蜻蛉河多克、普渡河尼格、黑水河宁南、西溪河昭觉、美姑河美姑、牛栏江大沙店、细沙河何家湾、大毛村、西宁河欧家村、大汶溪新华等。干流攀枝花（或桐子林）—乌东德洪水传播时间约为3～6h，乌东德—白鹤滩洪水传播时间约为2～4h，以桐子林实时出库流量和攀枝花实时流量为预报输入，加上获取的预见期24h上游水电站调度信息，基本可满足乌东德、白鹤滩6～24h预见期要求。

根据流域内主要水文站点布设、水系分布及工程建设，金下梯级水库来水预报以金沙江中游攀枝花站流量及雅砻江桐子林水电站出库流量为输入条件进行流域产汇流预报，将向家坝以上预报区划分为攀枝花（桐子林）—三堆子、三堆子—乌东德、乌东德—白鹤滩、白鹤滩—溪洛渡、溪洛渡—向家坝及支流蜻蛉河、龙川江、普渡河、黑水河、西溪河、美姑河、牛栏江、细沙河、西宁河、大汶溪等共17个预报分区，编制预报方案34套。本阶段内，金沙江下游预报体系和预报方案见图5.12和表5.6。

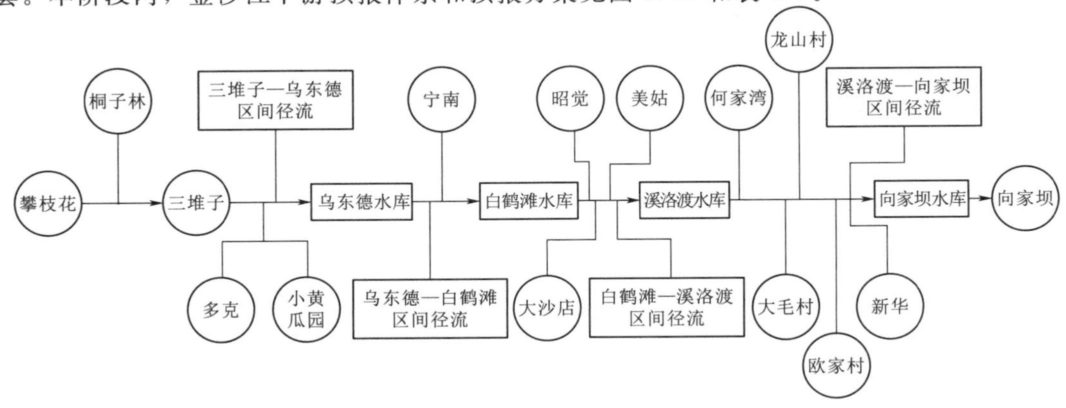

图5.12 金沙江下游梯级水库（运行期）预报体系图

表5.6 金沙江下游梯级水库(运行期)预报方案配置表

序号	预报分区	预 报 项 目	流域降雨径流预报方案	河道汇流方案		水库调洪演算方案	
			API-UH模型	马斯京根法	合成流量法	静库容调洪	一维水力学调洪
1	攀枝花—三堆子区间	雅砻江桐子林 Q	√				
2		攀枝花 Q	√				
3		三堆子 Q		√	√		
4	三堆子—乌东德区间	蜻蛉河多克 Q	√				
5		龙川江小黄瓜园 Q	√				
6		三堆子—乌东德区间 Q	√				
7		乌东德入出库 Q 及 Z		√	√	√	
8	乌东德—白鹤滩区间	普渡河尼格 Q	√				
9		黑水河宁南 Q	√				
10		乌东德—白鹤滩区间 Q	√				
11		白鹤滩入出库 Q 及 Z		√	√	√	
12	白鹤滩—溪洛渡区间	西溪河昭觉 Q	√				
13		美姑河美姑 Q	√				
14		牛栏江大沙店 Q	√				
15		白鹤滩—溪洛渡区间 Q	√				
16		溪洛渡入出库 Q 及 Z		√	√	√	√
17	溪洛渡—向家坝区间	仁和沟何家湾 Q	√				
18		大毛村 Q	√				
19		欧家村 Q	√				
20		龙家村 Q	√				
21		新华 Q	√				
22		溪洛渡—向家坝区间 Q	√				
23		向家坝入出库 Q 及 Z		√	√	√	√
合计			18	5	5	4	2

注 Q 为流量，Z 为水位。

5.3.2 预警发布流程

当水利水电工程处于施工期时，为应对各种突发事件发生，根据工程建设部相关制度及水电站防洪度汛方案要求，一般要成立防汛防灾办公室，并实行24h值班制度。专业部门需实时监控流域水文气象信息，并动态跟踪分析水雨情变化情况，对极端天气与水情过程实行预报、实报和滚动预报机制，并通过电话、网络、短信等平台向各单位确定的信息接收人员进行预报预警信息发布。

现以乌东德水电站坝区洪水预警信号发布流程为例进行介绍。

1. 预警制度

根据乌东德工程建设部下发的《金沙江乌东德水电站防洪度汛方案》，乌东德水电站工程成立建设部防汛防灾办公室，办公室设在建设部质量安全部。防汛防灾办公室在汛期成立值班室，实行24h值班。专业中心负责水情、雨情动态分析，并通过短信平台向各单位确定的信息接受人员进行预报预警信息发布。

2. 主要职责

（1）提供水文、气象预报服务，实时监控水文气象信息，极端天气实行预报、实报和续保机制，并完成预报预警信息发布。

（2）预警信息以传真方式向防汛值班室和各参建单位防汛值班室传送，并通过电话向各防汛值班室复核。

（3）判断预警等级，向建设部防汛防灾办公室提出建议，根据指令，发布预警及应急响应信息。

（4）可能发生超标洪水应向上级部门和建设部防汛防灾办公室汇报，由上级部门联系上游水库协调拦洪错峰。

（5）当水情、雨情等客观条件发展趋势进一步减弱时，向建设部防汛防灾办公室提出建议，根据指令，发布解除预警或应急响应信息。

3. 预警等级划分

以乌东德水电站为例，介绍各水利水电工程施工坝区洪水预警等级划分方式。乌东德坝区洪水预警等级划分以坝址洪水重现期为基准，按照不同坝址洪水重现期将预警等级划分为蓝色、黄色、橙色、红色4个等级，具体划分见表5.7。

表5.7 乌东德水电站施工期坝区洪水预警等级划分表

预警等级	具体含义
蓝色	当预报金沙江来水流量达到23600m^3，或12h内流量将达到此值（20年一遇洪水标准）
黄色	当预报金沙江来水流量达到26600m^3，或12h内流量将达到此值（50年一遇洪水标准）
橙色	当预报金沙江来水流量达到28800m^3，或12h内流量将达到此值（100年一遇洪水标准）
红色	当预报金沙江来水流量达到30900m^3，或12h内流量将达到此值（200年一遇洪水标准）

4. 预警发布流程

根据水利水电工程预警制度和预警信号发布机制，预警信息发布流程一般如图5.13所示。

5.3.3 洪水预报系统

5.3.3.1 系统概述

1. 开发背景

金沙江下游梯级水库开工建设后，流域预报体系发生了改变。为满足梯级水电站工程建设及蓄水需求，开展了金沙江下游梯级水电站洪水预报系统软件开发相关工作。

2. 系统建设总体要求

金沙江下游梯级水电站洪水预报系统需在构建梯级水电站入库流量预报方案体系基础

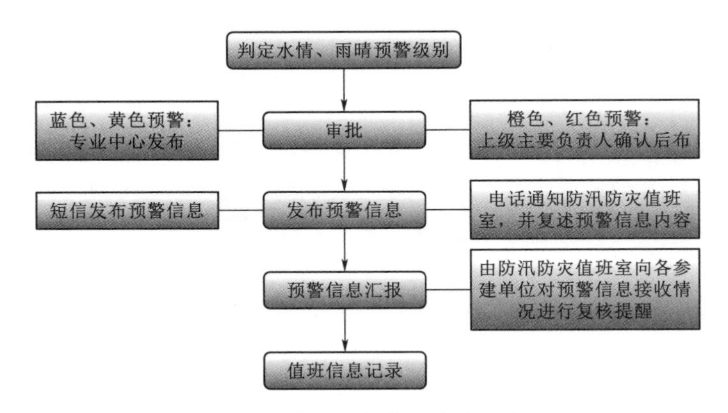

图 5.13　洪水预警信号发布流程图

上，采用网络通信、计算机技术以及信息处理和洪水预报模型方法，建成集信息查询统计、洪水预报、调度方案制作分析比较于一体的业务平台，为金沙江下游梯级水电站施工期水文预报工作提供可靠的技术工具支持和保障[51]。

3. 系统建设原则

为了确保系统的先进性、实用性和具有较长的生命周期，方便系统升级维护，更好地实现各项辅助决策的功能，采用或开发国内外先进、成熟、实用的硬件和软件技术，遵循包容性、兼容性、开放性、易用性、实用性等原则[52]，建成一个实用、高效、可靠的金沙江下游梯级水电站洪水预报系统。

4. 主要建设内容

金沙江下游梯级水电站洪水预报系统根据业务需求，需具备水雨情信息查询、预报制作、调洪演算、预报成果及相关报表生成等主要功能，实现金沙江下游四座梯级水库信息形象直观的图形显示、信息查询、报表输出、洪水预报、水库调洪演算及分析辅助决策服务。

5.3.3.2　系统总体框架

1. 系统框架结构

金沙江下游梯级水电站洪水预报系统分为系统数据应用服务器（应用服务中间件）和洪水预报系统（客户端应用程序）两部分。数据应用中间件部署到服务器上，业务系统可以在局域网内任何具备运行条件的台式机运行。业务系统分四层结构，即系统流程控制层、系统展示层、业务逻辑层、数据访问层。系统展示层集成展示多种功能，根据用户需求，向系统提出不同的请求，经过系统流程控制的判断和处理，按照一定的业务逻辑，启动不同的业务处理程序，完成不同的任务。

系统软件结构如图 5.14 所示，客户端应用程序与应用服务中间件（预报系统数据应用服务器）的虚线表示通过网络连接。

系统各类功能均由多个模块组成，模块内部按照数据处理、业务逻辑相分离的方式进行搭建。数据流程与系统业务流程一致，模型计算与结果展示相对独立[53]。

2. 系统菜单体系

系统菜单按照功能进行部署，采用多级菜单拉出式主～子窗结构，每一项菜单对应一

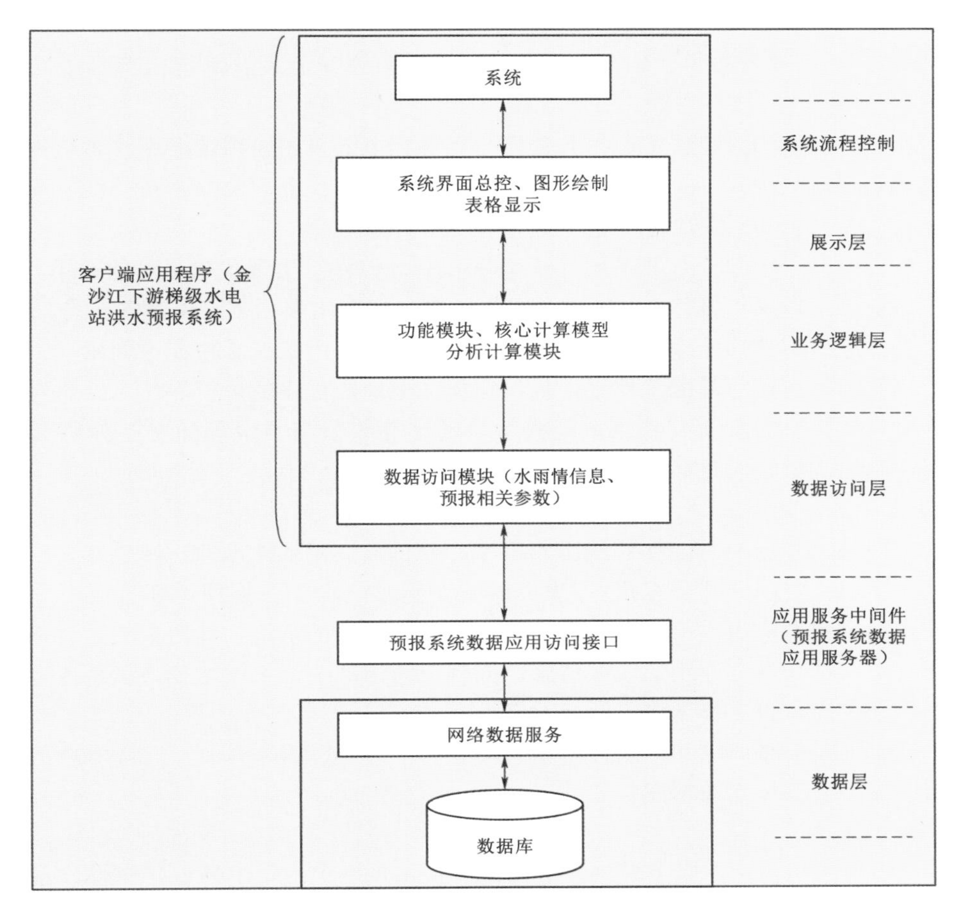

图 5.14 系统软件结构图

个独立的子窗体。

一级菜单是启动各项基本功能的入口，设计为 7 项，即水雨情空间分布、洪水预报、水雨情查询、水情分析、水情服务、数据维护、系统管理。另外，GIS 相应功能均设置在地图工具条和各功能按钮中[54]。

系统采用交互的组织方式，在终端窗口中，用户可以通过"单击菜单项或命令按钮→系统的功能模块启动→功能的响应和实现→窗口内显示"的流程，实现每一项预定功能。

5.3.3.3 系统开发关键技术

金沙江下游梯级水电站洪水预报系统采用中间件加业务系统的模式进行开发，涉及的关键技术如下。

1. 系统开发技术

采用开放式架构和模块化模式[55] 进行系统开发。数据库服务器支持 Windows Server 操作系统和 UNIX 操作系统，可连接当前常用的数据库类型。系统可在网络环境或单机上运行，数据库和软件系统相对独立。

系统成果展示采用图、表结合的方式，所有图表都具有输出打印功能。主要实现技术如下：

（1）采用.Net平台技术、C/S窗体模式架构进行系统开发，系统内部各子功能部分均模块化。

（2）建成数据访问封装技术，与数据库接口部分全部采用通用数据库读写组件，SQL语句全部置于数据库中。

（3）用MapWinGIS提供的功能开发电子地图服务。

（4）系统中的绘图部分全部采用ProEssentials 5控件，实现代码尽可能通用。

（5）表格显示均采用控件FlexCell，表格输出、保存均采用Excel表格方式。

（6）各预报模型和功能模块均最终形成组件或控件，供系统总控程序调用。

（7）预报流程通过河系配置控制，从一定程度上增加程序的可扩展性。

（8）应用计算机图形交互技术，将模型自动计算结果与预报员的交互分析有机地结合，以实现交互式预报的目标。

2. 中间件

中间件是一种独立的系统软件或服务程序，分布式应用软件借助这种软件在不同的技术之间共享资源。中间件位于客户机/服务器的操作系统之上，管理计算机资源和网络通信，是连接两个独立应用程序或独立系统的软件。相连接的系统，既使它们具有不同的接口，但通过中间件相互之间仍能交换信息。执行中间件的一个关键途径是信息传递。通过中间件，应用程序可以工作于多平台或OS环境。

本书研发的是数据库访问中间件（Database Access Middleware），支持用户访问各种操作系统或应用程序中的数据库。

3. GIS技术

GIS技术的应用是金沙江下游梯级水电站洪水预报系统的一个特色，使得该系统更加适合水库运行管理部门使用。水利行业与地理信息高度相关，业务部门不仅关心各种工程数据，更加关心工程的地理分布，关心雨情、水情的空间分布，关心水情在空间上的发展情况。地理信息系统把空间信息和水雨情信息结合起来，用户可以通过空间分布查询水雨情信息和测站信息。用户只需要简单的操作就能够实现雨量、水位测站定位、降雨等值分析等功能。

4. PE5图形显示技术

在金沙江下游梯级水电站洪水预报系统中，大量的图形显示功能使用了PE5控件，比如水位流量过程线、降雨过程柱状图等，这些图能够与用户交互（图5.15）。在交互预报、常规预报、水力模型、调洪演算等模块的计算过程线中，用户可以拖动鼠标，修改计算边界或计算成果；在单站洪量计算过程中，用户可以拖动鼠标，计算出某段时间内的洪量。

5.3.3.4　功能实现

金沙江下游梯级水电站洪水预报系统总体功能包括具有水雨情监视、信息查询统计、水情分析功能；能方便地构建预报作业体系，以水雨情、工情信息为依据，任意选择多模型、多方法制作预报，且具有专家交互功能；具有水库调度计算、调洪方案生成功能；具有系统管理、综合信息管理、信息维护等功能。具体功能见表5.8。

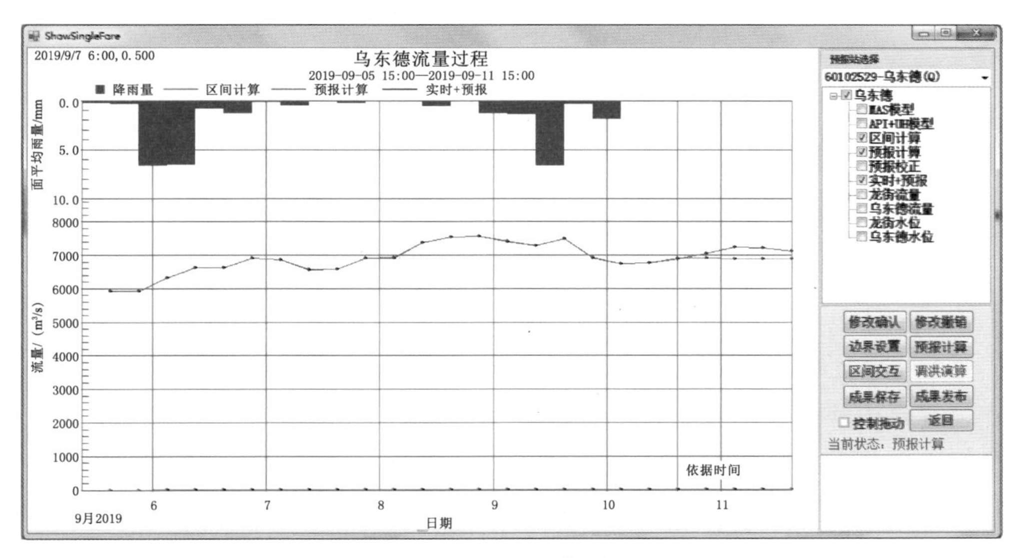

图 5.15 交互预报界面

表 5.8 系统主要功能列表

模块	功能	描述
水雨情查询	实时水情	实时水情信息查询显示（GIS 地图）
	实时雨情	实时雨情信息查询显示（GIS 地图）
	实时预警	实时预警定时刷新显示（GIS 地图）
	报告	水雨情报表
	分区	分区面雨量统计
	水情查询	历史水情查询
	雨情查询	历史雨情查询
洪水预报调度	预报计算	河系连续预报、交互预报、单站预报
	交互调度	交互预报
	预见期降雨设置	预见期降雨导入、分区降雨设置
	方案管理	预报调度方案增删改
水情分析	雨洪对照分析	雨洪过程线
	涨差分析	河段上下游涨差分析
	静库容反推入库	依据时段内库容差反推入库流量
	分段库容反推入库	依据分段库容反推入库流量
数据维护	水雨情报表维护	水雨情报表管理和维护
	概化图维护	河道预报概化图维护
	预报产品维护	设置预报产品中各种不同产品显示
	雨情量级维护	设置实时检测模块中雨情监测站检测的量级
	通用报表维护	设置水情服务通用报表的属性及显示字段

续表

模 块	功 能	描 述
系统管理	组织机构	用户所在组织机构信息增删改查
	角色管理	角色权限管理增删改查
	用户管理	用户信息管理增删改查
	数据字典	系统数据字典项增删改查
	设定中心	系统功能模块的增删改查
	授权管理	角色授权管理

1. 应用服务中间件功能

应用服务中间件是访问网络数据服务操作数据的接口，它基于于TCP/IP协议的基础上实现的，具有数据通信的实时性，通信过程中的稳定性和信息储存的安全性等特点，为局域网内的用户提供了更为方便、快捷、安全的通信平台。

应用服务中间件部署到服务器上，业务系统通过应用服务中间件提供的接口实现数据库的访问，即业务系统与数据库是通过中间件进行信息的传递，业务系统与数据库是松耦合的。

应用服务中间件的主要功能包括接收业务系统的SQL指令、分析该指令的目标数据库、执行SQL指令、返回查询结果。

2. 业务系统功能

(1) 系统功能综述。基于GIS及数据应用中间件的金沙江下游梯级水电站洪水预报系统实现了河道、水库信息的形象直观的图形显示、报表输出、洪水预报、调度分析计算及水雨情信息查询等功能。主要内容如下：

1) 洪水预报功能。依据实时水雨情信息，并考虑预见期降雨，完成水文预报计算及相关分析功能，输出金沙江下游梯级水电站坝址流量预报成果。预报模式采用河系连续自动预报和单站交互预报相结合，自动定时预报、半自动预报与交互预报并行的启动方式，实现预报分析计算。预报成果通过数据库与水库调度自动化系统交换。

2) 调度分析计算功能。根据水库调度方式完成水库调洪演算，包括静库容反推入库、水库调洪演算库水位或出库流量等。

3) 水雨情信息查询功能。提供基于GIS的空间信息与常规水文要素过程线、表格相结合的综合查询。

(2) 各模块功能。系统中的业务功能按照需求细分为六大类，即系统管理、数据维护、水雨情信息查询、洪水预报、调度计算及水情服务。

1) 系统管理。系统管理实现对系统中资源进行有效、方便管理的功能，包括3个子功能模块，分别为菜单管理模块、用户管理模块和系统日志查询模块。

2) 数据维护。数据维护主要实现对纳入系统的预报模型静态参数的维护及相关预报信息的管理功能，主要包括9个子功能模块，即预报站定义、预报站模型配置、API模型参数维护、新安江模型参数维护、马斯京根模型参数维护、合成流量站定义、水位流量关系维护、库容曲线维护及泄流曲线维护。水位流量关系维护界面如图5.16所示。

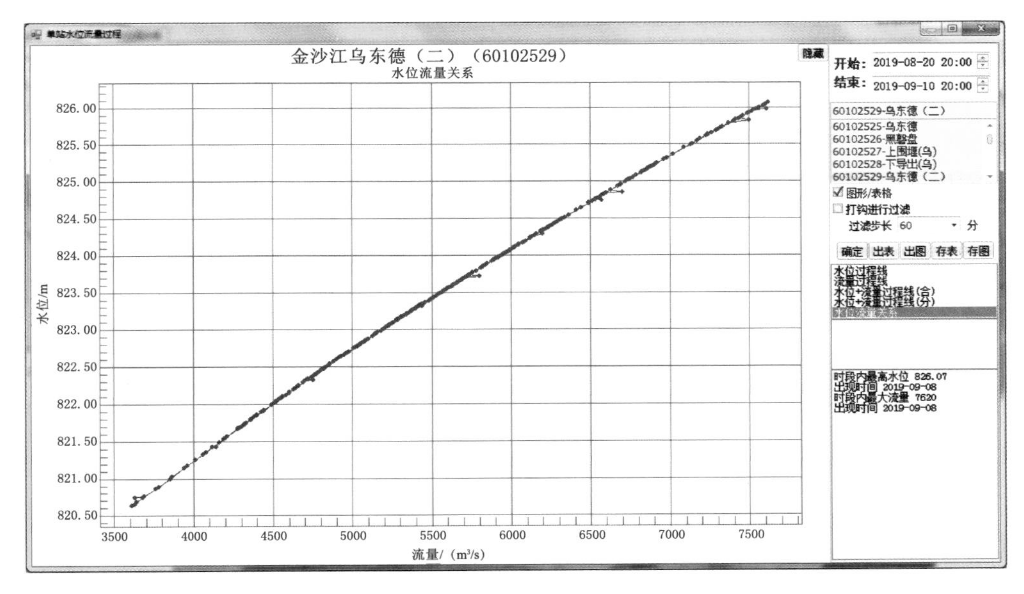

图 5.16 水位流量关系维护界面

3）水雨情信息查询。水雨情信息查询主要是提供工情信息、实时与历史的雨水情信息以及水文预报信息查询的功能，它主要包括 5 个功能模块，即基本信息查询、雨情信息查询、水情信息查询、水雨情分析查询和预报成果查询模块，其中每个功能模块又根据各自需要分别下设若干个不同的子功能模块。雨量信息和单站水位流量信息查询界面如图 5.17 和图 5.18 所示。

图 5.17 雨量信息查询界面

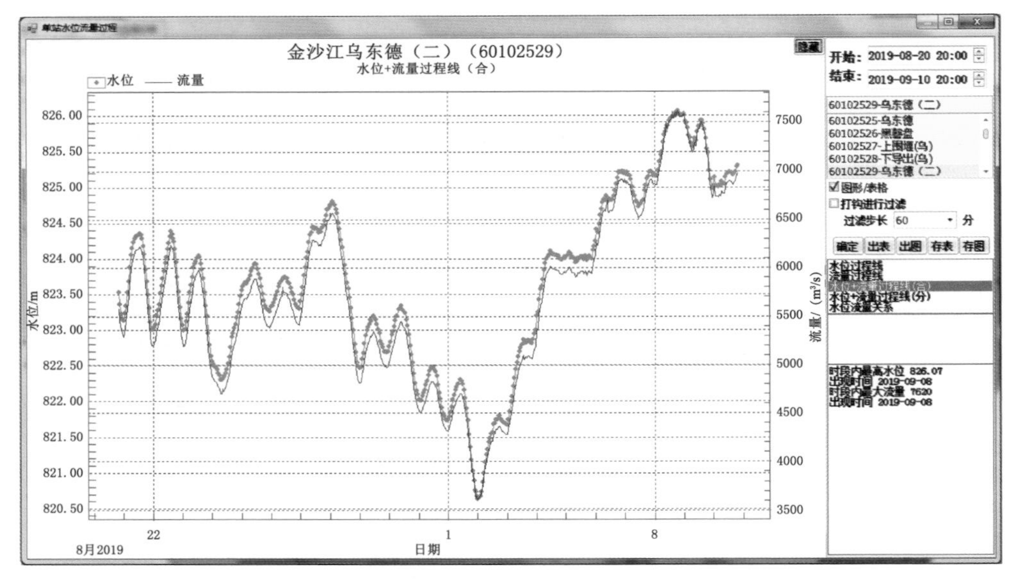

图 5.18　单站水位流量查询界面

4）洪水预报。洪水预报主要负责完成水文预报的制作和相关预报分析，它可以依据数据库的实时及预见期雨水情、工情信息，实现水文预报多模型的作业计算，同时对预报结果进行综合分析。具体包含 6 个功能模块，即预见期降雨设置、Pa 计算、区间径流计算、交互预报（图 5.19）、河系预报以及交互分析，其中河系预报模块又包括常规预报和自动定时预报。

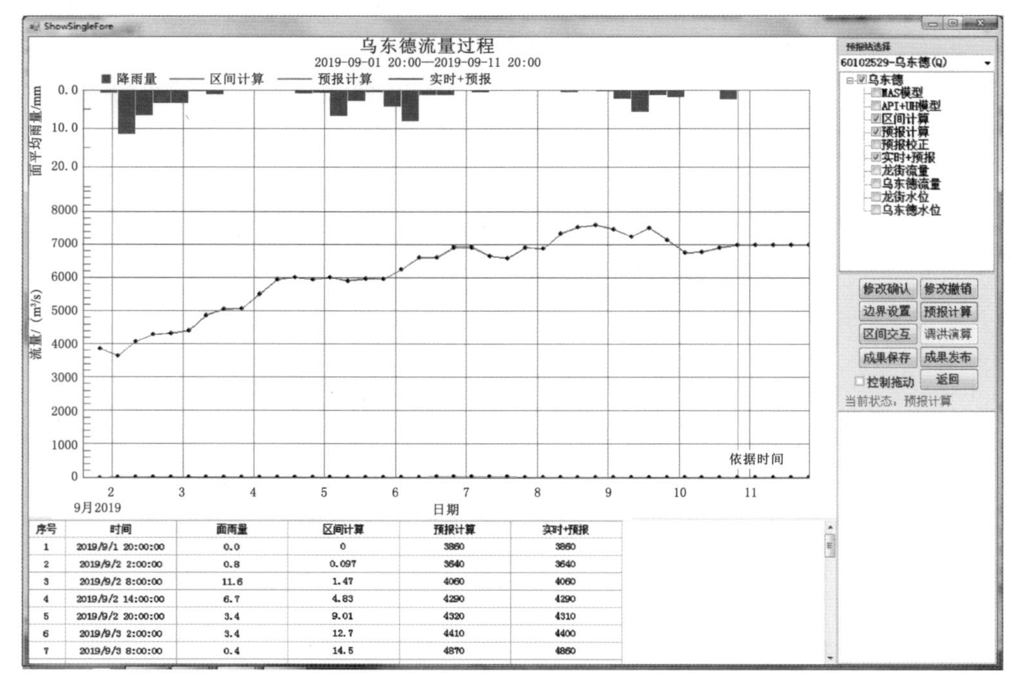

序号	时间	面雨量	区间计算	预报计算	实时+预报
1	2019/9/1 20:00:00	0.0	0	3860	3860
2	2019/9/2 2:00:00	0.8	0.097	3640	3640
3	2019/9/2 8:00:00	11.6	1.47	4060	4060
4	2019/9/2 14:00:00	6.7	4.83	4290	4290
5	2019/9/2 20:00:00	3.4	9.01	4320	4310
6	2019/9/3 2:00:00	3.4	12.7	4410	4400
7	2019/9/3 8:00:00	0.4	14.5	4870	4860

图 5.19　交互预报计算界面

5）调度计算。洪水预报主要负责完成水库入库流量静库容反推计算及调洪演算，具体包含 3 个功能模块，即静库容反推入库、水库静库容调洪、调度方案比较模块。

6）水情服务。水情服务负责完成各种报表的生成及水文预报成果的后处理，主要包括水情报表生成、预报表生成及入库、预报精度评定、通用报表等模块。

5.3.4 预报精度评定

自 2004 年起，随着金沙江下游梯级水电站的建设，逐步开展金沙江主要水电站施工期水情预报服务工作，为水电站施工期安全度汛、施工抢险等工作提供强有力的技术支持。

5.3.4.1 精度评定方法

根据《水文情报预报规范》（GB/T 22482—2008）规定，洪水预报精度评定应包括预报方案精度等级评定、作业预报的精度等级评定和预报时效等级评定等，评定的项目应包括洪峰流量（水位）、洪峰出现时间、洪量（径流量）和洪水过程等。可根据预报方案的类型和作业预报发布需要确定。

洪水预报误差可采用绝对误差、相对误差和确定性系数 3 个指标。许可误差是依据预报成果的使用要求和实际预报技术水平等综合确定的误差允许范围，根据洪水预报方法和预报要素的不同，许可误差又分为洪峰预报许可误差、洪峰出现时间预报许可误差、径流深预报许可误差、过程预报许可误差。

（1）洪峰预报许可误差。降雨径流预报以实测洪峰流量的 20%作为许可误差；河道流量（水位）预报以预见期内实测变幅的 20%作为许可误差。当流量许可误差小于实测值的 5%时，取流量实测值的 5%，当水位许可误差小于实测洪峰流量的 5%所相应的水位幅度值或小于 0.10m 时，则以该值作为许可误差。

（2）洪峰出现时间预报许可误差。峰现时间以预报根据时间至实测洪峰出现时间之间时距的 30%作为许可误差，当许可误差小于 3h 或一个计算时段长，则以 3h 或一个计算时段长作为许可误差。

一次预报的误差小于许可误差时为合格预报，合格预报次数与预报总次数之比的百分数为合格率，表示多次预报总体的精度水平，合格率按以下公式计算：

$$QR = \frac{n}{m} \times 100 \tag{5.43}$$

式中：QR 为合格率（取 1 位小数），%；n 为合格预报次数；m 为预报总次数。

5.3.4.2 金沙江下游梯级水电站洪水预报精度评定

金沙江下游梯级水电站洪水预报精度评定基于以下原则：①符合《水文情报预报规范》（GB/T 22482—2008）的精度评定标准；②考虑预报方案体系中上下游站点之间的洪水传播距离和传播时间；③兼顾乌东德、白鹤滩、溪洛渡、向家坝水电站施工期实际水情预报需求。

1. 精度评定标准

金沙江下游梯级水电站施工期的洪水预报精度评定标准根据各水电站自身需求，并结合规范进行制定，因考虑各水电站实际要求略有不同，所以精度评定标准也有所不同，分述如下：

（1）溪洛渡、向家坝水电站。溪洛渡、向家坝坝址/入库流量和两坝区各施工断面水位的预报精度按《水文情报预报规范》（GB/T 22482—2008）的标准评定，其中，坝址/入库流量预报精度以相对误差的平均值表示（以百分数表示），水位预报精度以绝对误差的平均值表示。实际工作中，预报员应以提高预报精度、增长有效预见期为最高目标，尽可能准确及时为工程提供优质预报服务。

（2）乌东德水电站。依据《水文情报预报规范》（GB/T 22482—2008）和金沙江流域水文气象特点对乌东德洪水预报精度评定制定质量标准如下：

1）流量过程预报。预见期12h乌东德坝址流量：当乌东德坝址流量小于4000m^3/s时，平均相对误差小于5%，合格率为85%；当乌东德坝址流量大于4000m^3/s时，平均相对误差小于5%，合格率为90%。

2）洪峰预报。流量12000m^3/s以上的洪峰有效预见期不小于12h，相应预报精度不低于92%。

3）水位预报。预见期12h乌东德坝址上围堰和下围堰水位站水位：当乌东德坝址流量小于4000m^3/s时，平均误差在0.3m以内，合格率为90%；当乌东德坝址流量大于4000m^3/s时，平均误差0.3m以内，合格率为85%。

（3）白鹤滩水电站。白鹤滩洪水预报精度评定制定质量标准如下：

1）流量过程预报。预见期12h白鹤滩坝址流量：当白鹤滩坝址流量大于4000m^3/s时，12h、24h流量预报平均相对误差小于5%，合格率为90%；当白鹤滩坝址流量小于4000m^3/s时，12h、24h流量预报平均相对误差小于5%，合格率为85%。

2）洪峰预报。流量12000m^3/s以上的洪峰有效预见期不小于24h，相应预报精度不低于92%。

3）水位预报。预见期12h白鹤滩坝址上导进和下导出水位站水位：当白鹤滩坝址流量大于4000m^3/s时，坝区水位12h预见期预报平均误差在0.4m以内，合格率为90%，24h预见期预报平均误差在0.4m以内，合格率为85%；当白鹤滩坝址流量小于4000m^3/s时，坝区水位12h预见期预报平均误差在0.4m以内，合格率为85%，24h预见期预报平均误差在0.4m以内，合格率为80%。

2. 精度评定成果

根据以上四座水电站洪水预报精度评定标准，对2004年以来四座水电站已完成的短期洪水预报质量进行评定。

（1）溪洛渡水电站。溪洛渡水电站坝区预报项目较多，选取预报时间较长且具有代表性的2组水尺水位预报和坝址流量预报，对其在2004—2012年间的预报成果进行统计，结果见表5.9。

从预报精度评定成果表看，36h预见期内溪洛渡坝址流量预报合格率在86.17%以上，平均相对误差在2.82%以内，其中，24h预见期内预报合格率均在92.70%以上，平均相对误差在2.02%以内；溪洛渡坝区各水尺36h预见期内水位预报平均误差在0.25m以内，预报合格率均在80.60%以上；24h预见期内水位预报平均误差在0.19m以内，预报合格率均在88.64%以上。

表 5.9 2004—2012 年溪洛渡坝区水位流量预报精度评定成果表

项目			预见期/h					
			6	12	18	24	30	36
水位误差	上围堰	平均误差/m	0.09	0.12	0.15	0.19	0.21	0.25
		合格率/%	94.91	93.05	91.32	88.85	82.51	81.08
	下围堰	平均误差/m	0.08	0.10	0.12	0.16	0.19	0.22
		合格率/%	96.11	94.46	93.09	88.64	81.55	80.60
流量误差	溪洛渡坝址	相对误差/%	1.09	1.43	1.62	2.02	2.51	2.82
		合格率/%	99.08	97.20	96.53	92.70	88.44	86.17

(2) 向家坝水电站。向家坝水电站坝区预报项目较多，选取预报时间较长且具有代表性的 2 组水尺水位预报和坝址流量预报，对其在 2004—2012 年间的预报成果进行统计，结果见表 5.10。

表 5.10 2004—2012 年向家坝坝区水位流量预报精度评定成果表

项目			预见期/h							
			6	12	18	24	30	36	42	48
水位误差	二围上	平均误差/m	0.07	0.11	0.12	0.16	0.19	0.22	0.21	0.26
		合格率/%	97.28	93.27	90.45	87.82	83.72	79.98	77.94	76.33
	二围下	平均误差/m	0.09	0.11	0.13	0.16	0.18	0.20	0.22	0.24
		合格率/%	94.47	91.22	88.88	86.47	82.92	78.80	76.46	75.12
流量误差	向家坝坝址	相对误差/%	1.05	1.49	1.91	2.23	2.68	3.01	3.33	3.61
		合格率/%	97.95	96.18	93.45	90.63	87.97	83.13	80.72	78.06

向家坝坝区 48h 预见期内向家坝坝址流量预报合格率在 78.06%以上，平均相对误差在 3.61%以内，24h 预见期内的预报合格率在 90.63%以上，平均相对误差在 2.23%以内；向家坝坝区各水尺 48h 预见期内水位预报平均误差在 0.26m 以内，其中，6h 预报合格率在 94.47%以上，12～30h 预报合格率为 82.92%～93.27%，而 36～48h 预报合格率在 75.12%以上。

(3) 乌东德水电站。选取乌东德水电站坝区 2 组水尺水位预报和坝址流量预报，对其在 2011—2019 年间的预报成果进行统计，结果见表 5.11。

表 5.11 2011—2019 年乌东德坝区水位流量预报精度评定成果表

项目			预见期/h	
			12	24
水位误差	上围堰	平均误差/m	0.18	0.45
		合格率/%	91.11	66.06
	下围堰	平均误差/m	0.17	0.42
		合格率/%	92.37	69.05

续表

项　目			预　见　期/h	
			12	24
流量误差	乌东德坝址	相对误差/%	2.56	7.18
		合格率/%	89.31	53.16

由表5.11可知，乌东德坝区12h预见期内流量预报合格率在89.31%以上，平均相对误差2.56%；坝区各水尺12h预见期内水位预报合格率均在91.11%以上，预报水位平均误差在0.17m以内。上游控制站三堆子—乌东德洪水传播时间仅为9～12h，因此乌东德24h预见期预报成果仅做趋势参考。

（4）白鹤滩水电站。选取白鹤滩水电站坝区2组水尺水位预报和坝址流量预报，对其在2011—2020年间的预报成果进行统计，结果见表5.12。

从预报精度评定成果表看，白鹤滩坝区12h预见期流量预报合格率为90.52%，平均相对误差2.23%，24h预见期流量预报合格率为85.45%，平均相对误差2.94%；白鹤滩坝区各水尺12h、24h预见期内水位预报合格率均在85.79%以上，平均误差在0.23m以内。

表5.12　　2011—2020年白鹤滩坝区水位流量预报精度评定成果表

项　目			预　见　期/h	
			12	24
水位误差	上导进	平均误差/m	0.23	0.27
		合格率/%	88.72	85.79
	下导出	平均误差/m	0.24	0.26
		合格率/%	89.79	87.23
流量误差	白鹤滩坝址	相对误差/%	2.23	2.94
		合格率/%	90.52	85.45

5.3.5　典型案例

本节选取金沙江下游梯级水电站施工期内的一些典型案例，阐述施工期水文气象预报实践，为类似水电站工程开展施工期水文气象预报服务提供参考。

5.3.5.1　向家坝水电站截流期预报实践

向家坝水电站是继长江三峡工程、溪洛渡水电站之后建设的我国第三大水电站（不含此后建设的乌东德、白鹤滩水电站）。根据施工总进度安排，2008年12月21日9时开始二期围堰截流，经过近30h的施工强进占，于12月22日14时截流龙口口门基本合龙，12月28日最后闭气。

1. 工程概况

工程采用分期导流方式施工：一期先围左岸，在左岸滩地上修筑一期土石围堰，进行左岸非溢流坝段、冲沙孔坝段的施工，并在非溢流坝及冲沙孔坝段内留设6个10m×

14m（宽×高）的导流底孔及高程 280.00m、宽 115.00m 的缺口，由束窄后的右侧主河床泄流及通航。二期围右岸，待一期导流底孔和缺口具备泄水条件后，拆除一期土石围堰的上、下游横向部分，于 2008 年 12 月下旬进行右侧主河床截流；在二期基坑中进行右岸非溢流坝、泄水坝段、消力池、左岸坝后厂房及升船机等建筑物的施工，河道在坝址处断航，客货过坝全部采用公路驳运方式。后期在泄水坝段、右岸非溢流坝段及左岸坝后厂房等具备挡水度汛条件后，于 2011 年 11 月开始加高左岸非溢流坝段缺口，由 6 个导流底孔和 10 个永久中孔泄流。2012 年 10 月下闸封堵导流底孔，水库开始蓄水，同时进行下游封堵围堰并进行导流底孔混凝土回填、冲沙孔改造等后期工程施工。

二期上、下游横向围堰设计挡水标准为全年 50 年一遇洪水，洪峰流量为 32000m³/s，相应上游挡水位 303.563m，下游挡水位 289.227m。围堰采用土石围堰结构型式，堰基及堰体防渗分别采用塑性混凝土防渗墙、墙下帷幕及复合土工膜斜心墙型式。

二期上游横向土石围堰轴线位于大坝轴线上游 150～322m，左侧与二期纵向混凝土围堰上游段相接，右侧与右岸坡裸露基岩相接。围堰轴线长 378.00m，堰顶高程 305.00m，最大高度 49.80m。上游横向土石围堰塑性混凝土防渗墙与二期纵向围堰大坝上游段的钻孔灌注桩锁口采用“接头管法”进行连接。二期下游横向土石围堰轴线位于坝轴线下游 506～718m，左侧与二期纵向混凝土围堰下游段相接，右侧与右岸岸坡相接。围堰轴线长 530.00m，堰顶高程 290.50m，最大高度 37m。下游横向土石围堰塑性混凝土防渗墙与二期纵向混凝土围堰大坝下游段采用混凝土刺墙连接。截流期坝区施工布置如图 5.20 所示。

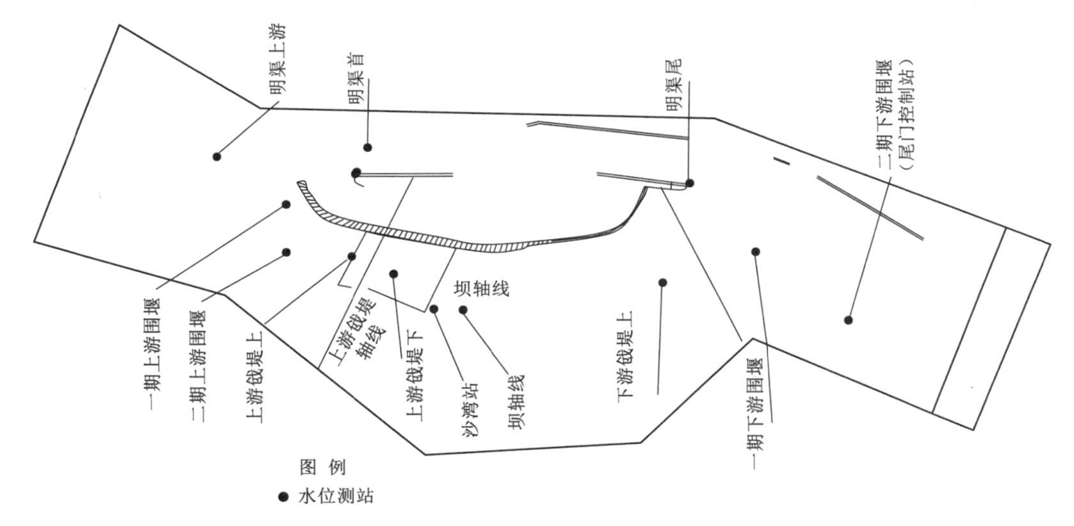

图 5.20 向家坝截流期间坝址上、下游施工水位测站布置图

2. 截流施工方案

向家坝水电站二期截流设计标准流量 2600m³/s（12 月中旬 10 年一遇旬平均流量）、超标准流量 3500m³/s，截流施工准备按超标准截流预案进行。

主河床截流时，江水由左岸坝体中预留的 6 个进口高程 260.00m、10m×14m（宽×高）的导流底孔分流。截流施工采取上游单戗立堵截流的方式。

导流底孔分流后，左岸成为孤岛，由于场地有限，截流设备需在分流前留在岛上，人员通过船只进出；右岸进占条件较好，下游地厂尾水渠渣场为主要截流备料场，可沿江填筑形成至戗堤右端的截流道路，因此在采取双向进占保证截流戗堤合龙抛投强度时，以右岸进占为主，左岸进占为辅。

3. 截流施工过程

截流施工划分为三个阶段：第一阶段为预进占施工，即岸坡段戗堤填筑，将航道外、岸坡上的戗堤填筑完毕；第二阶段为截流阶段性进占，是截流施工的主要阶段，即断航令下达后，在主河槽进占，形成小龙口；第三阶段为小龙口合龙，完成截流。

向家坝截流预进占期间，累计抛投物料 51000m^3，至截流阶段性进占施工前，剩余口门宽度为 79.1m，水面宽度为 67m。2008 年 12 月 21 日 0 时断航令生效，截流阶段性进占于 12 月 21 日上午 9 时正式开始，至 12 月 22 日 10 时形成 9.8m 小龙口，投入大型挖装及运输设备共 134 台套，期间抛投物料约 56063m^3，其中特大石特种截流材料 29208m^3，截流取得了决定性胜利。2008 年 12 月 28 日 10 时 58 分小龙口进占正式开始，经过 28min 的奋战，至 11 时 26 分胜利完成截流，抛投物料 1200m^3。向家坝截流主要实测技术指标见表 5.13。

表 5.13　　　　向家坝截流主要技术指标表

序号	指　标　名　称	指标数值	序号	指　标　名　称	指标数值
1	截流流量/(m^3/s)	2350	4	最大单宽功率/[t·m/(s·m)]	74.48
2	最大流速/(m/s)	6.1	5	最大小时抛投强度/(m^3/h)	3225
3	最大落差/m	2.34			

4. 截流期水雨情概况

2008 年 12 月 18—28 日，向家坝水电站截流期金沙江流域基本无雨。受上游来水消退影响，18—28 日干流攀枝花站波动退水，最大流量、最小流量分别为 902m^3/s（19 日 8 时）、824m^3/s（27 日 20 时）。雅砻江二滩水电站库水位 12 月 16 日 8 时（库水位 1199.91m，正常蓄水位 1200m）开始缓慢下降，19 日 8 时库水位降至 1199.68m，28 日 8 时库水位为 1199.73m。受二滩水库调度影响，雅砻江小得石站流量在 900m^3/s 左右波动，最大流量、最小流量分别为 1140m^3/s（22 日 20 时）、315m^3/s（28 日 8 时）。安宁河米易站在此期间最大流量、最小流量分别为 158m^3/s、108m^3/s，28 日 8 时流量为 128m^3/s。

受上述来水影响，干流三堆子站呈锯齿状波动退水，12 月 18—28 日总退幅为 900m^3/s，期间最大流量为 2030m^3/s（28 日 14 时），28 日 8 时流量为 1130m^3/s。华弹站于 23—24 日出现一次小幅涨水过程，但总体为波动消退，其中流量自 19 日 14 时（2180m^3/s）波动退水至 23 日 8 时（1870m^3/s）后止跌转涨，上涨至 24 日 2 时过峰后继续波动退水，峰值流量为 2160m^3/s。28 日 8 时流量为 1880m^3/s。

华弹—溪洛渡区间支流均呈小幅退水态势，牛栏江小河站流量消退近 30m^3/s，其余均不足 10m^3/s。受上述来水共同影响，干流溪洛渡、向家坝水文站流量过程与华弹站基本相似，期间溪洛渡最大流量、最小流量分别为 2410m^3/s（20 日 14 时）、2040m^3/s（27

日 14 时)，28 日 8 时流量为 2070m³/s；向家坝 28 日 8 时流量为 2080m³/s。

横江（二）站受张窝电站日调度影响，流量在 50.2～350m³/s 之间规律波动，每日 20 时出现波峰，日变幅平均约为 200m³/s，28 日 8 时流量为 50.2m³/s。向家坝水文站水位受其顶托影响，波动消退，最高、最低水位分别为 267.62m（20 日 23 时）、266.86m（28 日 8 时）。

金沙江中下游重要站截流期流量过程线如图 5.21 和图 5.22 所示。

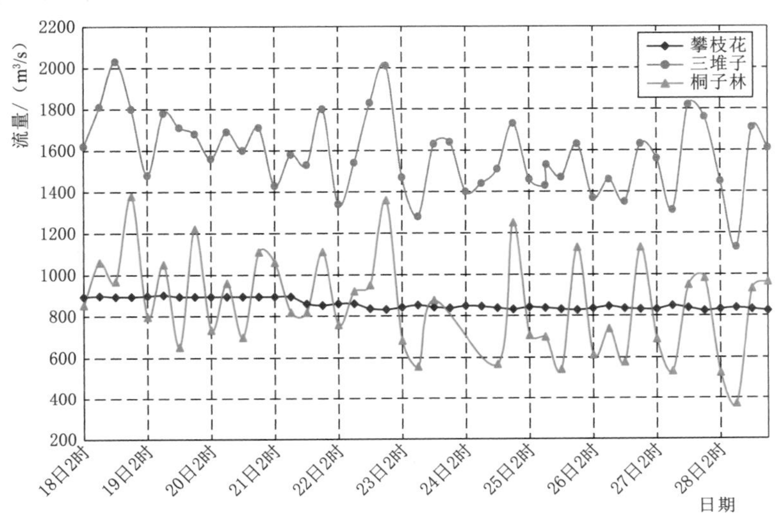

图 5.21 截流期攀枝花、三堆子、桐子林流量过程线

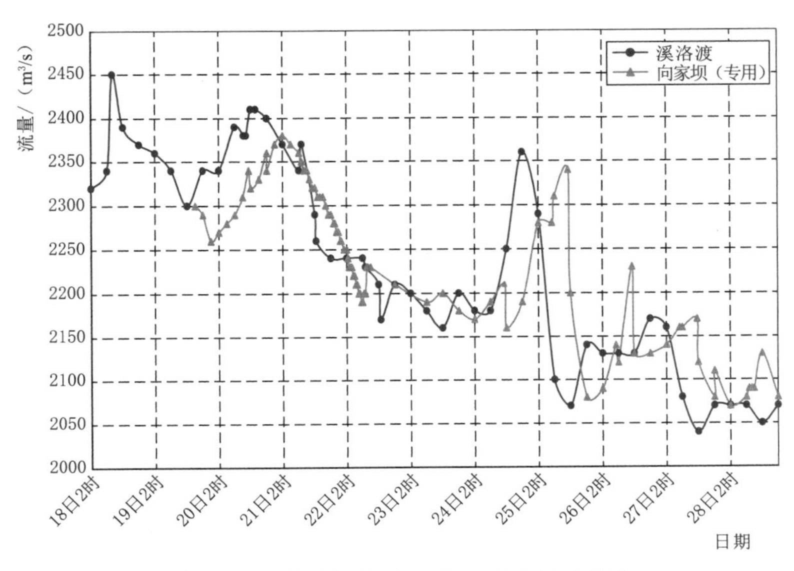

图 5.22 截流期溪洛渡、向家坝流量过程线

5. 预报实施

2008 年 12 月 18 日下午，向家坝二期上游围堰破堰过水，预示着向家坝工程截流预进占施工即将开始。得此消息后，龙口预报人员于 12 月 20 日下午赶赴工地，根据 21 日 9 时（龙口口

门宽79.1m）截流施工开始阶段性进占的进度计划，预报相关工作当晚随即展开。

为进一步了解截流断面状况、监测水尺位置等信息，预报人员于12月20日晚前往施工现场进行查勘。随着龙口水文要素监测信息的逐渐增多，预报人员及时对初编预报相关图进行了补点、修改和完善，并根据预报需要新增了相关预报方案，与此同时，龙口堰流计算等多项工作也相继展开。

12月21日18时，当龙口口门宽缩小至55.5m时，根据实测信息分析，需开展龙口水文要素预报制作，但进占历时很短，故以口门宽度的变化值为预报的发布时机，即假定龙口口门宽度从50m开始，每隔10m直至为0时发布不同龙口口门宽下相应各水文要素预报值，并对口门宽为0（合龙）时导流底孔分流比（98%）、龙口落差（2m）、戗上水位（270m）以及龙口区最大点流速（5.5m/s）做出预报。随着施工进占的不断推进和龙口水文要素监测信息增多，龙口区最大点流速变化迅速，根据预报经验和各种信息综合判断，预报员预计龙口区最大点流速将超6m/s，并立即以短信方式告知截流指挥部，依据21日23时龙口口门宽45.1m的实测信息，发布了滚动修正预报：最大流速将达6.2m/s，龙口落差2.2m，导流底孔分流比和戗上水位预报值维持不变。在此期间，共发布正式龙口水文要素滚动预报2期，口头发布或回答咨询多次。

向家坝水电站工程截流期龙口主要水文要素的预报和实测过程线对照如图5.23～图5.26所示。

6. 预报精度评定

向家坝水电站截流期共正式发布2期龙口水文要素预报（表5.14和表5.15），对导流底孔分流比、龙口落差、龙口最大流速、龙口最大平均单宽流量、龙口平均单宽功率（最大）、戗上水位（戗堤上最高水位）等预报项目均对照实测值按过程预报和极值预报分别进行误差统计和精度评定，因龙口水面宽依据其他项目计算，戗下水位为制作戗上水位时的辅助项目，堰体渗流量没有实测值，该三项的预报精度不予评定。

误差评定以相对误差的20%为标准，误差在20%内为合格（以"√"表示），超过20%为不合格（以"×"表示）。

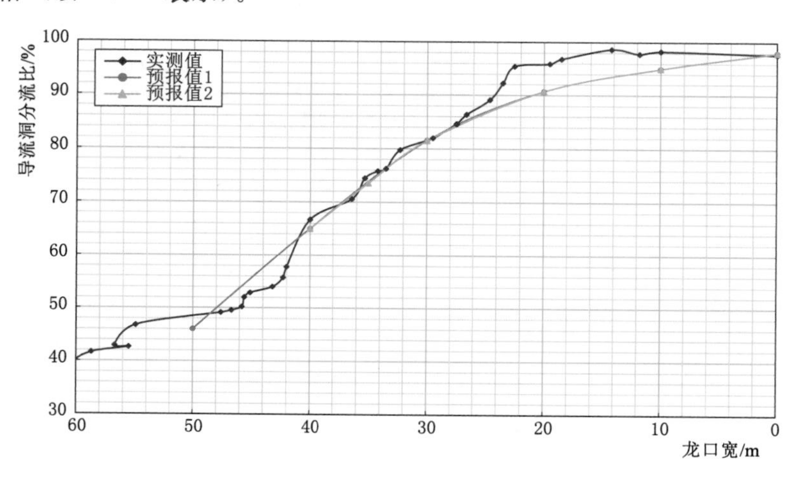

图5.23 导流洞分流比预报、实测过程

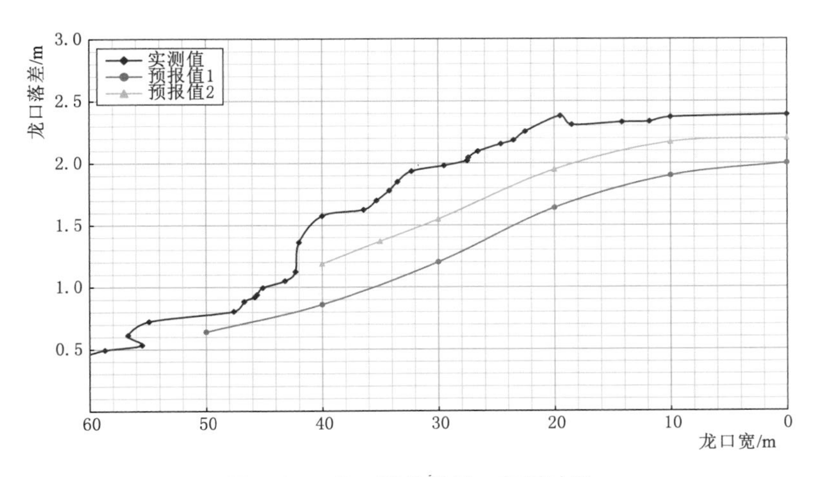

图 5.24 龙口落差预报、实测过程

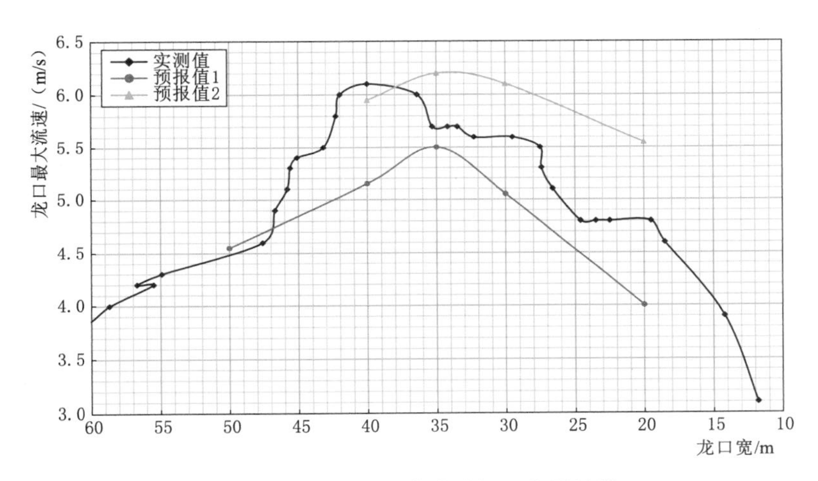

图 5.25 龙口最大流速预报、实测过程

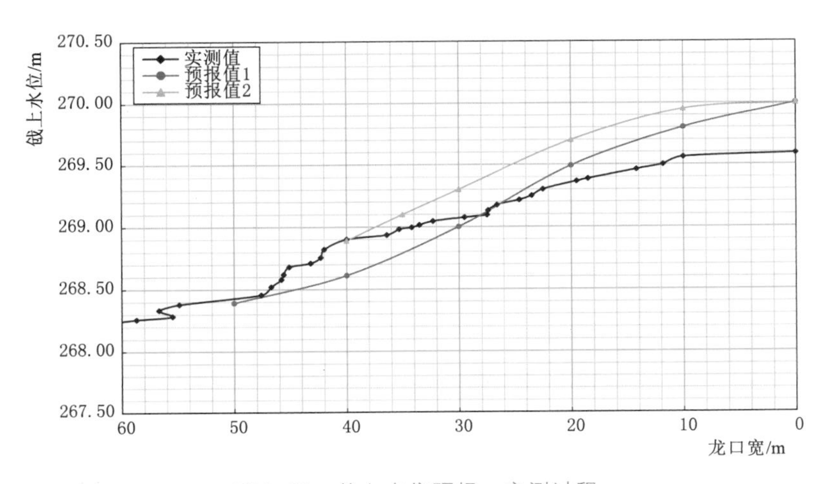

图 5.26 戗上水位预报、实测过程

（1）过程预报精度评定。参加过程预报精度评定的要素有导流洞分流比、龙口落差、龙口最大流速、龙口平均单宽功率、戗上水位等5项（表5.16和表5.17及图5.25、图5.26），分期对其评定。其中，戗上水位预报相对误差以进占时水位为依据，按预报差值除以各口门宽时戗上实测水位与进占时水位的落差值的百分数计算得到。

由表5.16可知，导流洞分流比预报相对误差最大为5.7%，平均为2.9%，全部合格，精度较高；龙口落差预报相对误差最大为45.6%，平均为28.1%，三处不合格，精度一般；龙口最大流速预报相对误差最大为16.7%，平均为9.3%，全部合格，精度较高；龙口平均单宽功率预报相对误差最大为73.6%，平均为36.9%，一处合格，三处不合格，精度较差；戗上水位预报相对误差最大为33.3%，平均为17.2%，两处不合格，精度一般。

由表5.17可知，导流洞分流比预报相对误差最大为5.3%，平均为2.3%，全部合格，精度较高；龙口落差预报相对误差最大为24.7%，平均为16.8%，三处不合格，精度一般；龙口最大流速预报相对误差最大为15.6%，平均为9.1%，全部合格，精度较高；龙口平均单宽功率预报相对误差最大为92.6%，平均为38.5%，一处合格，三处不合格，精度较差；戗上水位预报相对误差最大为26.6%，平均为19%，四处不合格，精度较差。

（2）极值预报精度评定。参加极值预报精度评定的要素有龙口最终落差、龙口最大流速、龙口最大平均单宽流量、龙口最大平均单宽功率、戗堤上最高水位等5项（表5.18）。五个项目预报相对误差有三项在20%以内，两项超20%。

备受关注的龙口最大流速相对误差为1.6%，龙口最终落差相对误差为−7.9%，龙口最大平均单宽流量相对误差为8.6%，均在10%以内，精度较高。而龙口最大平均单宽功率相对误差达到了−23.9%，其主要原因是受到龙口水面宽预测值误差偏大的影响。戗堤上最高水位绝对误差为0.41m。

龙口水文要素不同于天然河道，变化非常剧烈，取得以上精度非常不易，尤其是导流洞分流比、龙口最大流速的过程预报精度较高，极值预报大多也满足截流施工要求，在截流施工中起到了良好的参考作用。另外，12月20日龙口进占前，截流指挥部担心戗堤在合龙时的高度和稳定性尚未达到设计标准，合龙时戗上水位壅水过高，危及戗堤安全，要求戗上水位不得超过273m，为此提供了合龙时戗上壅水高度为270m左右的预测值，结果实测为269.59m，在预测值范围之内，为戗堤进占施工决策提供了准确的决策依据。

5.3.5.2　乌东德、白鹤滩水电站2018年洪水预报实践

1. 暴雨洪水过程

2018年7月，受高空槽、切变线及西南气流影响，金沙江流域发生了一次中—大雨、局地暴雨的降雨过程，持续时间长。7月1—15日，金沙江流域累计面雨量93.4mm，较30年同期均值（76.1mm）偏多22.7%，降雨主要集中在石鼓—中江干流区间、雅砻江流域、安宁河流域附近。其中，石鼓—中江区间累计面雨量为148.7mm；雅砻江流域累计面雨量为87.5mm；安宁河流域累计面雨量为161.4mm。2018年7月1—15日金沙江流域累计降雨量如图5.27所示。

表 5.14　　向家坝截流期龙口水文预报(第 1 期)

预报项目		最新实测值	预报值						备注
		口门宽 55.5m	口门宽 50m	口门宽 40m	口门宽 30m	口门宽 20m	口门宽 10m	口门宽 0m	
来水量/(m^3/s)		2300	2280	2250	2220	2200	2150	2100	
导流渠	分流量/(m^3/s)	980	1050	1460	1810	2000	2040	2060	
	分流比/%	42.6	46.0	65.0	81.5	90.7	95.0	98.0	
渗流量/(m^3/s)		—	—	—	—	—	—	40	
龙口	流量/(m^3/s)	1320	1230	790	410	200	110	0	
	落差/m	0.54	0.64	0.86	1.20	1.64	1.90	2.00	
	戗上水位/m	268.29	268.39	268.61	269.00	269.49	269.80	270.00	
	戗下水位/m	267.75	267.75	267.75	267.80	267.85	267.90	268.00	
	最大流速/(m/s)	4.20	4.55	5.15	5.05	4.00	—	—	口门宽 35m 时，最大流速为 5.5m/s
	水面宽/m	45.9	39.40	30.80	21.50	14.00	8.00	0.00	
	平均单宽流量/[m^3/(m·s)]	57.52	62.44	51.30	38.14	28.57	27.50	—	
	平均单宽功率/[t·m/(m·s)]	30.16	39.96	44.12	45.77	46.86	52.25	—	

注　1. 各项目所对应的数据均与口门宽相关，平均单宽流量按平均口门宽计算。
2. “—”表示无实测值或未达预报条件。
3. 预报依据资料时间为 2008 年 12 月 21 日 18 时，预报发布时间为 2008 年 12 月 21 日 19 时 30 分。

表 5.15 向家坝截流期龙口水文预报(第2期)

预报项目		最新实测值	预报值						备注
		口门宽 45.1m	口门宽 40m	口门宽 35m	口门宽 30m	口门宽 20m	口门宽 10m	口门宽 0m	
来水量/(m^3/s)		2270	2260	2250	2220	2200	2150	2100	
导流渠	分流量/(m^3/s)	1140	1470	1650	1810	2000	2040	2060	
	分流比/%	52.9	65.0	73.5	81.5	90.7	95.0	98.0	
渗流量/(m^3/s)		—	—	—	—	—	—	40	
龙口	流量/(m^3/s)	1070	790	600	410	200	110	0	
	落差/m	1	1.19	1.37	1.55	1.95	2.17	2.20	
	戗上水位/m	268.68	268.89	269.10	269.30	269.70	269.95	270.00	
	戗下水位/m	267.68	267.70	267.73	267.75	267.75	267.78	267.80	
	最大流速/(m/s)	5.40	5.95	6.20	6.10	5.55	—	—	
	水面宽/m	37.8	33.50	29.00	24.30	15.00	9.20	0.00	
	平均单宽流量/[m^3/(m·s)]	56.61	47.16	41.38	33.74	26.67	23.91	—	
	平均单宽功率/[t·m/(m·s)]	55.2	56.13	56.69	52.30	52.00	51.89	—	

注 1. 各项目所对应的数据均与口门宽（水面宽）相关，平均单宽流量按平均水面宽计算。
2. “—”表示无实测值或未达预报条件。
3. 预报依据资料时间为2008年12月21日23时，预报发布时间为2008年12月22日0时。

表 5.16 龙口水文要素过程预报误差评定表(第 1 期)

龙口宽/m	导流洞分流比					龙口落差					龙口最大流速					龙口平均单宽功率					戗上水位				
	实测值	预报值	绝对误差/%	相对误差/%	评定	实测值/m	预报值/m	绝对误差/%	相对误差/%	评定	实测值/(m/s)	预报值/(m/s)	绝对误差/%	相对误差/%	评定	实测值/[t·m/(s·m)]	预报值/[t·m/(s·m)]	绝对误差/%	相对误差/%	评定	实测值/m	预报值/m	绝对误差/%	相对误差/%	评定
50	48.8	46.0	−2.8	−5.7	√	0.77	0.64	−0.13	−16.9	√	4.5	4.55	0.0	1.1	√	39.2	40.0	0.8	1.9	√	268.43	268.39	−0.04	−10.5	√
40	66.7	65.0	−1.7	−2.5	√	1.58	0.86	−0.72	−45.6	×	6.1	5.15	−0.9	−15.6	√	73.3	44.1	−29.2	−39.8	×	268.89	268.61	−0.28	−33.3	×
35											5.68	5.50	−0.2	−3.2	√										
30	81.5	81.5	0.0	0.0	√	1.97	1.20	−0.77	−39.1	×	5.6	5.05	−0.6	−9.8	√	67.4	45.8	−21.6	−32.1	×	269.07	269.00	−0.07	−6.9	√
20	95.8	90.7	−5.1	−5.3	√	2.37	1.64	−0.73	−30.8	×	4.8	4.00	−0.8	−16.7	√	27.0	46.9	19.9	73.6	×	269.36	269.49	0.13	9.9	√
10	98.3	95.0	−3.3	−3.4	√	2.37	1.90	−0.47	−19.8	√							52.3				269.56	269.80	0.24	15.9	√
0	97.7	98.0	0.3	0.3	√	2.39	2.00	−0.39	−16.3	√											269.59	270.00	0.41	26.6	×
平均			2.2	2.9				0.54	28.1				0.51	9.3				17.9	36.9				0.2	17.2	

表 5.17 龙口水文要素过程预报误差评定表(第 2 期)

龙口宽/m	导流洞分流比					龙口落差					龙口最大流速					龙口平均单宽功率					戗上水位				
	实测值	预报值	绝对误差/%	相对误差/%	评定	实测值/m	预报值/m	绝对误差/%	相对误差/%	评定	实测值/(m/s)	预报值/(m/s)	绝对误差/%	相对误差/%	评定	实测值/[t·m/(s·m)]	预报值/[t·m/(s·m)]	绝对误差/%	相对误差/%	评定	实测值/m	预报值/m	绝对误差/%	相对误差/%	评定
40	66.7	65.0	−1.7	−2.5	√	1.58	1.19	−0.39	−24.7	×	6.1	6.0	−0.1	−2.5	√	73.3	56.1	−17.2	−23.4	×	268.89	268.89	0.00	0	√
35	75.2	73.5	−1.7	−2.3	√	1.73	1.37	−0.36	−20.8	×	5.7	6.2	0.5	9.2	√	67.0	56.7	−10.3	−15.4	√	268.98	269.10	0.12	12.9	√
30	81.5	81.5	0.0	0.0	√	1.97	1.55	−0.42	−21.3	×	5.6	6.1	0.5	8.9	√	67.4	52.3	−15.1	−22.4	×	269.07	269.30	0.23	22.5	×
20	95.8	90.7	−5.1	−5.3	√	2.37	1.95	−0.42	−17.7	√	4.8	5.6	0.8	15.6	√	27.0	52.0	25.0	92.6	×	269.36	269.70	0.34	26.0	×
10	98.3	95.0	−3.3	−3.4	√	2.37	2.17	−0.20	−8.4	√							51.9				269.56	269.95	0.39	25.8	×
0	97.7	98.0	0.3	0.3	√	2.39	2.20	−0.19	−7.9	√											269.59	270.00	0.41	26.6	×
平均			2.0	2.3				0.33	16.8				0.48	9.1				16.9	38.5				0.25	19.0	

表 5.18 龙口水文要素极值预报误差评定表

预报项目	实测值	预报值	绝对误差	相对误差	评定	说明
龙口最终落差	2.39m	2.2m	−0.19%	−7.9 %	√	龙口合龙未闭气
龙口最大流速	6.1m/s	6.2m/s	0.1%	1.6%	√	龙口宽 40m
龙口最大平均单宽流量	57.52m³/s	62.44m³/s	4.92%	8.6%	√	龙口宽 55.5m
龙口最大平均单宽功率	74.48t·m/(s·m)	56.69t·m/(s·m)	−17.79%	−23.9%	×	龙口宽 42m
戗堤上最高水位	269.59m	270.00m	0.41%	26.6%	×	龙口合龙未闭气水位变幅 1.54m

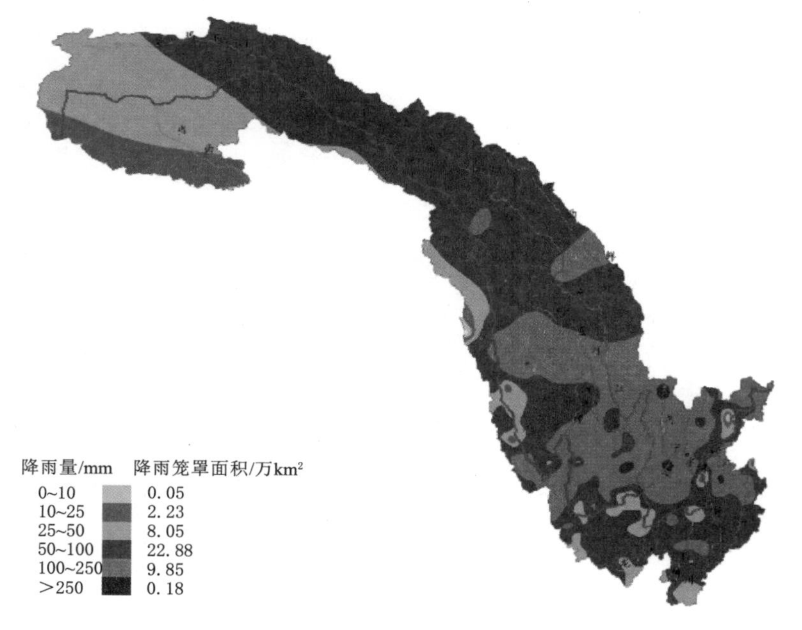

图 5.27 2018 年 7 月 1—15 日金沙江流域累计降雨量

受降雨影响，7 月以来金沙江上中游及雅砻江来水增加。7 月上中旬金沙江中游梯级水库基本按出入库平衡调度，库水位在汛限水位以上 3～8m 控制。观音岩水库 7 月上旬出库流量基本在 6500m³/s 左右波动，受上游来水增加影响，7 月 15 日 16—18 时观音岩出库流量加大至 7400m³/s 左右，攀枝花 15 日 19 时最大流量为 7900m³/s。雅砻江锦屏一级和二滩水库按照预留 20 亿 m³ 防洪库容联合调度，二滩水库自 13 日 21 时起逐级加大下泄，14 日 22 时加大至 6620m³/s 后维持，15 日 23 时出库减至 5520m³/s；期间，安宁河也出现明显涨水过程，米易站洪峰流量为 1600m³/s（15 日 0 时）；桐子林水库 14 日 22 时至 15 日 22 时出库流量在 8500m³/s 左右波动，15 日 5 时最大出库流量为 8910m³/s。受金沙江中游及雅砻江八库调度及区间降雨影响，乌东德坝址 16 日 7 时洪峰流量为 15900m³/s，白鹤滩坝址 16 日 19 时洪峰流量为 16000m³/s。7 月上中旬观音岩水库和二滩水库运行情况如图 5.28 和图 5.29 所示。

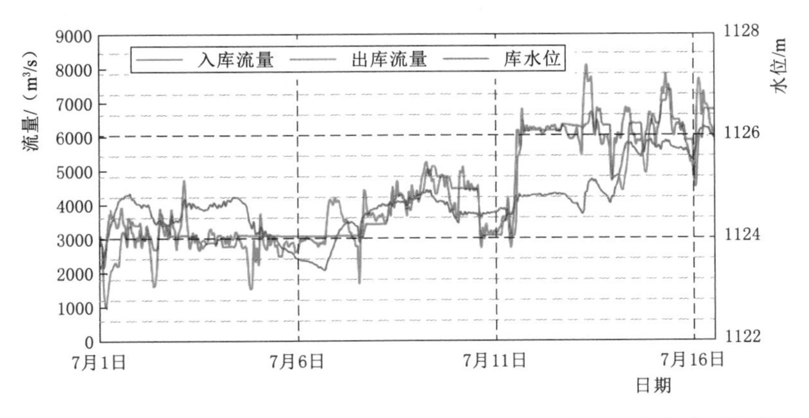

图 5.28 7月上中旬观音岩水库（金沙江）入出库流量及库水位过程线

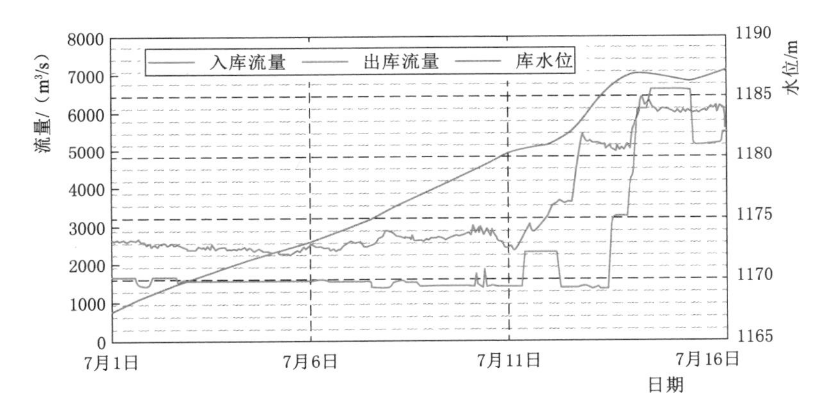

图 5.29 7月上中旬二滩水库（雅砻江）入出库流量及库水位过程线

2. 洪水特点

（1）洪峰流量大。随着金沙江中游、雅砻江梯级水库逐步建成投产，近年来乌东德、白鹤滩年最大洪峰流量明显偏小。本次洪水过程中，乌东德、白鹤滩坝址洪峰流量分别为 15900m³/s（16 日 7 时）、16000m³/s（16 日 19 时），较历史均值分别偏大 12.6%、3.7%，为 2013 年以来最大洪水。

（2）上游水库泄洪影响显著。本次洪水期间，金沙江中游梯级和雅砻江梯级水库进行了拦洪调度，对乌东德、白鹤滩站年洪峰流量影响较为显著。其中锦屏一级水库最大入库流量为 5480m³/s，最大出库流量为 4820m³/s，削峰率为 12.0%；观音岩水库最大入库流量为 8100m³/s，最大出库流量为 7390m³/s，削峰率为 8.8%。

水库在发挥拦洪效益的同时，也给洪水预报工作带来了一定的困难。由于上游水库距乌东德坝址距离较近，传播时间较短，水库闸门操作改变了下泄流量过程，与天然洪水有明显差异，进而改变了洪水波传播规律，导致传播时间和坦化特性发生变化。

3. 洪水预报情况

鉴于本次洪水主要是由上游水库加大下泄造峰，故采用次涨差法进行洪水预报，同时考虑了区间降雨径流对洪水过程成的影响。

依据12日8时流域水雨情实况，考虑上游水库泄洪实况及后期调度计划及预见期降雨，预计乌东德、白鹤滩坝址流量将快速增加，乌东德13日2时将涨至9600m³/s左右（实况：9520m³/s），白鹤滩13日8时将涨至9300m³/s（实况：9250m³/s），两坝区沿线水位涨幅为5.0～6.0m左右。

依据13日20时流域水雨情实况，考虑上游水库泄洪实况及后期调度计划及预见期降雨，预计14日14时前后乌东德坝址流量将超过10000m³/s（实况：14日13时10200m³/s），15日凌晨将涨至最大流量13000～14000m³/s。

依据14日20时流域水雨情实况，考虑上游水库泄洪实况及后期调度计划及预见期降雨，14日23时11分发布乌东德洪水蓝色预警，预计15日12时前后将涨至14500m³/s（实况：15日13时14500m³/s）；15日0时20分发布乌东德重要水情提示，预计15日15时前后坝址最大流量15000～16000m³/s（实况：15日14时38分14900m³/s）；15日0时20分发布白鹤滩重要水情提示，预计16日凌晨坝址最大流量15000～16000m³/s（实况：16日8时15300m³/s）。

依据15日8时流域水雨情实况，考虑上游水库泄洪实况及后期调度计划及预见期降雨，15日14时40分发布乌东德重要水情提示，预计16日凌晨最大涨至15300m³/s左右（实况：16日7时15900m³/s）。

依据16日8时流域水雨情实况，考虑上游水库泄洪实况及后期调度计划及预见期降雨，预计16日20时白鹤滩流量16000m³/s（实况：16日19时16000m³/s）。

16日19时乌东德坝址流量已退至14100m³/s，分析研断后期将继续消退，于16日19时37分解除乌东德洪水蓝色预警。以本次过程中乌东德、白鹤滩坝址流量预报为例（图5.30、图5.31），说明预报效果。

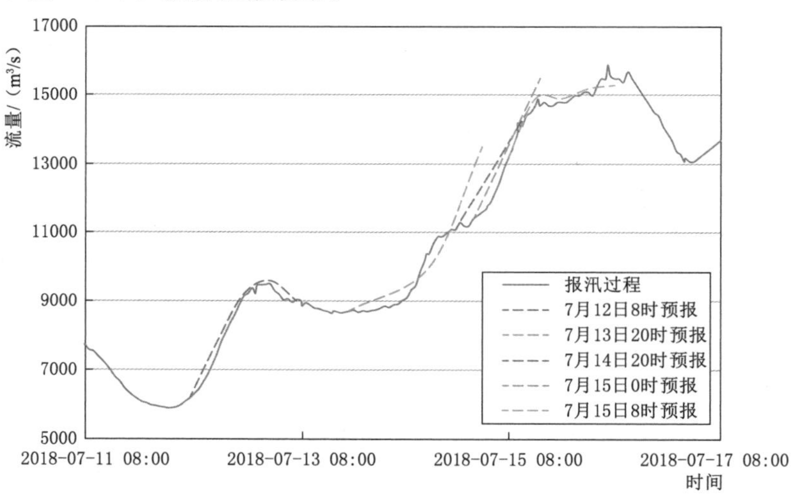

图5.30　乌东德坝址7月16日涨水过程实况与预报对比图

本次洪水过程预报，提前30h预测两坝区将发生13000m³/s以上量级洪水，特别是提前13h发布乌东德洪水蓝色预警，提前12～24h预测两坝区将发生16000m³/s量级洪

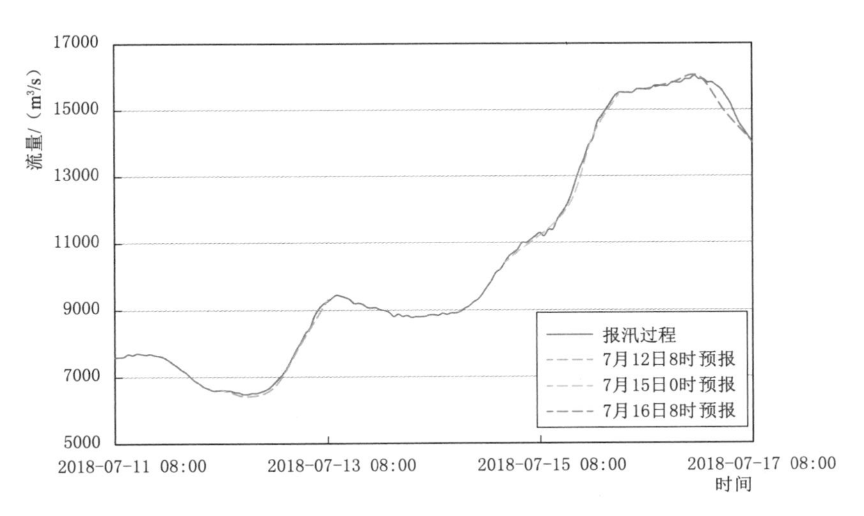

图 5.31 白鹤滩坝址 7 月 16 日涨水过程实况与预报对比图

水，准确预报出本次洪峰的峰现时间和量级，为工程防洪应急处置争取了宝贵时间，有效保障了乌东德、白鹤滩工程施工安全。

5.3.5.3 乌东德、白鹤滩水电站 2020 年洪水预报实践

1. 暴雨洪水过程

（1）雨情。8 月 12—13 日，受高空槽、切变线和冷空气影响，金沙江中下游自北向南有中—大雨、局地暴雨的降雨过程，其中 12 日，金沙江中下游大部地区有中—大雨、局地暴雨，日雨量以安宁河的矮郎站 60mm 最大；13 日，以上地区仍有中—大雨、局地暴雨，日雨量以乌白区间的淌塘站 60mm 最大。

8 月 16—18 日，受高空槽、切边线和冷空气影响，金沙江中下游自北向南有大—暴雨的降雨过程，是 8 月降雨强度最大的一次过程，其中 16 日，金沙江中下游大部地区有中—大雨，雅砻江、安宁河、黑水河有大范围大—暴雨，日雨量以安宁河的益门站 108mm 最大、锦川站 89mm 次之；17 日，流域内仍有大范围中—大雨，攀枝花以上及蜻蛉河有大范围大—暴雨，日雨量以蜻蛉河的凤屯站 107mm 最大，石金区间的北衙站 95mm 次之；18 日，以上地区仍有大—暴雨，日雨量以石鼓—金安桥水电站之间的战河站 87mm 最大，金安桥—攀枝花水电站之间的上拉姑站 83mm 次之。8 月 1—26 日金沙江降雨实况如图 5.32 所示。

（2）水情。金沙江上游石鼓站 8 月中旬受上游来水增加影响流量涨势加快，月最大流量为 5310m^3/s（18 日）；中旬受连续强降雨影响，上游雅砻江梯级水库相继泄洪，安宁河米易站出现三次洪峰流量超过 1000m^3/s 洪水过程，8 月桐子林水库日均最大出库流量为 7960m^3/s（20 日）；金沙江三堆子水文站在中旬末出现 2 次洪峰，洪峰流量分别为 12200m^3/s（18 日 6 时）、17900m^3/s（20 日 9 时 10 分）。

自 8 月 16—18 日起，受强降雨影响，上游来水快速增加，金沙江干流观音岩最大入库流量为 10600m^3/s（19 日 15 时），最大出库流量为 8890m^3/s（19 日 17 时），雅砻江二滩最大入库流量为 7600m^3/s（19 日 23 时），最大出库流量为 7710m^3/s（19 日 21 时），

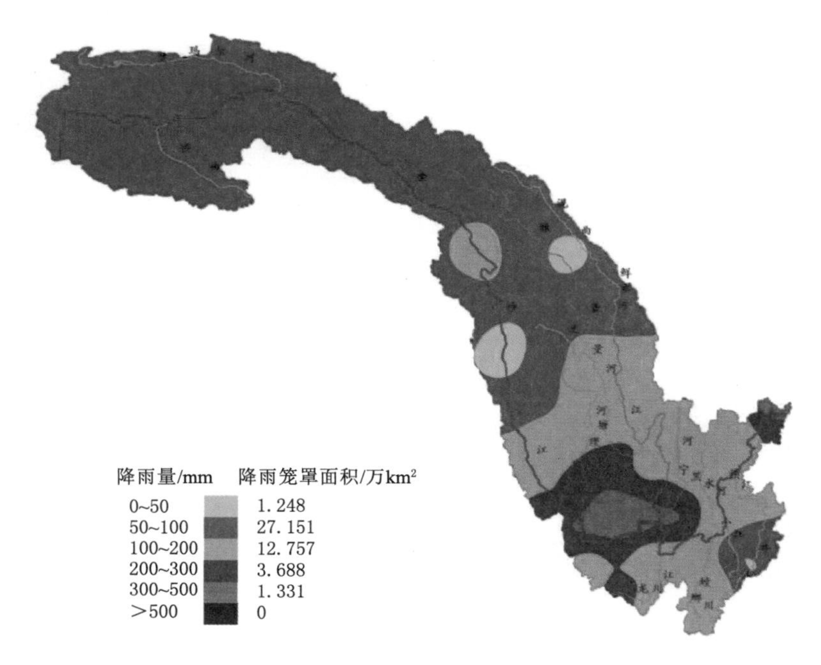

图 5.32 8月1—26日金沙江降雨实况图

20日10时，乌东德出现最大入库流量为18500m³/s，为乌东德自2011年筹建以来最大洪峰流量，期间，乌东德最大出库流量为（以乌东德水文站为准）16100m³/s（20日21时），削峰率达13%。

2. 洪水分析

（1）洪峰特征。统计8月20日洪水期间白鹤滩坝址以上主要干支流控制站洪峰特征，见表5.19。由表5.19可知，金沙江上游石鼓站洪峰流量为5310m³/s，历年排位第29位（统计资料81年），基本处于中等偏前水平；金沙江中游控制站攀枝花洪峰流量为9060m³/s，历年排位第9位（统计资料56年）；雅砻江出口控制站桐子林洪峰流量为9850m³/s，历年排位第5位（统计资料17年）；攀枝花、桐子林来水遭遇形成三堆子站洪峰，洪峰流量为17900m³/s，历年排位第1位（统计资料14年）；由三堆子站洪水演进并叠加区间来水，乌东德最大入库流量为18500m³/s，历年排位第2位（统计资料18年），也是2011年乌东德水电站筹建以来最大洪峰流量；经乌东德水库拦洪削峰后，白鹤滩（六城）洪峰流量为17000m³/s，历年排位第7位（统计资料23年）。

（2）水库群联合调度分析。由前述还原与实况洪水过程对比可知，上游水库群基本在峰前拦蓄削减了总水量，尤其8月18—19日乌东德、白鹤滩来水削减明显，水库拦蓄对洪峰削减程度有限，削减过程和时机与长江流域整体防洪形势有关。

8月中旬起，长江上游嘉岷流域发生集中性强降雨，上游干支流洪水暴发，多条支流发生超保证及以上洪水，来水恶劣遭遇。在长江上游防洪压力大、水库群可用库容有限、中下游高水位维持的情况下，长江流域整体防洪形势不容乐观。

表 5.19　　8月20日洪水主要控制站洪峰特征统计

流域	站名	洪峰流量/(m^3/s)	峰现时间	历史排序	统计时段
金沙江	石鼓	5310	8月18日21时	29	1939—2019年
	攀枝花	9060	8月20日0时	9	1965—2019年
	三堆子	17900	8月20日9时10分	1	2006—2019年
	乌东德入库	18500	8月20日10时	2	2003—2019年
	白鹤滩（六城）	17000	8月21日4时	7	1998—2019年
雅砻江	桐子林	9850	8月19日21时	5	1999—2014年

注　1. 洪峰流量为报汛值。
2. 本次统计不包括9月中旬过程。
3. 历史排序按年最大流量从大到小排列。

结合水文气象预报，为统筹流域防洪安全，减轻川渝河段防洪压力、减少三峡库区入库水量，开展上中游水库群联合防洪调度。考虑洪水传播时间，对各水库拦蓄时机和可用库容进行优化统筹，乌东德水库首次蓄水期间便承担了防洪任务，有效拦蓄了近5亿m^3洪量。5号洪水期间，金沙江各梯级水库通过联合拦蓄，将金沙江洪水削峰三四成，避免了金沙江洪水与川江洪水遭遇叠加，有效降低了川渝河段洪峰水位3m左右，显著减轻了川渝河段和三峡库尾的防洪压力。

3. 洪水预报情况

整个洪水涨落过程为8月16—22日，考虑上游水库至乌东德入库传播时间缩短至5～7h，乌东德泄流设施调整对白鹤滩来水传播时间缩短为7～9h，主要分析本次洪水期间预见期12h的乌东德入库流量、库水位、白鹤滩流量及两个库区洪峰流量的预报精度，白鹤滩预见期24h预报精度受乌东德闸门临时调整影响。

（1）乌东德水电站。绘制8月16—21日每日8时预报与实况过程对比图（图5.33和图5.34），由图可知，除8月18日20时预报值受上游水库临时加大出库偏差较大之外，整个洪水期间，入库流量及库水位预报过程与实况基本吻合，预见期12h入库流量、库水位预报平均误差分别为3.6%、0.13m。

根据上游水库泄洪计划临时调整，8月19日8时预报19日20时入库流量最大为18000m^3/s左右，8月20日8时预报20日14时前后入库洪峰流量为18500m^3/s，实况反推20日10时最大入库流量为18500m^3/s，且8月20日0—15时入库流量均在18000m^3/s以上。本次预报提前26h确定本次过程洪峰，洪峰流量误差2.7%，提前2h准确预报入库洪峰流量。本次洪水期间，乌东德结合蓄水配合长江流域水库群进行拦洪错峰，精准的来水预报为控制蓄水进程提供了技术支撑。

（2）白鹤滩水电站。白鹤滩来水过程主要受乌东德水库蓄泄变化影响，乌东德出库临时调整主要影响24h预报精度，预见期12h预报精度一般较高。

白鹤滩（六城）水文站水位流量关系外延未经验证，本次在流量大于14000m^3/s时水位流量关系明显右偏、流量偏大，根据上游各站流量变化实时跟踪校正六城流量数据，在实况、预报发布时采用校正后数据。

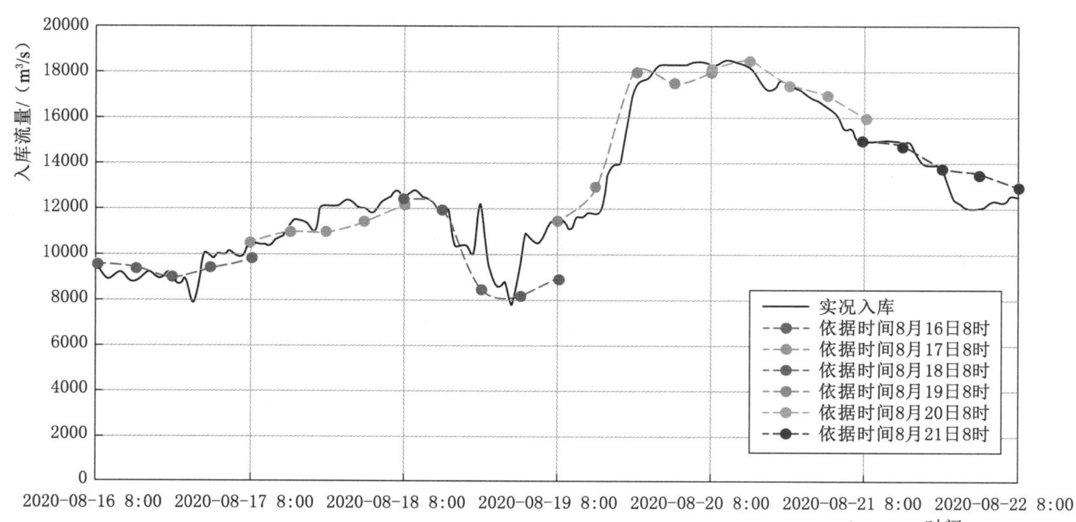

图5.33 乌东德水电站8月16—21日逐日入库流量预报过程对比

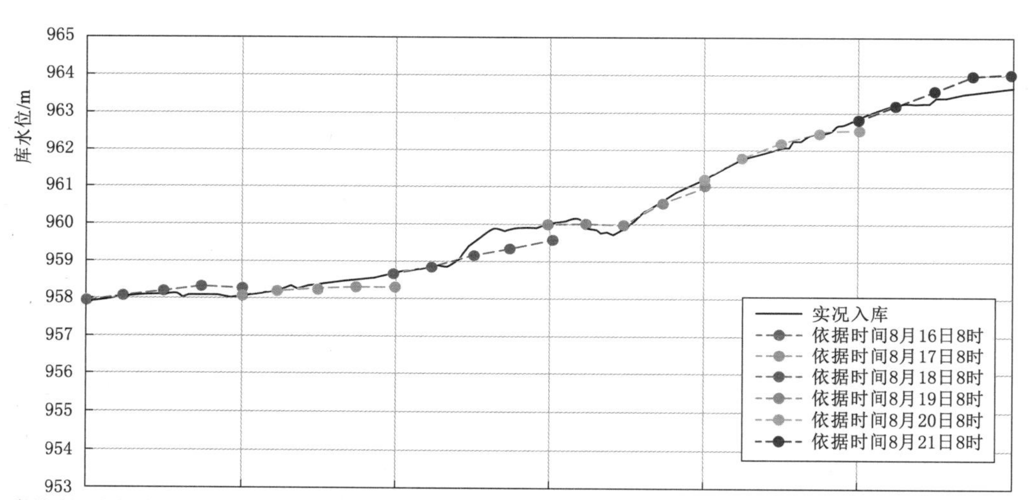

图5.34 乌东德水电站8月16—21日逐日库水位预报过程对比

绘制8月16—21日每日8时预报与实况过程对比图（图5.35），由图可知，整个洪水期间，坝址来水过程与实况基本吻合，预见期12h、24h流量预报平均误差分别为1.8%、4.0%（去除8月18日乌东德临时调整闸门对19日8时预报影响）。

8月18日晚，乌东德水电站来水快速增加，结合蓄水、拦洪任务实时调整中孔、泄洪洞启闭操作，8月18—21日操作见表5.20。根据乌东德工程建设部确定的泄流设施调度方案及区间来水过程制作白鹤滩坝址来水预报。8月19日8时发布预报：20日8时来水将涨至16000m³/s左右，此后将维持或继续上涨；8月20日8时发布预报显示，8月21日2—8时，白鹤滩坝址流量将涨至16800m³/s左右波动；8月21

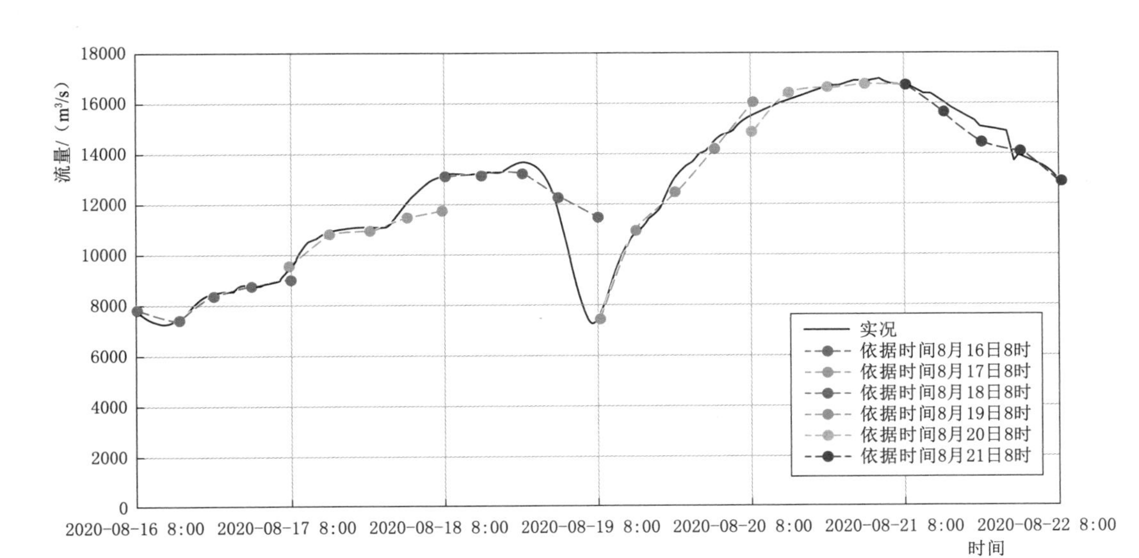

图 5.35 白鹤滩水电站 8 月 16—21 日逐日来水预报过程对比

日 8 时预报来水将转退，实况 8 月 21 日 4 时白鹤滩坝址洪峰流量 17000m^3/s。本次预报提前 2d 确定洪峰量级将超 16000m^3/s，提前 1d 确定洪峰流量及峰现时间，洪峰流量误差 1.2%，峰现时间误差在 2h 左右。本次洪水过程，及时沟通确认了乌东德调度计划，准确预报了洪峰量级和峰现时间，为保障白鹤滩坝区施工期度汛安全提供了技术支撑。

表 5.20 乌东德水电站 8 月 18—21 日闸门启闭操作

时间	闸门启闭情况	过流状态	下游水情
2020-08-18 13 时 30 分	关 6 号中孔	5 个中孔、4 台机组	总下泄 10200m^3/s，尾水稳定后 831.8m
2020-08-18 17 时 5 分	关 1 号、3 号、4 号中孔	2 个中孔、4 台机组、5 个表孔	总下泄 5600m^3/s
2020-08-18 19 时 25 分	关 5 号中孔	1 个中孔、4 台机组、5 个表孔	总下泄 4300m^3/s
2020-08-18 21 时	开 5 号中孔	2 个中孔、4 台机组、5 个表孔	总下泄 5700m^3/s
2020-08-18 22 时	开 4 号中孔	3 个中孔、4 台机组、5 个表孔	总下泄 7400m^3/s
2020-08-18 23 时	开 6 号中孔	4 个中孔、4 台机组、5 个表孔	总下泄 8900m^3/s
2020-08-19 0 时	开 3 号中孔	5 个中孔、4 台机组、5 个表孔	总下泄 10300m^3/s，尾水稳定后 832.3m
2020-08-19 8 时 35 分	开 1 号中孔	6 个中孔、4 台机组、5 个表孔	总下泄 11800m^3/s，尾水稳定后 834.2m
2020-08-19 13 时	2 号泄洪洞全开	1 个泄洪洞、6 个中孔、4 台机组、5 个表孔	总下泄 15200m^3/s，尾水稳定后 838.3m
2020-08-19 18 时 20 分	关 1 号中孔	1 个泄洪洞、5 个中孔、4 台机组、5 个表孔	总下泄 13700m^3/s，尾水稳定后 836.1m

续表

时间	闸门启闭情况	过流状态	下游水情
2020-08-19 23 时	开 1 号中孔	1 个泄洪洞、6 个中孔、4 台机组、5 个表孔	总下泄 15200m³/s，尾水稳定后 837m
2020-08-20 21 时 15 分	关 1 号中孔	1 个泄洪洞、5 个中孔、4 台机组、5 个表孔	总下泄 14700m³/s，尾水稳定后 836.2m
2020-08-21 4 时	关 6 号中孔	1 个泄洪洞、4 个中孔、4 台机组、5 个表孔	总下泄 13300m³/s，尾水稳定后 834.5m
2020-08-21 15 时 52 分	开 6 号中孔		
2020-08-21 16 时	关 2 号泄洪洞		
2020-08-21 16 时 14 分	开 1 号中孔	6 个中孔、4 台机组、5 个表孔	总下泄 13000m³/s，尾水稳定后 834.3m
2020-08-21 19 时 30 分	关 1 号中孔	5 个中孔、4 台机组、5 个表孔	总下泄 11500m³/s，尾水稳定后 833.2m

5.3.5.4　泄洪建筑物泄流能力曲线校核

1. 乌东德水电站中孔泄流曲线校核

水利水电工程永久泄洪建筑物的泄流曲线是入库流量反推计算方案和调洪计算方案的重要部分，其可靠性对入库流量、坝前水位以及下泄流量的预报分析均会带来直接影响。因此在构建相关计算方案及预测分析过程中，需根据已收集整理的和下闸蓄水过程中的实测资料，对通过物模、数模或经验获得的设计曲线进行对比分析调整，以提高预报分析成果的精度。

以乌东德水电站为例，选取 2020 年 1—9 月期间不同蓄水阶段实测资料，分阶段复核乌东德水电站中孔泄流能力曲线。

（1）第一阶段蓄水（天然水位至 895m）。2020 年 1 月 19 日 17 时 30 分，乌东德水电站坝前水位涨至 885m，坝体中孔开始过流。1 月 20 日 7 时 30 分左右，二道坝水垫塘、下围堰基坑充水完成，坝体中孔下泄流量宣泄至下游河道；8 时 41 分，5 号导流洞弧形闸门顺利下闸到位，此后，乌东德水电站来水仅通过坝体中孔敞泄至下游河道。

选取 5 号导流洞弧形闸门下闸后，中孔独立过流至 1 月 31 日 20 时之间的时段，以坝下乌东德水文站报汛流量为基准，用时段内中孔泄流曲线计算的出库流量与水文站报汛流量进行逐时段对比，分析乌东德坝体中孔泄流曲线。将只有中孔过流时的乌东德水文站报汛流量和实测流量，结合同时刻坝前水位点，点绘在水位流量关系图中，并与中孔泄流曲线进行对比（图 5.36）。

由图 5.36 可知，中孔独立过流后，中孔泄流曲线查算出的下泄流量比同时刻乌东德水文站的报汛流量、实测流量都偏小。当坝前水位在 892m 时，泄流曲线较报汛点偏小 23%左右，当坝前水位在 893m 时，泄流曲线较报汛点偏小 30%左右，当坝前水位在 894m 时，泄流曲线较报汛点偏小 31%左右，当坝前水位在 895m 时，泄流曲线较报汛点偏小 29%左右。

（2）第二阶段蓄水（895～945m）。以乌东德（二）水文站报汛流量作为实际出库流量，实时跟踪分析不同库水位条件下的中孔设计泄流能力，结果如图 5.37 所示。

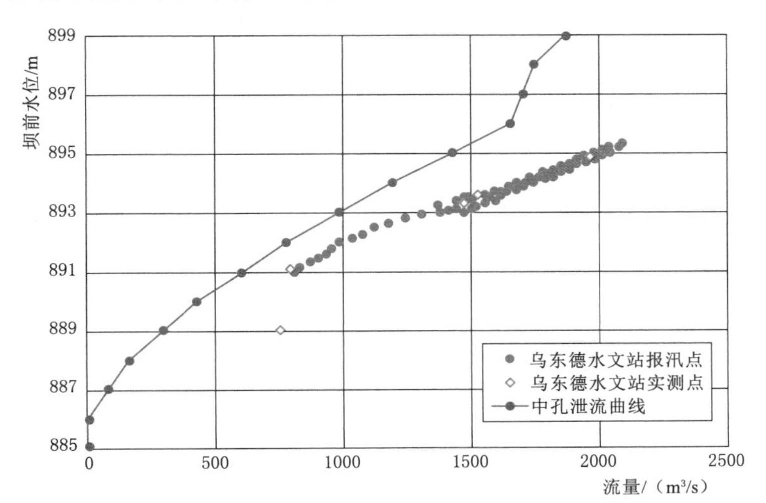

图 5.36 乌东德水电站库水位 890～895m 时中孔过流实际与设计曲线对比

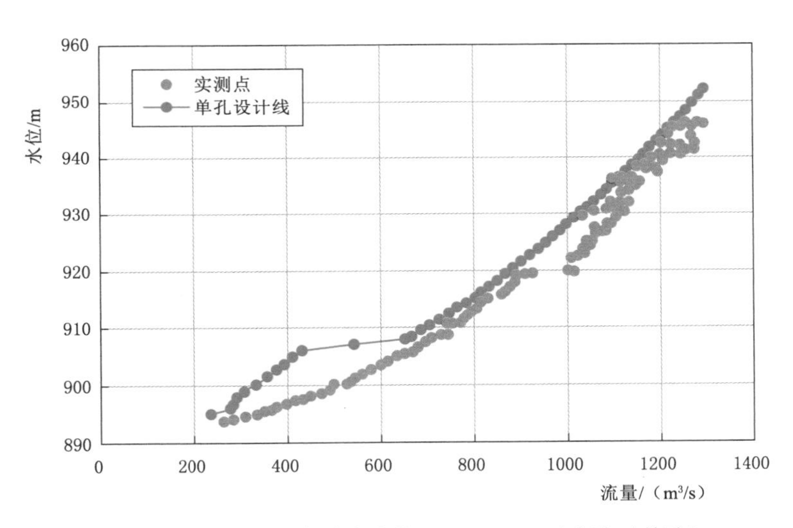

图 5.37 乌东德水电站库水位 895～945m 时中孔（单孔）过流实际与设计泄流曲线对比

由图 5.37 可知，乌东德水电站 2020 年 4 月 1 日 0 时至 6 月 5 日 0 时蓄水期间（库水位 895.14～945.4m），通过中孔泄流曲线计算的出库流量与乌东德水文站报汛流量相比总体偏小，逐时段流量绝对偏差的绝对值的均值为 220m^3/s，期间时段流量相对偏差的绝对值的均值为 12.2%。可以看出，库水位相同情况下，中孔设计泄流能力较实际泄流量存在一定的偏差，即在库水位相同的情况下，设计线查算得到的下泄流量小于复核后的泄流曲线。库水位在 908m 以下时，设计线较复核线最大偏差达到 36.65%，对应的流量偏差为 179m^3/s；库水位在 908～920m 时，设计线较复核线最大偏差达到 8.57%，对应的流量偏差为 66m³/s；库水位在 920～927m 时，设计线较复核线最大偏差达到 12.49%，对应的流量偏差为 126m³/s；库水位在 927m 以上时，设计线较复核线最大偏差达到 9.71%，对应的流量偏差为 106m³/s。

（3）第三阶段蓄水（945～965m）。乌东德大坝设有 6 个中孔，本次蓄水中 6 个中孔均有开启，且 1～6 个中孔过流均有涉及。当库水位高于 960m 时，乌东德 5 个表孔开始敞泄，因此，根据库水位划分 945～960m、960～965m 两个水位级分别分析。扣除同时刻乌东德发电流量后，按此整理 1～6 个中孔过流时乌东德（二）水文站监测流量及同时刻乌东德库水位的相关关系，实测点据分别如图 5.38 和图 5.39 所示。

由图 5.38 可知，945～960m 蓄水期间，单孔、双孔过流资料较少，主要以 3～6 孔过流为主，由 3～6 孔实测点与设计线对比可知，实况下泄量较设计线明显偏大。960～965m 蓄水期间，由于 960m 蓄水至 965m 仅历时 4d，积累资料有限，水位达到 965m 后为观察期，维持时间较长（3 个多月），不同开孔时泄流资料较全，由图 5.41 可知，当库水位在 965m 时，单个中孔下泄流量在 1520m³/s 左右，较设计线偏大 6.4%左右。

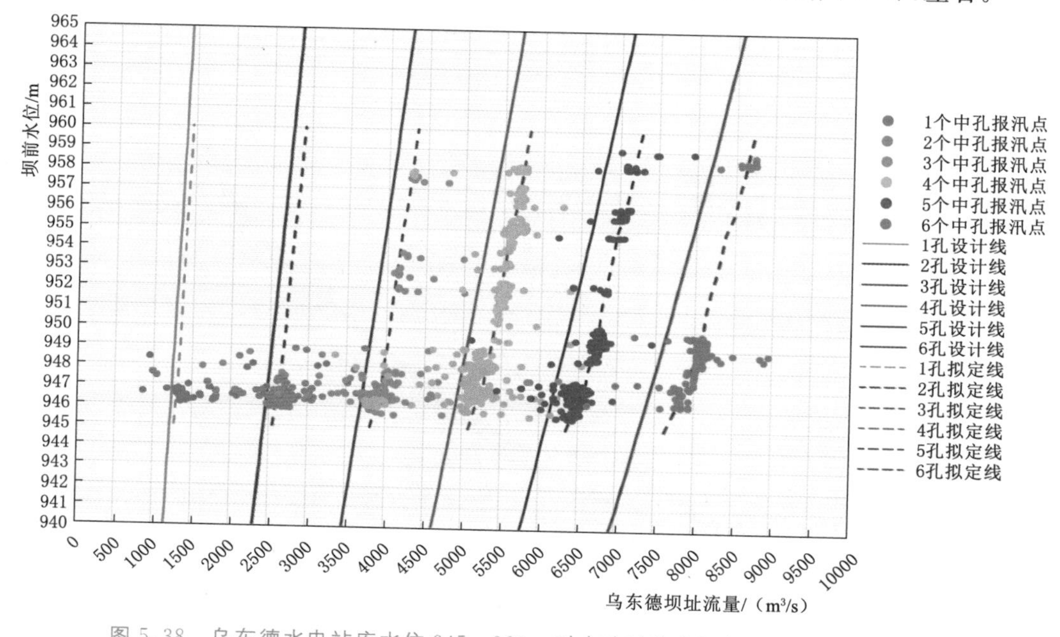

图 5.38 乌东德水电站库水位 945～960m 时中孔过流实际与设计泄流曲线对比

2. 白鹤滩水电站表孔和深孔泄流曲线校核

2021 年 9 月 22 日 8 时 25 分，白鹤滩水电站库水位涨至 810.02m，大坝表孔首次过流，9 月 30 日 18 时库水位蓄至 2021 年最高水位 816.62m，此后水位消落，11 月 2 日 3 时 25 分退至 810m 以下。

根据白鹤滩水电站大坝泄洪建筑物布置情况可知，坝体 6 个表孔堰顶高程均为 810.0m。2021 年 9 月 22 日至 11 月 2 日期间，白鹤滩水电站库水位在 810m 以上，大坝 6 个表孔敞泄过流，7 个深孔根据需要间断过流。根据 800～816.62m 蓄水期间的水库运行资料和下游白鹤滩水文站流量监测情况，整理期间表孔、深孔过流资料，建立表孔、深孔

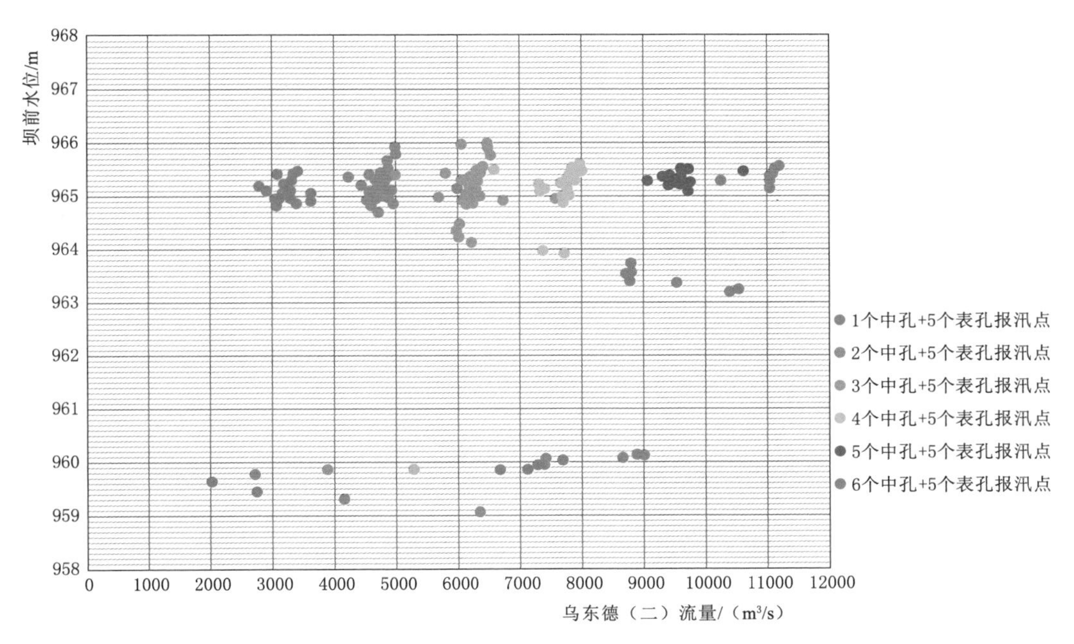

图 5.39 乌东德水电站库水位 960～965m 时中孔过流实际与设计泄流曲线对比

下泄流量与白鹤滩库水位的相关关系，并与设计线进行校核对比分析差异，以期更好地为白鹤滩库水位、下泄流量预报提高精度、为水库运行、合理计算水量变化提供参考。

选取 9 月 22 日至 11 月 2 日期间白鹤滩库水位、机组发电流量、白鹤滩水文站流量等实况数据，根据白鹤滩大坝表孔、深孔实际运行方式，分析通过表孔、深孔下泄的流量，建立同时刻白鹤滩库水位的水位流量关系，并与设计泄流曲线进行对比（图 5.40）。

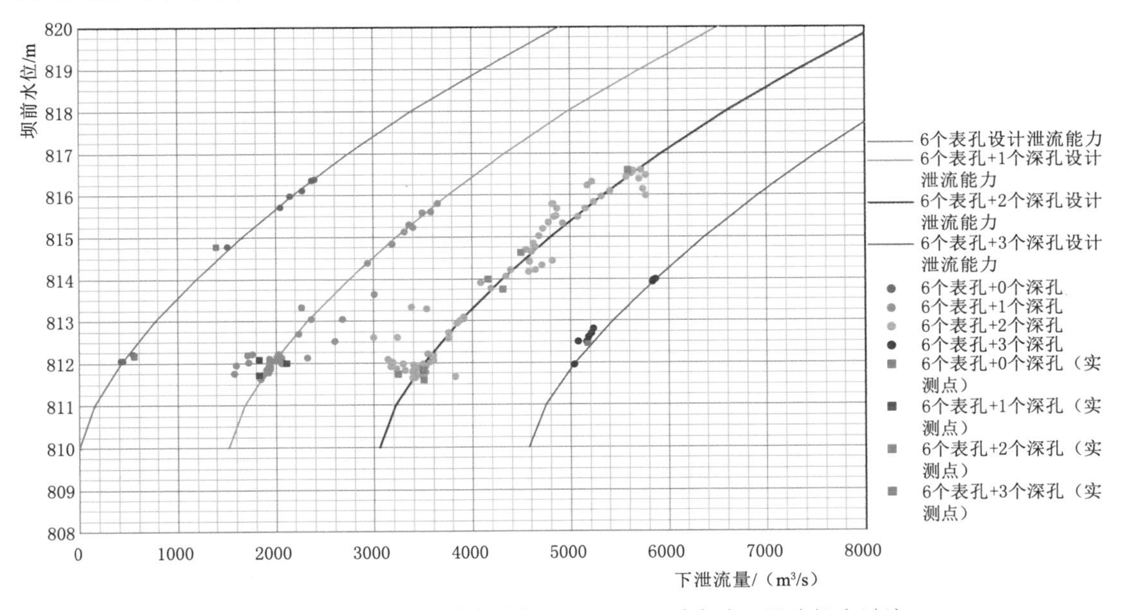

图 5.40 白鹤滩水电站库水位 810～820m 时表孔、深孔组合过流实际与设计泄流曲线对比

由图 5.40 可知，白鹤滩水电站库水位为 810～817m 时，大坝表孔、深孔组合泄流情况较多，可分不同情况对大坝泄流能力曲线进行复核分析：①当大坝仅通过 6 个表孔敞泄时，监测数据基本与设计泄流能力曲线重合，可认为库水位为 810～817m 时，大坝表孔泄流能力与设计泄流能力基本一致，可用于白鹤滩坝前水位分析及预报调算；②当大坝通过 6 个表孔与 1 个、2 个、3 个深孔呈现不同组合方式进行下泄时，监测数据与表孔、深孔设计泄流能力叠加后的泄流能力曲线基本重合，可认为库水位为 810～817m 时，大坝深孔泄流能力与设计泄流能力基本一致，可用于白鹤滩坝前水位分析及预报调算。

由于本阶段下游溪洛渡水电站库水位基本在 589m 以上，对白鹤滩水文站的水位有一定顶托影响，且期间水文站实测流量点据偏少，大坝表孔、深孔泄流能力复核结果供参考，待监测资料进一步累积后需对复核结果进行补充更新。

5.3.5.5　乌东德水电站库区移民断面水位预报

乌东德水电站自 2020 年 1 月开始下闸蓄水，随着库区水位抬升，库区多个移民断面的水位预报方案也发生了变化。

1. 龙街站

龙街站设于乌东德坝前 107.6km，位于云南省元谋县江边乡江边村，是国家基本水位站。乌东德蓄水前水位、流量报汛，蓄水后回水到达该站流量失真仅水位报汛，报汛测站基面为吴淞基面。

分析乌东德水电站初期蓄水以来坝前水位（以下称“海子尾巴”）站与龙街站水位变化关系（图 5.41）可知，当坝前水位达到 920m 以上时，回水到达龙街站，此时龙街站水位在 930m 左右，此后随坝前水位上涨同步上涨。

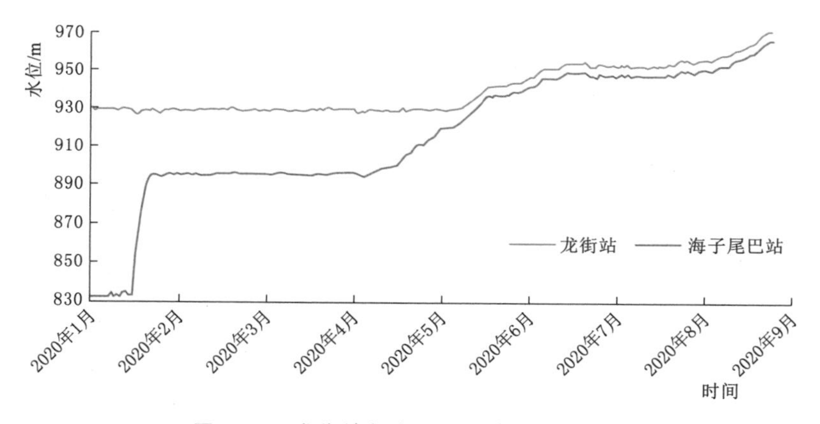

图 5.41　龙街站与海子尾巴站水位过程线

根据回水影响，建立龙街站 930m 以上时与海子尾巴站同时刻水位的相关关系（图 5.42）。由图可知，龙街站与海子尾巴站的水位相关性较好，基本呈明显的线性相关关系，以海子尾巴站水位为主变量，拟合相关关系如下式，其中水位为各站报汛水位，不考虑基面换算。

$$H_{龙街,t}=0.9954H_{海子尾巴,t}+9.4095$$

若同时刻比较，龙街站水位较海子尾巴站水位偏高 5m 左右，随海子尾巴站水位上涨，两站同时水位落差小幅降低。

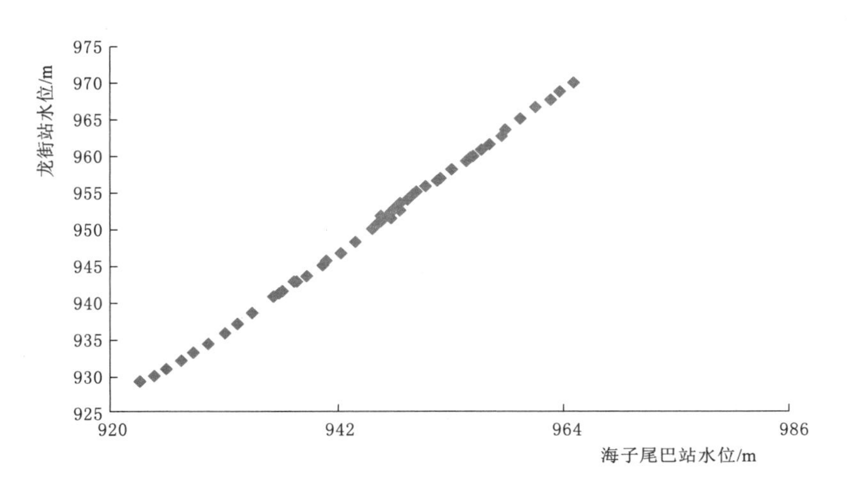

图 5.42 龙街站与海子尾巴站同时水位相关图

2. 热水塘站

热水塘站位于乌东德坝前 63.2km，是新建库区水位报汛站，从 2020 年 1 月 10 日 0 时起接收水位报汛数据。

分析乌东德水电站初期蓄水以来坝前水位站与热水塘站水位变化关系（图 5.43）可知，当坝前水位达到 890～893m 时，回水到达热水塘站，此后随坝前水位上涨同步上涨。

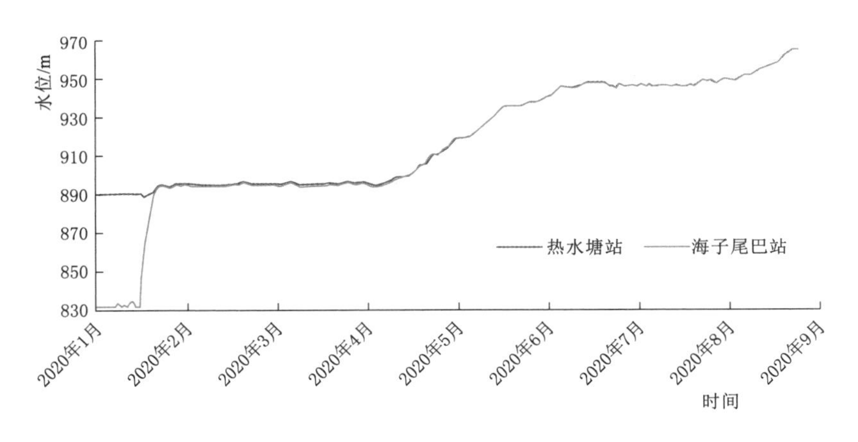

图 5.43 热水塘站与海子尾巴站水位过程线

根据回水影响，建立热水塘站 890m 以上时与海子尾巴站同时刻水位的相关关系（图 5.44）。由图可知，热水塘站水位与海子尾巴站水位相关性较好，呈明显的线性相关关系，以海子尾巴站水位为主变量，拟合相关关系如下式，其中水位为各站报汛水位，不考虑基面换算。

$$H_{热水塘,t}=1.0004H_{海子尾巴,t}-0.2507$$

若同时刻比较，热水塘站水位较海子尾巴站水位偏高0.1m左右。

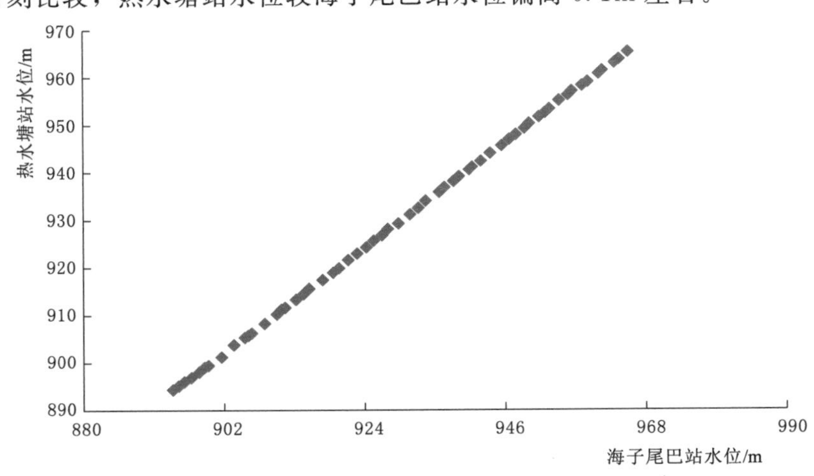

图5.44 热水塘站与海子尾巴站同时水位相关图

5.4 本章小结

本章从施工期水文预报方法、水文预报实践等方面，对梯级水电站施工期水文预报方法与实践进行了研究分析，主要结论如下：

（1）针对不同施工阶段水流控制的特点，将水电站施工期划分为施工前期、围堰束流期、截流期、围堰挡水期、初期蓄水期5个阶段。施工期水文预报的特点在于处理不同导流方式时的水力计算问题，界定了各阶段施工预报的预报项目：施工前期为坝址流量，围堰束流期为坝址流量、围堰上、下游水位，截流期主要包括来水流量、导流洞（明渠）分流比、龙口落差、龙口最大流速，围堰挡水期为上、下围堰水位、入库流量、下泄流量，初期蓄水期为入库流量、下泄流量、库水位。因导流方式的不同，施工期不同阶段水文预报的基本方法主要包含降雨径流模型、河道演算模型、相关图法、堰流水力学、管道水力学等。

（2）为满足施工期水文预报需求，开发了金沙江下游梯级水电站洪水预报系统。该系统采用流程控制层、功能界面及展示层、业务逻辑层、数据访问层等四层系统结构，基于模块化技术进行开发，为集水雨情信息查询、预报制作、调洪演算、预报成果及相关报表生成于一体的业务平台，实现了金沙江下游四座梯级水库信息形象直观的图形显示、信息查询、报表输出、洪水预报、水库调洪演算及分析辅助决策服务。

（3）采用合格率、平均相对误差、平均绝对误差等指标对金沙江下游四个梯级水电站施工期水文预报精度进行评定，36h预见期内溪洛渡坝址流量预报合格率在86.17%以上，平均相对误差在2.82%以内，坝区各水尺水位预报平均误差在0.25m以内；48h预见期内向家坝坝址流量预报合格率在78.06%以上，平均相对误差在3.61%以内，坝区各水尺水位预报平均误差在0.26m以内；12h预见期内乌东德流量预报合格率在89.31%以上，平均相对误差为2.56%，坝区各水尺水位预报平均误差在0.17m以内；24h预见期白鹤滩站流量预报合格率为85.45%，平均相对误差为2.94%，坝区各水尺水位预报平均误差在0.23m以内。

第6章 防洪应急预报技术与实践

水电站一般建设在高山峡谷地带，洪水大多呈陡涨陡落态势。水电站施工期临时挡水建筑物防洪标准一般较低，当发生超标准洪水或突发水事件时，如上游暴雨洪水、滑坡等堵塞河道造成的堰塞湖溃决洪水等超当前施工设计标准时，应急预报调度是保障水电站施工区安全的重要举措，也是水电站施工期水文气象预报服务的重要环节，因其特殊性，较施工预报有更高的要求，响应处理上也更为紧迫。

以下从水电站施工运行期可能遭遇的防洪应急事件出发，重点讨论遭遇超当前施工设计标准的暴雨洪水或堰塞湖事件时水电站在监测、预报、预警方面的应急处理技术、流程等关键问题的应对细节，并以金沙江下游梯级水电站施工期应急调度实例简述应急措施和效果。

6.1 应急拦洪预报调度技术

水电站各类建筑物和施工面均有一定的防洪标准，其中永久建筑物防洪标准较高，一般为50～100年一遇洪水，临时建筑物如挡水围堰、料场公路、渣场、施工营地等都有一定的设计标准，通常为5～20年一遇洪水。当水电站施工期面临设计标准内的洪水时一般都能安全度过，但建设周期内如发生超过设计标准或者施工重要部位临时防洪需求的洪水，在确保流域防洪安全的前提下，若在建水电站上游有水库，通过开展上游水库群的应急防洪预报调度进行削峰错峰，可尽可能地降低洪水影响；若无水库拦洪，可考虑提高挡水建筑物防洪标准或破口过流形式，本书仅讨论上游存在水库可拦洪的情形。

6.1.1 技术流程

水电站施工期应急防洪预报调度技术包括水情保障能力技术、施工期重要断面泄流能力技术、上游水库群应急拦洪技术等。考虑水电站施工进度变化和现场建设部门、参建单位配置，设计应急预报调度操作流程，结合流域特性和水电站度汛条件，按年度形成水电站施工期应急防洪预报调度方案。

年度应急防洪预报调度方案通常需在汛前编制，为水电站施工期安全度汛做好工作预案。汛期实时了解施工进度和度汛需求，滚动跟踪暴雨洪水过程，遇超标准洪水或有施工需求时开展应急防洪预报调度，技术流程如图6.1所示。各部分技术细则分别阐述，其中流域基本信息及径流特性为水情分析基本内容，不再累述。

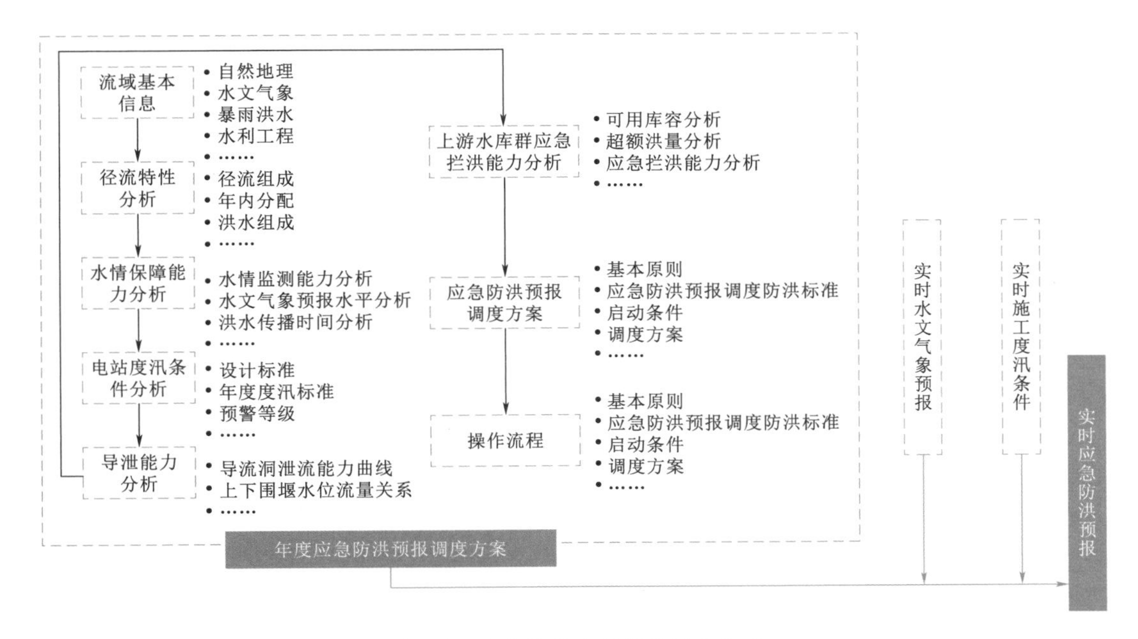

图 6.1 应急防洪预报调度技术流程

6.1.2 关键技术

6.1.2.1 水情保障能力分析

水情保障能力主要是指水情监测、水情预报精度、洪水传播时间能够为应急调度方案编制提供的支撑能力。只有全面了解监测、预报能力，才能对应急预报调度方案的可行性和风险进行正确的评估。

1. 水情监测能力分析

水情监测能力包括施工期水情站网的自动测报能力，为水电站建设和运行提供实时、准确的水雨情数据，也是开展防洪应急预报调度的数据基础。为更好地实现系统管理和站网维护，需建设水情自动测报系统，该系统需满足稳定正常运行的基本要求，数据传输畅通率和准确率达到高水平；水雨情站网应能实现主要干支流节点布控，且覆盖面满足施工期水情预报需求。若上游存在水电站，需与其建立信息共享机制，及时获取上游水电站实时运行信息和预调度计划。站网布设原则和系统搭建等技术见第 3 章，本节不再累述。

2. 水情预报精度分析

水情预报精度将显著影响应急调度开展的效果，预报精度较高时可更有效利用水资源。水情预报的制作基于预报方案，预报方案需符合流域产汇流特性，预报精度需满足现场施工的需求，并在技术水平下尽可能提高精度。一般而言，根据流域产汇流特性和以往施工现场水情预报经验，洪水预报方案采用的预报模型主要为 API 相关图产流模型、分类谢尔曼单位线汇流模型、三水源新安江模型、水位流量单一线转换模型、分类马斯京根河道汇流演算、合成流量模型、相关图等。根据上游来水站传播时间，使坝址来水预报的有效预见期达到 24h 以上，若因上游水库调度等原因预见期不足 24h 的需与上游水库建立信息共享，获取上游水库预调度信息延长预见期，结合流域不同时间尺度降水量预报，可进一步延长预报预见期。每年汛前根据前一年的实际情况，对现有方案进行修编。

3. 洪水传播时间分析

洪水传播时间决定了开展上游水库应急调度的时机，同时，结合洪水坦化规律也是保障水情预报精度的重要因素。洪水传播时间并不是固定值，与上游洪水形态、洪水量级和水电站自身蓄水状态有关，需按实际情况统计分析。在水电站施工期预报实践时，加强各类情况的洪水传播时间总结分析工作，如采用峰谷特征法等方法分析归纳流域干支流主要站（水库）的平均洪水传播时间，按来水大小分不同量级归纳传播时间规律，并对不同形态洪水的坦化特征进行分析。分析成果可有效指导应急防洪预报调度工作。

6.1.2.2 电站度汛条件分析

全面分析水电站施工相关的临江（河）工程的设计标准，是确定电站度汛条件的基础。施工相关工程如导流工程、泄洪洞工程、引水发电系统、对外交通公路等，该类工程通常具有较高的度汛标准，往往能够抵御20～50年一遇洪水。除此之外，场内施工道路、施工场地、存弃渣场或工区内其他临时建筑物的防洪标准较低，一般为3～5年一遇暴雨或洪水。度汛条件分析的目的是确定开展应急拦洪预报调度的洪水标准，主要遵循以下原则：

（1）全面覆盖。分析对象尽可能覆盖水电站相关的全部临江（河）工程，明确各类对象的设计及实际防洪标准，避免遗漏薄弱环节。

（2）统筹兼顾。不同的临江（河）工程因其工程性质（永久工程、临时工程）、功能作用（导流、交通等）具有不同的设计防洪标准，在确定开展应急预报调度的防御洪水标准时应统筹考虑综合效益及可行性，既要避免抓大放小，也不能因小失大。

6.1.2.3 施工期重要断面过流能力分析

水电站施工期有不同阶段，需关注的重要断面存在差异，分析该断面的过流能力大小可为上游水库拦蓄程度提供依据。一般而言，主要关注坝址处和重要施工位置的水位流量变化。

以围堰挡水期为例，主要通过导流工程如导流洞或导流明渠，将上围堰上游来水疏导至下围堰下游，其泄流能力曲线是坝前水位预报的重要参考资料，也是作为制定防御洪水标准的重要依据。导流洞或导流明渠通常有设计泄流能力曲线（不同水位、不同导流方式具有不同的导流能力），该曲线通过物理模型试验或理论公式推导而得，在实际施工过程中不断积累实测点据，并对导流或导流明渠的实际泄流能力进行分析、校正，一般而言，设计泄流能力曲线与实际有一定差别，需要不断验证。

6.1.2.4 上游水库群应急拦洪能力分析

上游水库群应急拦洪能力是编制应急调度方案的核心内容。应急拦洪能力包括三方面：①上游水库群的可利用库容，即理论上上游水库群可用于应急拦洪调度的库容；②在建水电站重要断面超额洪量的分析，即超过能够承受标准的来水量；③通过综合分析比较可利用库容和超额洪量的大小来确定上游水库的应急拦洪能力。

可利用库容分析主要依据本年度已批复的上游水库汛期调度运用计划或相关管理文件分析其理论可用库容，实际情况下会有所浮动，需实时跟踪分析。

分析超额洪量，首先选取典型洪水过程，以洪峰流量、最大 7d 和 15d 洪量为约束；再采用同频率或同倍比法计算坝址设计洪水过程线（20 年一遇、50 年一遇等），基于削峰调度（拉平头）的原则计算超过工程防御标准的洪量，技术思路如图 6.2 所示。

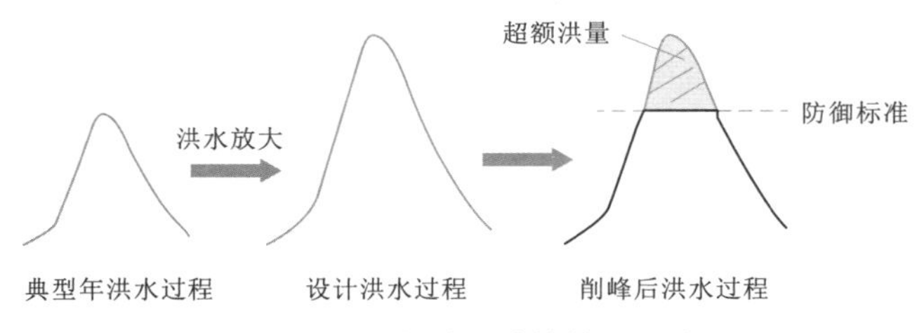

图 6.2 超额洪量计算技术思路

通过分析上游水库群可利甲库容，并结合不同典型洪水过程的超高洪量来分析上游水库群对超额洪量的拦消纳程度，即上游水库群的应急拦洪能力。

6.1.3 方案编制

应急预报调度方案是开展应急拦洪预报调度的工作指南，应包括应急拦洪预报调度的基本原则、启动条件、调度方案以及操作流程等。

基本原则规定了开展应急拦洪预报调度的前提条件，启动条件说明了开展应急拦洪预报调度的具体时机，调度方案明确了应急拦洪预报调度的具体措施，操作流程规范了开展应急拦洪预报调度的行动方法。

6.1.3.1 基本原则

在确保本工程上游水库自身及其防洪对象安全的前提下，考虑本工程度汛条件变化，充分利用短中期水文气象预报成果，适时启用上游水库群适度拦洪削峰错峰，有效削减下游洪峰，减轻本工程施工期的防洪压力。

6.1.3.2 启动条件

应急预报调度启动条件主要以水电站当前防洪标准为依据，当超过该防洪标准或有特殊应急需求时，根据洪水重现期启动相应的应急预报调度方案。

6.1.3.3 调度方案

上游水库群实施应急调度时根据水库特性和所在流域防洪要求，确定拦洪规则是以拦蓄洪量还是削峰为主。调度方案如下：

（1）当预报洪水量级较小时，在建水电站确有防洪需求且气象预报未来一周无明显强降雨过程时，可适时启动上游水库群应急调度。

（2）当预报洪水量级将超过在建水电站现有临时挡水建筑物防洪标准时，分析超额洪量和上游水库群剩余可利用库容，制作应急防洪调度方案开展调度。若可利用库容大于超额洪量，协调上游水库以超额洪量为拦蓄量进行调度；若可利用库容小于超额洪量，则以尽可能降低在建水电站坝址或重要断面洪峰流量开展应急调度。

（3）当预报洪水量级将超上游水库群自身防洪标准时，转入上游水库群自身保枢纽安全的防洪调度，但泄量不得超过上游来水流量。

（4）若启动上游水库群应急调度后，上游来水仍继续增加，已无法保证水电站施工防洪需求时，应及时转换调度操作，相机采用工程措施（如加高挡水建筑物高度、破口过流等）以尽可能保障工程防洪安全。

6.1.3.4　操作流程

根据防洪应急调度的需求，其操作流程可分为超标准洪水应急调度操作和施工需求应急调度操作。两种操作流程均包括水文气象预报、提出应急调度需求、应急调度方案编制、应急调度方案报送和应急调度实施五方面内容。

（1）水文气象预报。在建水电站应委托相关水文气象部门定期开展水电站坝址短、中期水文气象预报，密切关注施工防洪节点及防洪标准，及时向施工管理单位报送水文气象预报。由于水文气象预报存在一定的误差，给调度决策带来一定的不确定性，应密切监视水雨情变化，及时滚动修正水文气象预报，为调度决策提供科学依据。

（2）提出应急调度需求。根据水文气象预报结合防洪对象防洪标准，当预报在建水电站坝址将发生超标准洪水时，由水文气象部门及时向建设管理单位上报预报信息，由建设管理单位向流域管理部门、上游水库运行单位提出超标准洪水应急调度需求；根据施工安排，结合当前水文气象预报，当坝址发生影响某项重要工程施工安全的洪水时，由水文气象部门及时向建设管理单位上报预报信息，建设管理单位提出应急调度需求。

（3）应急调度方案编制。基于提出的应急调度需求，组织相关单位分析来水组成和在建水电站上游水库群可利用库容，通过多方案优化比选，编制应急调度方案。

（4）应急调度方案报送。由水电站建设管理部门向流域防汛管理部门报送应急调度方案，提出开展应急防洪调度的申请。

（5）应急调度实施。由流域防汛管理部门组织协调水库群开展应急调度，纳入应急调度的水库及时向流域防汛管理部门报送调度情况及实时水雨情、工情信息。

6.2　堰塞湖溃坝洪水监测预报预警技术

堰塞湖是由山体滑坡、崩塌、泥石流等产生的固体物质堵塞河道，上游水流不断填充而成的湖泊。堰塞湖的致灾原因主要包括因堰塞体堵塞河道造成的壅水淹没以及堰塞体溃决后形成的洪水对下游带来的危害。根据风险程度可将堰塞湖划分为高危型、稳态型和即消即生型。对于高危型堰塞湖，由于其储存水量大、堰塞体不稳定，随时可能发生溃决洪水，必须采取人工挖掘、爆破等方式引流，以减少溃决时向下游的能量，以免造成更大的灾害。堰塞湖主要发生在高山峡谷地带，考虑水能利用水电站大部分也在该区域选址，若在坝址附近河道发生堰塞湖，其溃决洪水极有可能超水电站防洪标准，尤其对处于施工期的水电站而言更是巨大的挑战。

为判别堰塞体风险，分清灾害等级并有针对性地做好应急处置预案，必须对堰塞湖及时实行水文监测，基于水文监测资料开展预报预警工作，可为提前转移下游沿岸居民、保障沿岸村落安全、及时开展应急调度、保障下游水电站施工运行安全提供重要指导依据。

以下围绕堰塞湖处置所涉及的水文应急监测技术、堰塞湖要素计算技术、预报预警技术进行介绍，以期为水电站建设期间此类应急处置提供应对思路和技术参考。

6.2.1 水文应急监测技术

水文应急监测是水文应急工作的基础，为应急预报、预警提供前期基础资料和实时信息。堰塞湖险情往往发生在人迹罕至的山区地区，通常无水文监测站点及人员设备，开展水文应急监测涉及人员安排、方案优选、技术分析、数据整编入库等。堰塞湖水文应急监测体系架构包括从调查内容、监测方法、资料分析与整理及技术装备等方面，需结合最新水文应急监测技术，针对堰塞湖发生、发展、溃决全过程的监测要素要求，分阶段定制监测内容和监测技术方法[56-58]。

水文应急监测的目的是在工程排险前期，收集堰塞湖的基本几何特征，分析及预报堰塞体的稳定性及可能的破坏方式，为研究制定工程排险措施提供基本资料；在工程排险施工阶段，以堰塞湖湖区为监测范围，全程监测堰塞湖上游来水及湖内水位变化情况，为施工组织调度提供水情依据；在堰塞湖排险泄流阶段，全程监测堰塞体溃口及下游沿程主要集镇、水利工程等重要关注点的洪水要素变化。

水文应急监测技术包括水文应急监测体系、监测技术及监测要素、水文应急监测信息管理三方面内容。

6.2.1.1 水文应急监测体系

针对堰塞湖水文应急监测特点及需求，提出堰塞湖水文应急监测体系架构。通过在关键节点引入动态调整及前后方联动协调机制，并根据现场情况灵活调整人力、更换装备、优化方案，高效推进应急监测的实施，在确保水文应急监测安全的前提下，便收集的水文资料满足分析计算及抢险决策的需要。

针对高危型堰塞湖，为了高效获取满足精度需求的监测成果，监测中需明确监测内容、采用装备、监测时间、监测地点、监测方式以及成果整理，精度控制等技术元素。而所有这些元素相互联系、相互渗透，共同构成堰塞湖水文应急监测体系。总体架构如图 6.3 所示。

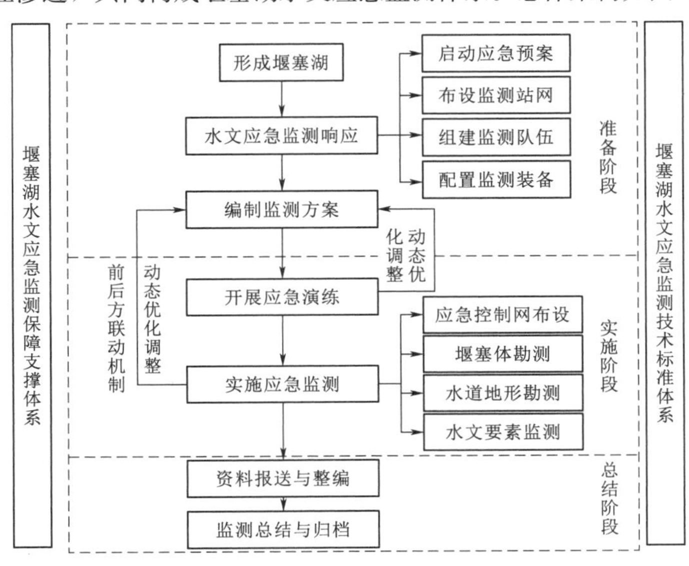

图 6.3 堰塞湖水文应急监测体系架构图

1. 应急监测准备

在高危型堰塞湖形成以后，水文监测部门应尽快启动应急监测工作，此阶段为应急监测准备阶段，主要技术包括启动应急预案、布设监测站网、组建监测队伍、配置监测装备及编制应急监测方案等。做好应急监测准备后，需开展应急监测方案演练，应急演练包括水位观测演练、夜间测流演练、接触式/非接触式测流演练、安全撤离演练等。

2. 应急监测实施

应急监测实施是堰塞湖应急监测的核心。通过实施应急监测，可获取各类动态监测信息，为应急处置提供实时信息源。按照堰塞湖应急处置的需求，应急监测通常包括布设应急控制网、堰塞体勘测、水道地形勘测及水文要素监测等技术要素。堰塞湖水文要素监测需要依托水文监测站网，开展入库洪水、溃坝洪水的水位流量监测、区域雨量监测和河道关键断面测量等。各水文要素观测仪器应尽量采用非接触式的方式，需具备便携、精度可靠、自动化程度高等特点。

3. 应急监测成果与质量控制

应急监测成果包括应急控制测量成果、堰塞体监测成果、水道勘测成果及水文要素监测成果等。应急监测质量控制包括现场测验数据即测即整即报送、堰塞湖水文应急监测资料分析整理和总结归档等。堰塞湖现场水文应急监测资料需按照“随测、随算、随整理、随分析”模式进行检查，在开展单站合理性分析及多站对比综合分析的基础上即测即整，将成果报送至资料需求方。应急监测全过程应进行成果整理、整编，监测结束后及时总结。

4. 应急监测对工程处置的支撑

堰塞湖水文应急监测主要服务对象为水文应急预报与溃坝洪水分析计算，预报溃口后下游水位流量、淹没范围和时间等，并制定相应的人员应急撤离方案。应急监测获得的堰塞体形态、堰塞体库容曲线、河道地形以及实测水位流量等资料，均是水文应急预报模型与溃坝洪水分析模型率定的重要依据。此外，堰塞体溃决处口门流速、宽度等要素也直接为堰塞体开挖处置提供支撑。

6.2.1.2 监测技术及监测要素

堰塞湖溃坝洪水具有水位变幅大、含沙量大、流量大、流速快等特点，导致水位自动观测设备可能无法适应水位涨率而失效，且高速水流中可能挟带大量漂浮物，常规测流方法无法正常开展。根据堰塞湖溃坝洪水监测的难点和重点，提出了基于“安全第一、效率优先、精度适宜、适度冗余”原则的堰塞湖水文应急成套监测技术，包括应急控制测量、堰塞体监测、水道勘测、水文要素监测、资料分析与整理及技术装备等内容。

堰塞湖排险处置及下游群众疏散要求水文部门必须从堰塞湖库区入流开始，全过程监测堰塞湖上游来水及入库、出库水量变化情况；并在堰塞湖排险泄流时，全过程监测下游主要站点的洪水过程，及时发现险情隐患。水文要素监测是堰塞湖水文应急成套监测技术的核心，尤其强调“快速”“非接触”和“安全”。水位观测技术[59] 有免棱镜无人立尺观测技术、无人机搭载雷达水位计观测技术、岸上固定标志法测水位技术等；流量测验技术有天然浮标法测流技术、雷达波非接触式测流技术、无人机浮标测流技术、基于LSPIV技术的无人机视频测流技术等。各种方法均有一定局限性和适用范围，在实际工作中采用多种方法相互补充，保证数据采集的可靠性与完整性。

水文应急监测要素和技术的具体内容按监测部位划分为堰塞体上游、堰塞体、堰塞体下游三部分分别介绍。

1. 堰塞体上游水文监测

堰塞体上游水文监测的主要内容包括入湖流量监测、堰塞体坝前水位监测和堰塞湖湖区地形测量等。入湖流量测验可根据测验条件采用走航式 ADCP、缆道流速仪测验等常规方案。在堰塞湖溃决前，湖区水位上涨速度较慢、涨幅大，主要采用大量程自记水位计观测，人工观测水尺作为备选方案；堰塞湖溃决后，上游水位迅速下降，有时会出现山体垮塌、自记水位计探头露出水面等现象，主要以大量程自记水位计、人工水尺观测、水位视频智能监测和固定标志法作为观测方案。湖区地形监测水下部分可采用冲锋舟或无人船搭载 GNSS、多波束测深系统进行测量；岸上地形可用激光扫描无人机进行快速测量，同时以三维激光扫描仪、GNSS RTK 测量作为备选方案。

2. 堰塞体监测

堰塞体监测主要项目有溃决过程、溃口宽度、溃口表面流速、水位等。由于堰塞体溃决时危险性极高，应优先使用非接触式监测方法。主要以无人机航拍、全站仪免棱镜测距、智能测量仪测距作为堰塞体溃决形态监测方案，浮标测流作为溃决流量测验方案。

3. 堰塞体下游水文监测

堰塞体下游水文监测分为堰塞湖溃决前和溃决后两个阶段，通过全过程连续监测可为下游防洪应急处置提供重要数据支撑。堰塞湖溃决前，上游来水快速减少甚至断流，一般而言，常规水位站的观测仪器对极端低水甚至近乎断流情形下的观测会失真；堰塞湖溃决后水流冲力极大、流速大、水位涨率大、涨幅大、洪水过程较短，而流量观测需要一定时间，溃决前后下游水位变幅大、水位流量施测条件差，不一定能准确把握洪峰点。由于测验危险性高、过程变化跨度大，水位流量的测验主要采用非接触式测验方法，如免棱镜全站仪观测水位、浮标测流等，有条件的可采用无人机测流系统、侧扫雷达测流系统及水位视频智能监测等；下游测流断面测量可在溃决前用 GNSS RTK 方式进行测验，以全站仪测验作为备选方案，水深较深时的水下断面测量以铅鱼测深、冲锋舟或无人船搭载 GNSS 和回声测深仪为主。

6.2.1.3 水文应急监测信息管理

堰塞湖应急监测尤其注重“时效性”，需研制基于“互联网+”的水文应急监测信息管理平台，实现传统水文应急监测“上网”，开发应急监测涉及的任务下达、应急监测、数据传输、合理性分析、快速整理整编等功能的“一站式”业务平台，可大幅提高水文应急监测数据处理的时效性和准确性。

6.2.2 堰塞湖要素多源融合技术

6.2.2.1 多源信息收集、融合与共享技术

堰塞湖发生地水系河网、地形地貌、实况水雨情等资料的收集、多源异构数据的融合与共享是开展堰塞湖应急处置工作的基础。

堰塞湖的应急处置及实况观测往往涉及多家单位，观测手段、观测位置、高程基面和

数据传输途径等方面可能存在差异。由于堰塞湖应急处置时间紧迫，针对水雨情信息收集工作，应及时与当地水利部门协调建立报汛数据实时传输及共享机制，必要时加密观测段次或新增观测站点。除测站观测水位之外，现场多部门对堰塞体的高程测量也存在差异，针对多部门来源的高程数据，实现多源数据的综合，统一高程基面，是判断湖区蓄水量、制定应急措施需开展的重要工作之一。

目前，多源异构数据共享融合方案包括通用数据访问结构、三层架构处理方式、基于视图的集成技术、组建对象建模以及XML数据集成方案等。水文数据由于其行业特殊性，包括基本数据站网等结构化数据以及遥感、地形地貌等非结构化数据，其融合方案需根据行业特性进行制定。为满足水文应急服务需求，实现跨地域、跨网络环境的多源异构水文信息数据交换共享，数据共享模式应采用去中心化的分布式架构进行数据汇集传输，通过转存服务器实现内外网之间的数据共享。通过数据处理流程、数据共享方式、数据转存机制以及系统部署方案四步“递进”式融合体系，可满足堰塞湖应急处置过程中的水文数据传输、收集、归类、整理工作。

同时，针对受灾区观测高程基准不一致、数据缺测、站点临时调整等造成数据结构不统一、形式不一致等问题，通过河道比降、设计资料比对等水文方法，函数拟合、数源合理性分析等数理方法，挖掘数据属性关联信息，采用同步比测校正、偏差值动态修订等处理技术，实现碎片化信息聚合以及多源信息融合，以满足水文分析、预报对数据序列的需求。

对收集的多源信息和形成的计算分析材料，及时推送至信息展示平台（如PC端平台系统、手机终端软件），实现数据的可视化、分析材料的有效展示，尤其手机端软件可随时随地查询实时数据，其便捷性可为前后方应急工作及时提供基础数据支撑。

6.2.2.2 堰塞湖库容曲线拟定技术

堰塞湖水位库容曲线的快速拟定，是开展堰塞湖蓄水量、水位、溃决时间、溃口流量等要素预测分析的基础，是堰塞湖应急水文分析工作的重要环节之一。通常利用堰塞体垭口高程或堰塞体高度，根据堰塞湖库容曲线估算最大蓄水量，以此分析不同溃决方式下的洪水及对应的风险，以及采取人工干预措施的必要性及可行性。

由于堰塞湖发生时间、地点具有随机性，且针对堰塞湖的相关资料缺乏，特别是堰塞湖形成初期，可以收集到的资料可能只有堰塞湖上游来水站（或称入湖站）、坝（堰）前水位站观测信息和精度较为粗糙的卫星遥感图影像或DEM地形资料，并且堰塞湖应急处置时间紧迫，可能不具备实地再测量的条件。在此状况下，实践工作中一般都会采用基于DEM的水位-容积曲线推求法拟定堰塞湖库容曲线，该方法也常用于水利工程前期设计或评估。基于粗糙DEM推求的库容曲线往往精度有限，需依据入湖站水文信息实时计算不同水位级的相应堰塞湖蓄水量，并据此实时复核修正库容曲线。

1. 基于DEM的水位容积曲线推求

DEM描述地球表面形态的有序数值阵列，实质上是对地球表面地形地貌的一种离散的数学表示。规则格网的DEM由于其数据结构简单，使用方便，所以在工程中使用较多。

DEM数据可通过实测资料建模形成，也可通过网络渠道下载不同精度的DEM数据进行空间分析处理，作为无实测资料地区的参考。常用的ArcGIS软件提供了3D和2D的处理分析方法。

（1）基于ArcGIS的3D分析方法。基于ArcGIS的3D Analyst工具中通用的基于矢量的建模方法有TIN、反距离加权法（IDW）、克里金法（Kriging）和自然邻点法（Natural Neighbors），均基于实测等高线或样本点计算分析，当无实测资料时，基于有关测量部门提供DEM数据计算步骤如下：

1）以堰塞湖坝（堰）体作为出水口，计算该区域的集水区，利用集水区裁剪出DEM数据。

2）设定该区域一个最高的蓄水高程（指堰塞湖蓄水最高时水平面的海拔高度，可将堰塞体堰顶高程作为上限；假定堰塞湖湖面为静水面），蓄水高程以下至DEM地形间的体积即为该高程下堰塞湖的容积。

3）通过设定一组水位可获得对应的容积，以此推求堰塞湖的水位-容积曲线，库容可通过3D Analyst Tools中的Surface Volume工具计算。

容积计算原理为：格网单元的高程为格网面积范围内的地形拟合高程 h_i，假设用格网宽度为 d 的DEM来计算给定高程 H 水位的库容，在给定高程水位的范围内形成三维立体表面，每个格网单元到给定高程水面的形状为四棱柱，分别计算出每个四棱柱单元的体积，然后累加即成为给定高程水位的总库容。如果分别用不同的高程面进行切割，便可计算出任意高程水位的库容。

四棱柱体积计算公式为

$$V_i = d^2 (H - h_i) \tag{6.1}$$

总库容计算公式为

$$V = \sum V_i \tag{6.2}$$

水面面积计算公式为

$$S = d^2 n \tag{6.3}$$

式中：d 为DEM格网间距，m；h_i 为第 i 个格网的高程，m；H 为水位高程，m；n 为水位高程 H 以下的格网总数；V_i 为第 i 个格网与水位为 H 的水面间四棱柱的体积，m^3；V 为水位 H 对应的库容，m^3；S 为水位 H 对应的面积，m^2。

（2）基于ArcGIS的2D分析方法。通过DEM提取等高线簇并量取各高程对应面积，计算相邻高程的体积，最终建立水位-面积-容积关系，推求步骤如下：

1）利用DEM生成地形图等高线，逐条等高线提取面积，建立水位面积关系（图6.4）。

2）采用体积公式计算水位容积关系，计算公式有梯形法和三点法，推荐使用三点法。

梯形法：

$$\Delta V = \frac{(F_i + F_{i+1})\Delta Z}{2} \tag{6.4}$$

三点法：

$$\Delta V=\frac{(F_i+\sqrt{F_i\cdot F_{i+1}}+F_{i+1})\Delta Z}{3} \tag{6.5}$$

$$V=\sum_{i=1}^{n}\Delta V_i \tag{6.6}$$

式中：ΔZ 为库水位 Z_i 与 Z_{i+1} 的高程差，m；ΔV 为库水位 Z_i 与 Z_{i+1} 对应的容积差，m^3；F_i 为库水位 Z_i 对应的面积，m^2；V 为总容积，m^3。

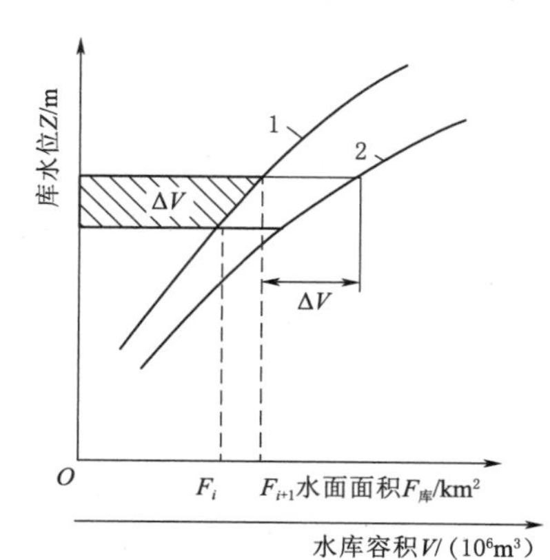

图 6.4　水位-面积-容积关系

1—水位面积曲线；2—水位容积曲线

该方法主要适用于丘陵、山谷等高差明显的地区，但目前常用的 DEM 分辨率较低（一般为 90m×90m），等高距比较大，即使采用内插计算，精度也不一定满足堰塞湖应急处置水情预报的需求，但对堰塞湖应急处置水情预报工作仍极具参考价值。

2. 水位-容积曲线复核法

基于堰塞湖应急处置中可收集到的信息，本书提出实时蓄量复核法对库容曲线进行复核修正。实时蓄量复核法，主要是依据入湖站水文信息，实时计算不同水位级 H_t 相应的堰塞湖蓄水量 V_t，得到一系列水位与蓄量的关系点据（H_t，V_t），将这些点据绘至库容曲线图上，采用最小二乘法并结合专家经验，实时复核修正库容曲线。具体步骤如下：

（1）计算堰塞体阻断河道形成堰塞湖时刻（记为 t_0）河道槽蓄水量（或滞留水量）V_0，并记录下（t_0，V_0），若河道槽蓄水量较小可忽略不计，则 V_0 取值 0；

（2）堰塞湖形成后，实时记录 t 时刻堰塞湖坝前（或堰前）水位 H_t；

（3）依据入湖站水文信息推算 t_0 到 t 时刻累计入湖水量，并加上初始时刻河道槽苔水量 V_0，即得 t 时刻堰塞湖蓄水量 V_t；

（4）将计算得到的水位-容积点据（H_t，V_t）绘至库容曲线上；

（5）采用最小二乘法拟合点据（H_t，V_t）与库容曲线，得到新库容曲线，并结合专家经验，对新库容曲线节点进行合理调整，最终得到复核修正后的库容曲线。

其中堰塞湖蓄水量的计算公式为

$$V_t=\sum_{i=t_0+1}^{i=t}\frac{1}{2}(Q_{i-1}+Q_i)\Delta t\times 3600+V_0 \tag{6.7}$$

式中：Q_{i-1}、Q_i 分别为 $i-1$、i 时刻入湖流量，m^3/s；Δt 为时间 t 与 $t+1$ 的时间间隔，h；t_0 为堰塞体阻断河道形成堰塞湖时刻；V_t 为 t 时刻堰塞湖蓄水量，m^3；V_0 为河道形成堰塞湖前的槽蓄水量或滞留水量，m^3。

6.2.2.3　水位流量关系高水延长方法

由于堰塞湖溃决后的洪水涨水具有面陡、峰高、传播速度快等特点，下游河道的流量测验受测验设施、环境安全和时效性限制，难以完全测到整个高洪流量过程。在水位-流量关系的分析过程中，高水延长部分对预报高洪水位尤为重要。当高水延长幅度超过了当年实测流量所占水位年变幅的 30％及以上时，依据《水文资料整编规范》（SL/T 247—

2020）的要求，需至少采用两种方法作高水延长，并进行比较分析，对延长依据做出说明。

常用的水位流量关系高水延长方法主要有水位面积、水位流速关系曲线法、水力学方法、综合单一线法和邻近站相关法，其中水力学方法包括曼宁公式法和史蒂文斯法。当流量断面无明显冲淤时，可采用水力学方法；当多年水位流量关系较稳定时，可采用综合单一线法；若断面冲淤变化急剧，在高水位时无法借用洪峰前后的大断面资料时，可采用邻近站相关法。下面以曼宁公式及史蒂文斯法为例介绍原理。

1. 曼宁公式法

由曼宁公式得

$$Q=\frac{1}{n}AR^{\frac{2}{3}}S^{\frac{1}{2}} \tag{6.8}$$

式中：Q 为流量，m^3/s；A 为河段平均断面面积，m^2；R 为水力半径，m；S 为比降；n 为糙率。

当有糙率和比降资料时，可点绘 $Z-n$ 关系曲线并延长至高水，由实测大断面资料算得水力半径 R 及 A，代入公式实现高水延长。当 n 和 S 资料不全时，可点绘 $Z-n^{-1}S^{1/2}$ 关系曲线，$n^{-1}S^{1/2}$ 可用 $vR^{-2/3}$ 代替（其中 v 为流速）。由于高水期 $n^{-1}S^{1/2}$ 值一般接近于常数，故可顺势沿平行于纵轴的方向向高水延长。再利用实测大断面资料计算 $AR^{2/3}$，并点绘 $Z-AR^{2/3}$ 关系曲线。根据同一水位上的 $n^{-1}S^{1/2}$ 和 $AR^{2/3}$ 值，两者之积即为相应水位的流量。

2. 史蒂文斯法

史蒂文斯法，即根据断面已有实测水位-流量数据、水力半径、面积之间的关系建立相关方程，再基于已知可测量的面积水力半径反水位高水位下的断面流量，从而实现高水延长。基于谢才公式的流量推求公式如下：

$$Q=CA\sqrt{RS} \tag{6.9}$$

式中：C 为谢才系数，$m^{1/2}/s$，其余符号意义同前。

由于比降和糙率变化不大，因而令 $K=CS^{1/2}$，则有

$$Q=KAR^{1/2} \tag{6.10}$$

上式说明高水时 Q 与 $AR^{1/2}$ 是线性关系，故可依据大断面资料定出 $Z-AR^{1/2}$ 线，然后再定 $AR^{1/2}-Q$ 线，从而实现高水延长。

6.2.3 堰塞湖全过程水文气象预报技术

堰塞湖全过程预报预测包括全过程的降水预测、堰塞湖形成发展阶段的入湖水量预测、坝前水位预测、堰塞湖溃口流量过程预测和堰塞湖溃决后溃坝洪水向下游演进的沿程洪水预测等[60-69]。

6.2.3.1 溃决前水文气象预报技术

1. 气象预报技术

随着GIS技术以及水文气象模型的发展，在降雨径流形成机理研究的基础上，解释应用WRF、ECMWF、GRAPES等气象模式产品，反演该区域历史降雨过程实现模式参

数校正。采用经校正后的模式参数，形成堰塞湖应急处置区域适应性修正气象预报解决方案，生成不同预见期网格化插值降雨成果，作为水文预报模型的驱动因子。

2. 入湖水量预测技术

堰塞湖入湖来水预报是堰塞湖水量预测、水位预报的基础。堰塞湖入湖水量主要包括堰塞湖上游站（以下简称“上站”）来水和上站至堰塞体区间来水两个部分。两部分来水过程叠加，即为堰塞湖入湖来水过程。根据堰塞湖发生区域的水文资料完整程度，分为以下两种入湖水量预测方法：

（1）有资料地区。在有资料情况下，上站来水预测可根据预报站以上干支流来水入汇情况，搭建或利用已有预报方案，比如河道演算可采用合成流量法或马斯京根分段连续演算法；区间来水计算可分为两种情形：①若应急处置期内降雨较大时，可采用降雨径流模型进行预报分析；②若应急处置期内降雨较小或降雨可忽略不计时，可采用退水指数方程来计算，见下式：

$$Q_t=Q_0\mathrm{e}^{-\frac{t}{K}} \tag{6.11}$$

式中：Q_0 和 Q_t 为起始退水流量和其后 t 时刻的流量；K 为常数，可认为是区间水流平均汇集时间。

（2）无资料地区。在无控制站或无资料情况下，堰塞湖入湖水量预测主要采用基于参数移植法的降雨径流等方法。

3. 溃决前堰前水位预测技术

（1）库容曲线查算法。溃决前堰塞湖堰（坝）前水位可以通过实时预测堰塞湖蓄水量，并查算库容曲线得到，具体步骤为：①利用堰塞湖入湖水量预测技术实时预测堰塞湖入湖流量过程；②利用水量平衡实时计算 t 时刻堰塞湖蓄水量；③以 t 时刻堰塞湖蓄水量查算库容曲线得到 t 时刻堰塞湖堰（坝）前水位。

（2）涨率趋势外延法。点绘堰塞湖堰（坝）前水位实时过程线，计算水位涨率，以当前涨率为参考预测涨率变化趋势，据此对水位进行外延，查询外延线即可得到预测水位。

6.2.3.2 溃决过程演算技术

堰塞湖溃决过程发展迅速，湖内滞蓄水量的大小及溃口溃决形式的动态变化，对溃口流量过程具有较大影响。溃口流量过程作为堰塞湖下游洪水预报预测、风险防控的重要上边界，溃口流量过程模拟、湖内水位预测和实时溃口流量推求是堰塞湖灾害风险评估、上下游应急处置方案制定的基础，是堰塞湖应急处置中的关键技术之一。

1. 溃决洪水预测技术

堰塞坝以土石结构居多，堰体溃决是一个水、土两相相互作用的过程，具有一定的持续时间，且受坝体材料、结构、上下游水位、堰塞湖总水量等因素共同影响，溃决过程复杂多变，研究难度大。堰塞湖溃决与一般大坝溃决相似，可采用溃坝洪水计算方法进行计算，与大坝溃决的主要区别在于堰塞湖坝体区域纵向长度较长，从泄流到溃决时间较长，基本呈渐溃状态，因此溃决洪水过程包括溃口发展和下泄流量计算。

堰塞湖溃决形式有自然溃决和人工处置两种形式。在入湖来水预报以及最高水位预报体系的基础上，根据堰塞体材质和形态，可模拟分析不同溃决情景下的堰塞湖溃决时间、溃口演化过程，推算最大溃决流量，基于各情景下溃决洪水的影响程度，确定堰塞湖处置措施，是否需要人工处置等，并安排下游应急避险和人口转移等。

目前，溃决洪水计算方法多以数值模拟、经验公式为主，数值模拟如美国国家气象局的 DAMBRK、丹麦水利研究所（Danish Hydraulic Institute，DHI）的 MIKE11 DB 等溃坝洪水计算模型，经验公式如《水力计算手册》[70] 中的黄河水利委员会经验公式、谢任之逐渐溃经验公式[71] 等。经验公式相对而言计算简便，模型参数少，在资料稀缺及应急时可以起到一定参考，但参数大多为经验取值，适用性有待验证。本书主要对谢任之逐渐溃经验公式和 MIKE11 DB 原理和计算过程进行说明。

（1）谢任之逐渐溃经验公式。谢任之逐渐溃经验公式包含最终溃口底宽、峰前流量过程、洪峰流量及峰后流量过程四个部分。

1）最终溃口底宽。谢任之通过实际溃坝资料统计，分析认为一般形成最大溃口口门宽 b_m 时，多在峰顶流量之时或略偏后，约下泄 1/3 水量。b_m 经验公式为

$$\begin{cases} bm=\dfrac{W\bar{\rho}}{3E},\ \bar{\rho}=\dfrac{KH}{100} \\ K=\phi W^{-0.577} \end{cases} \tag{6.12}$$

式中：W 为总溃坝水量，万 m^3；E 为每米长度坝的方量，m^2；K 为冲刷系数；H 为坝体高度，m；ϕ 为与坝身材料及密实度有关的系数。ϕ 经验取值见表 6.1。

表 6.1　　ϕ 经验取值一览表

土　类	坝身材料及密实度	ϕ
1	较松的均质土坝，压实不好的碾压、冲填、水中倒土坝	12.500
2	质量较好的均质土坝	6.700
3	坚硬的均质土坝，土料较多的土石混合坝	3.650
4	土料较少的土石混合坝、质量较差的堆石坝	1.680
5	较密实的堆石坝	0.495

2）峰前流量过程。谢任之假设在峰顶流量时口门宽度达到最大值 b_m，峰现时间计算式如下：

$$\begin{cases} \tau=\dfrac{-E}{\lambda\sqrt{g}KH}\ln\left[1-(1-\beta_m)^n\right] \\ \beta_m=\left(1-\dfrac{Eb_m}{KHW}\right)^{\frac{1}{n}},\ W=AH^n \\ \lambda=\dfrac{8m^{1.5}}{(1+2m)^3}\beta^{m-1},\ \beta=\dfrac{4m^2}{(1+m)^2} \end{cases} \tag{6.13}$$

式中：A 为库区平均断面面积，m^2；n 为库容指数，一般取值 1.5～3；g 为重力加速度，取 $9.8m/s^2$；λ 为流量参数；m 为河谷断面形状指数。

确定峰现时间后，归纳得出峰前口门及峰前流量变化过程，即

$$\gamma=1-\{1-[1-(1-(1-(1-\beta m)n)^{\frac{1}{\tau}})^{\frac{1}{n}}]\}^n \tag{6.14}$$

$$b=\frac{\gamma}{1-\beta_m^n}b_m, \quad Q=\frac{\gamma}{1-\beta_m^n}Q_{max} \tag{6.15}$$

3）溃坝洪峰流量。谢任之通过联立水量平衡方程、堰流方程及库容关系式，得到洪峰流量经验公式为

$$Q_{max}=\lambda\sqrt{g}\,b_m H^{3/2} \tag{6.16}$$

式中：Q_{max} 为坝址断面溃坝最大流量，m^3/s；H_0 位发生溃坝时坝前水深，m。

4）峰后流量过程。当溃口达到最终宽度后，峰后流量采用瞬间溃决方法计算。

（2）MIKE11 DB 模型。MIKE11 是 DHI 开发的一维水动力学模型，其中水动力（Hydrodynamic，HD）模块和溃坝（DAMBRK，DB）模块具有强大的河流数值模拟和溃坝过程复演、计算的功能，通过设置水动力模块的河网、断面、边界条件和初始条件，可快速建立水流模型，设置溃坝参数进行耦合后，可实现溃坝洪水的计算。

HD 模块主要基于圣维南方程组，DB 模块提供了能量方程和 DAMBRK 模型两种算法。其中，能量方程法是一种基于侵蚀溃决物理机制的模拟方法，主要根据泥沙输移公式计算输沙率，进而模拟溃口发展过程，该方法对坝体材质要求高，更适合事后反演分析；DAMBRK 模型相对简单，模块中需要输入溃口发展过程，并可对溃坝过程进行反演，对资料较少地区和应急情景下更为适用。

2. 溃口流量实时动态演算技术

溃口实时过流的大小是溃决后下游河道洪水预报、风险防控的重要上边界，也是事后模拟、反演、总结的重要依据，可根据堰塞体前水位、入湖水量的实时监测成果进行推求。

溃口流量的实时动态演算主要是基于水量平衡的静库容调洪和动库容调洪两组方法同步演算，经对比校正后分析确定。溃口实时流量静库容计算的基础是联解水量平衡方程与蓄泄方程所得到的调洪计算模型。堰塞湖（水库）的时段水量平衡方程式为

$$\frac{1}{2}(I_1+I_2)\Delta t-\frac{1}{2}(O_1+O_2)\Delta t+(P-E)\overline{A}=V_2-V_1 \tag{6.17}$$

堰塞湖蓄量与出流关系可表达为

$$q=f(V) \tag{6.18}$$

式中：I_1、I_2 为时段始、末的入湖水量，m^3/s；O_1、O_2 为时段始、末的出湖水量，m^3/s；V_1、V_2 为时段始、末的堰塞湖蓄水量，m^3；P 为时段内堰塞湖水面降水量，m；E 为时段内堰塞湖湖面蒸发量以及湖区渗漏量，m；$\overline{A}$ 为时段内堰塞湖水面积平均值，m^2；Z 为堰塞湖水位，m；q 为堰塞湖出流。

除堰塞湖湖区有较强降雨外，一般情况下，$(P-E)\overline{A}$ 项较小，可忽略不计，令 $\overline{I}=\frac{1}{2}(I_1+I_2)$，$\overline{O}=\frac{1}{2}(O_1+O_2)$，则

$$\frac{1}{2}(I_1+I_2)\Delta t-\frac{1}{2}(O_1+O_2)\Delta t+(P-E)\overline{A}=V_2-V_1 \tag{6.19}$$

上式可简化为

$$\overline{I}\Delta t-\overline{O}\Delta t=V_2-V_1 \tag{6.20}$$

移项并整理，可得溃口时段流量计算公式：

$$\overline{O}=\overline{I}-\frac{V_2-V_1}{\Delta t} \tag{6.21}$$

式中：$\overline{I}$、$\overline{O}$ 为时段的平均入、出湖水量，m^3/s。

联解蓄量出流关系式与溃口时段流量计算公式，即可得到溃口时段流量 $\overline{O}$。考虑计算时段长 Δt 一般取值较小，时段均值可代表瞬时值，即溃口实时流量。

为确保静库容调洪计算实时溃口流量的可靠性，考虑溃口过流变化快速，需以不同时间步长的静库容调洪演算，并综合对比多个时间步长下的溃口流量反推结果，结合实时溃口监测发展形态，根据专家经验综合确定实时溃口反推成果。对于长河道型的堰塞湖，还需充分考虑从近坝端开始上翘至最远回水端水面线以下的楔形动库容，需基于水力学模型构建动库容调洪模型来推算实时溃口流量。

6.2.3.3 溃决后下游洪水演进技术

堰塞体溃决后，水流能量大，溃决洪水将对下游沿线居民生命财产造成很大威胁，研究溃决洪水在下游河道中的演进过程，分析沿线水位流量变化，可为决策部门发布洪水预报预警、应急转移撤离、抢险救援等提供技术支撑。

河道洪水演算主要分为两类：一类是以水量平衡方程和槽蓄方程为基础的水文学方法，另一类是以圣维南方程组为基础的水力学方法。水文学方法重点考虑水文要素之间的联系，能很好地模拟洪水在河道内的主要特征，简单实用，可操作性强，水文学的河道洪水演进方法主要有：马斯京根法、汇流系数法、特征河长法、线性回归法、滞后演算法，其中以马斯京根法应用最为广泛。水力学法是基于质量守恒和动量守恒方程组或其简化方程组，用数值法求解，由于电子计算机的发展，水力学法计算效率提高，在洪水演进中逐步应用。本节按水文学法和水力学法分别介绍其中常用的方法。

1. 水文学法

（1）马斯京根分段连续演算法。马斯京根分段连续演算是将河段划分为 N 个单元，采用马斯京根法对 N 个单元河段进行演算以求得出流过程。计算参数有演算段数（单元河段数）N 以及每个单元河段的马斯京根法系数 X_e 与 K_e。出流公式如下：

$$Q_{i,j}=C_0Q_{i-1,j}+C_1Q_{i-1,j-1}+C_2Q_{i,j-1} \tag{6.22}$$

$$\begin{cases} C_0=\dfrac{\frac{1}{2}\Delta t-K_eX_e}{K_e-K_eX_e+\frac{1}{2}\Delta t} \\ C_1=\dfrac{\frac{1}{2}\Delta t+K_eX_e}{K_e-K_eX_e+\frac{1}{2}\Delta t} \\ C_2=\dfrac{K_e-K_eX_e-\frac{1}{2}\Delta t}{K_e-K_eX_e+\frac{1}{2}\Delta t}\text{且} \end{cases} \tag{6.23}$$

$$C_0+C_1+C_2=1.0$$

$$K_e = \frac{K}{N}$$

$$X_e = \frac{1}{2} - \frac{N}{2}(1-2X)$$

式中：$Q_{i,j}$ 为第 i 河段末第 j 时段末的流量，m^3/s；$Q_{i-1,j}$ 为第 $i-1$ 河段末第 j 时段末的流量，m^3/s；$Q_{i-1,j-1}$ 为第 $i-1$ 河段末第 $j-1$ 时段末的流量，m^3/s；$Q_{i,j-1}$ 为第 i 河段末第 $j-1$ 时段末的流量，m^3/s；K 为蓄量常数；X 为流量比重因素。

（2）汇流系数演算法。汇流系数演算法是在加里宁河槽汇流曲线概念的基础上，将流域（河网或河槽）沿程滞蓄作用概化为一系列等效的线性水库和线性渠道，由连续方程和概化的蓄泄方程联立推导演算出口流量的过程。

流量演算采用卷积法，汇流曲线公式为

$$P_t = 1/[k(n-1)!](t/k)^{n-1}e^{-t/k} \tag{6.24}$$

式中：k 为消退系数；n 为阶数，即概化矩形入流的个数；t 为时段数。

汇流系数法根据汇流概化的条件不同，模型汇流系数的个数也不同。通过划分汇流单元，对洪水样本率定，确定各单元汇流系数，最终将各单元汇流计算成果求和，形成演算断面的洪水过程。

2. *水动力学法*

水动力学法主要基于水流流态变化，采用可描述水流特性的物理方程组进行求解，来计算洪水从上至下的演进过程。目前主流的水力学模型有 MIKE 系列、HEC-RAS 等，计算均基于圣维南方程组的联立求解。基于全动力波的圣维南方程组可对连续急变流进行较好地模拟，但对于溃坝洪水的间断现象可能会存在耗散过大、振荡加剧等问题，影响模拟精度。常用商业软件 MIKE 系列一维河道水力学模型 MIKE11 基本原理在 5.2.1.5 节已有详细介绍，下面主要以一维溃坝洪水演进模型为例介绍原理。

为准确描述溃坝洪水的间断特征，采用有限体积法对一维圣维南方程组进行离散。大部分溃坝洪水模型以水深 h 为连续方程的求解变量，隐含矩形河道假设，为适应山区河道三角形或梯形的断面形态，采用 Z 或 A 作为连续方程的求解变量。以 Q、A 为变量，基于有限体积法离散的圣维南方程组为

$$\frac{\partial A}{\partial t} + \frac{\partial Q}{\partial x} = Q_l \tag{6.25}$$

$$\frac{\partial Q}{\partial t} + \frac{\partial}{\partial x}\left(\frac{Q^2}{A}\right) = -gA\frac{\partial z_s}{\partial x} - \frac{gQ|Q|n^2}{AR^{\frac{4}{3}}} + Q_l u_l \tag{6.26}$$

式中：t、x 为时间、空间坐标；A、z_s、R、Q 分别为过水断面面积、水位、水力半径以及断面流量；Q_l 为单位长度内的旁侧入流量。

上式可写为通用格式：

$$\frac{\partial}{\partial t}V + \frac{\partial}{\partial x}F(V) = G(V) + S \tag{6.27}$$

为模拟山区复杂条件和可能间断的溃坝洪水，采用 HLL 格式的近似 Riemann 解对相邻控制体的界面上的物理通量进行计算。HLL 格式界面通量的计算方法为

$$F^{\mathrm{HLL}}=\begin{cases}F(V_L),s_L\geqslant 0,s_R>0\\ \dfrac{s_RF(V_L)-s_LF(V_R)+s_Ls_RF(V_R-V_L)}{s_R-sL},s_L\leqslant 0\leqslant s_R\\ F(V_R),s_L<0,s_R\leqslant 0\\ \dfrac{F(V_L)+F(V_R)}{2},s_L\geqslant 0\geqslant s_R\end{cases} \tag{6.28}$$

式中：V 为求解变量；s 为传播流速（此处为流速）；$F(V)$为界面通量；下标 L、R 代表界面的左、右。

界面通量的计算需要用到界面两侧的物理量。如果直接使用控制体中心的值作为界面的值，则界面通量的计算将只具有一阶精度。在计算结果上，表现为间断过渡较为平滑。为提高间断模拟的精度必须提高界面插值的精度，本模型采用 MUSCL 方法对界面两侧变量进行数值重构。以第 i 个控制体的右界面（$i+1/2$）为例，界面两侧的通量为

$$V_{i+1/2}^{L}=V_i+\varphi(G_i,G_{i+1})\frac{\Delta x_i}{2} \tag{6.29}$$

$$V_{i+1/2}^{R}=V_{i+1}-\varphi(G_{i+1},G_{i+2})\frac{\Delta x_{i+1}}{2} \tag{6.30}$$

式中：$G_i=\dfrac{V_i-V_{i-1}}{x_i-x_{i-1}}$；$\varphi$ 为限制器。

模型构建之后需在上下游给出边界条件。一般在上边界给定流量过程，下边界给定水位过程或水位流量关系。考虑到计算山区河流溃坝洪水时下游水位也是需要获取的结果，一般无法给定，因此，下边界一般给定水位流量关系，除此之外，上下边界还需补充条件作为新约束，上边界补充根据连续方程离散得到的新时刻水位和流量的关系，下边界增加流量沿程梯度为 0 的条件。

6.2.3.4 区域内水库应对措施

根据水库与堰塞体的相对位置，有不同的应急处置方案，对处于堰塞体上游的水库而言，应注意因堰塞体堵塞河道造成水位持续抬高后水库坝体的影响，对处于下游的水库而言，应对措施主要是为减轻堰塞湖溃决后造成的溃坝洪水对水库及其下游的影响。根据水库的建设运行情况，分为在建和已建两种类型分别进行描述。

1. 在建水库

对在建水库，根据水电站的建设进度灵活采取不同措施。在施工期，防洪标准一般较低，围堰期（包括导流洞围堰、大坝围堰）围堰设计洪水标准一般能达到 20 年一遇或 50 年一遇。

当堰塞湖湖区内有在建水库时，应充分判断堰塞湖水位上涨情况，根据水位变化分析对施工区各施工部位涉水作业的影响程度，适时的进行加高挡水物、人员设备转移等措施，因水位上涨需一定时间，可根据水位动态变化和堰塞湖溃决情况及时应对。

当在建水库处于堰塞湖下游时，应根据溃坝洪水分析成果，通过洪水演进模型计算溃坝洪水到达该在建水库坝址的洪水过程，在充分考虑各种不确定性及不利局面的基础上，

着眼于工程自身及工程下游的角度，采取紧急应对措施，包括人工设备撤离，围堰加高或破拆等。因溃坝洪水破坏性强、传播速度极快，下游水库需快速反应，以将损失降至最小。

2. 已建水库

对已建水库，主要为调整运行调度方式以减少堰塞湖对水库的影响。

当水库处于堰塞湖湖区时，堰塞湖水位的上涨将影响水库坝下的水位和水头。对于调蓄能力强的水库，可在考虑水库自身安全的前提下采取减少下泄流量的方式拦蓄上游来水，以减少入湖水量、减缓堰塞湖水位的上升速率，为堰塞湖应急处置争取应对时间、减少溃坝时的倾泻水量。若水库基本无调蓄能力，则重点关注堰塞湖水位上涨对坝下游水位的影响，视影响程度加高两岸堤防、疏散转移影响区域内的居民等。

当水库处于堰塞湖下游时，针对溃坝洪水演算成果，分析水库的入库洪峰及水量，依据水库设计标准研判水库调节能力。对于单一水库需以水库本身和下游防洪安全最大化为目的，提前做好预泄腾库、拦蓄调节或破拆等各项预案风险分析。若单一水库可拦蓄量小于溃坝总水量，需进行下游水库群联合应急调度。对于梯级水库，应提前开展调度研判工作，必要时由流域机构协调实现梯级水库联调，研究梯级水库拦洪削峰方案，在保证大坝安全的前提下尽量拦蓄洪水，减轻下游防洪压力。

6.2.4 堰塞湖水情监测预报预警流程

堰塞湖预报预警流程主要分为多源信息收集与整理、水情预报方案编制、实时水情预报预警与产品发布三个阶段。具体流程如图6.5所示。

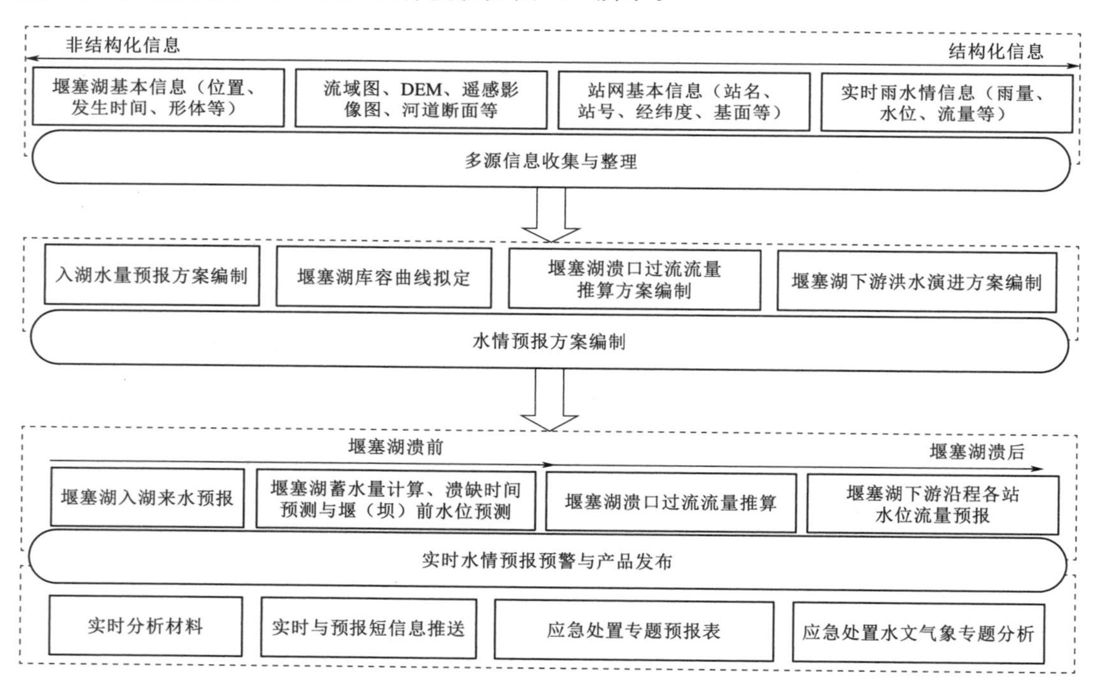

图6.5 堰塞湖预报预警工作流程

1. 多源信息收集与整理

多源信息收集与整理主要包括收集堰塞湖基本信息（位置、发生时间、形体等）、流域图、DEM、遥感影像图、河道断面等非结构化数据，以及站网基本信息（站名、站号、经纬度、基面等）、实时雨水情信息（雨量、水位、流量等）等结构化数据，为水情预报方案编制及实时信息发布提供数据基础。

2. 水情预报方案编制

水情预报方案编制主要包括拟定堰塞湖库容曲线、编制入湖水量预报方案、堰塞湖溃口过流流量推算方案以及堰塞湖下游洪水演进方案，实时预报来水、堰塞湖蓄水量、堰塞湖水位、堰塞湖溃决时间、堰塞湖溃口流量、堰塞湖下游沿程水位（流量）等水文要素，以满足堰塞湖应急处置对水情预报的需求。

3. 实时水情预报预警与产品发布

实时水情预报预警工作按堰塞湖的发展过程可分为两个阶段：溃决前与溃决后。溃决前，开展堰塞湖来水预报、堰塞湖蓄水量计算与堰（坝）前水位预测，提供堰塞湖来水过程、堰塞湖蓄水量、堰塞湖水位、堰塞湖溃决时间与最高水位等水文要素预报，为堰塞湖风险评估、排险方案制定提供基础；溃决后，开展堰塞湖溃口过流流量推算、堰塞湖下游沿程各站水位流量预报，实时推算溃口过流流量以及滚动预报堰塞湖水位、溃口流量、下游沿程水位（流量）等，发布预报（预警）信息及分析材料，为避险转移、实时抢险提供及时可靠的技术支持。

同时，开展预报产品、专题材料的发布工作，预报及材料的类别主要包括实时分析材料、实时与预报短信息推送、应急处置专题预报表、应急处置水文气象专题分析等。具体发布内容主要有堰塞体影响区域的水雨情实况、堰塞湖坝前水位实况及预测成果、入湖水量实况及预测成果、堰塞湖水量分析成果、堰塞湖溃决洪水演进实况及预报成果以及区域内水库调度运行情况等。

6.3　防洪应急预报实践

以2019年乌东德施工期为例简述防洪应急预报调度方案的编制流程以及实际应用案例，并以2018年白格堰塞湖期间的应急处置为例说明堰塞湖溃坝洪水监测预报预警的实践效果。

6.3.1　乌东德2019年度应急预报调度方案

6.3.1.1　水情保障能力分析

1. 水情监测能力分析

为满足金沙江下游梯级水电枢纽工程施工期水文保障服务需要，金沙江下游梯级水电站水情自动测报系统（以下简称“金沙江水情测报系统”）于2008年建成并投入运行。该系统自2008年下半年正式运行以来，经过几年的运行检验证明，金沙江水情测报系统基本满足测报要求，数据传输年畅通率达到98%以上，为工程的防汛度汛和科学调度提供了依据。同时，与上游水库群建立了良好的沟通和信息共享机制，为延长金沙江下游水库水情预报预见期和提高预报精度提供了重要的基础数据支撑，能够保障上游水库为下游梯级水电站拦洪预报调度的顺利实施。

2. 水情预报精度分析

乌东德水电站施工期洪水预报方案是基于2011年完成的《溪洛渡、向家坝入库流量预报方案研制报告》进行编制的，2015年依托国家防汛抗旱指挥系统二期工程长江防洪预报调度系统建设项目，对预报方案进一步进行了补充完善。此外，每年汛前根据前一年的实际情况，对现有方案进行修编。根据金沙江下游流域产汇流特性，以及施工现场水情预报经验开展预报工作。根据多年实践检验，金沙江下游梯级水电站坝址来水预报和坝区水位预报精度可达90%左右，结合天气预报和上游水库预调度信息，能够支撑应急防洪预报调度工作。

3. 洪水传播时间分析

金沙江下游干流来水受上游雅砻江二滩水库及金沙江中游干流水库调蓄影响较大，各关键河段洪水传播时间成果参见2.5节。

6.3.1.2　度汛条件分析

2019年汛期乌东德水电站大坝坝体临时挡水，度汛标准为全年100年一遇设计洪水，洪峰流量为28800m^3/s。右岸5号导流隧洞不考虑参与2019年泄流度汛。2019年汛期乌东德水电站主体工程（包括导流工程、大坝围堰、引水发电系统）及施工营地、移民搬迁安置和淹没处理工程等度汛标准均达到了20年一遇以上。考虑应急拦洪调度的复杂性（涉及乌东德水电站上游流域金沙江中游6个梯级和雅砻江锦屏一级、二滩等水库以及多家运行管理单位），乌东德水电站开展应急防洪调度的防御洪水标准不宜太低，根据上游水库群实际拦洪能力及水文气象预报情况，控制乌东德水电站坝址洪水不超20年一遇（洪峰流量分别为23600m^3/s）或50年一遇（洪峰流量分别为26600m^3/s）。

6.3.1.3　施工期重要断面过流能力分析

2019年乌东德为围堰导流过流阶段，需重点分析的断面主要包括围堰前或导流洞入口处。以乌东德坝址下游乌东德（二）水文站流量过程及上围堰（或导流洞入口附近）水位为依据，绘制上围堰水位流量关系曲线，即导流洞实际泄流曲线。不同的工程节点与不同的导流方式，导流洞泄流能力具有一定的差别，需实时跟踪导流洞泄流能力变化，为水情预报和调度方案编制提供支撑。

2019年汛期乌东德电站大坝临时挡水，5号导流洞不参与度汛泄流，由1～4号导流洞联合泄流，联合泄流能力如图6.6所示。当坝前水位低于5号导流洞底板高程（833m）时，5号导流洞不过流；当坝前水位达到5号导流洞底板高程时，5号导流洞开始过流，同水位下1～5号导流洞过流工况较1～4号导流洞的过流能力明显增加，随坝前水位升高偏差越来越明显。

采用2017—2018年实测资料对导流洞设计线进行复核，对比分析图如图6.7所示。由图可知，在相同的导流洞泄流工况下，2018年乌东德坝区上围堰水位流量关系与2017年相比变化不大；较设计线而言，坝址流量在4000m^3/s以下时，水位流量关系明显左偏，且流量越小，偏离幅度越大；坝址流量在4000m^3/s以上时，水位流量关系右偏，且流量越大，偏离幅度越大。

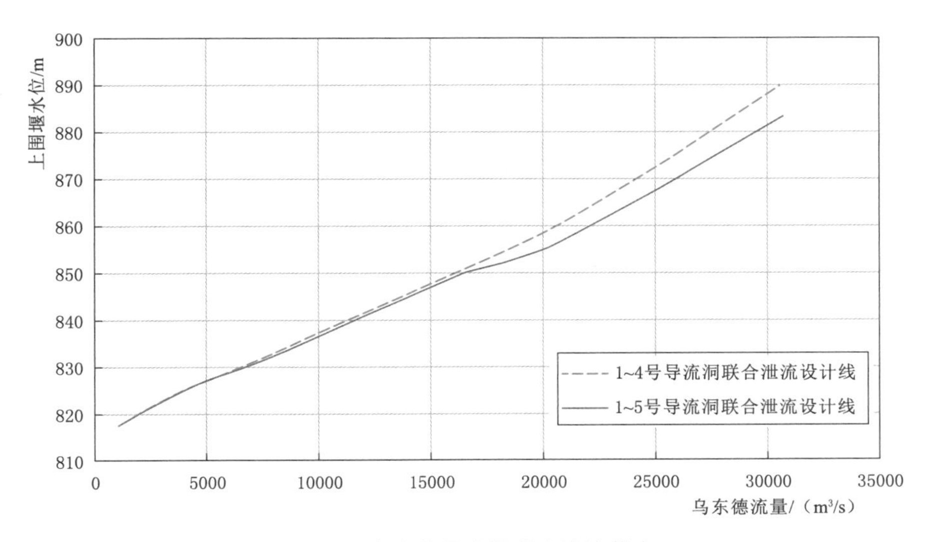

图 6.6 乌东德导流洞联合泄流能力

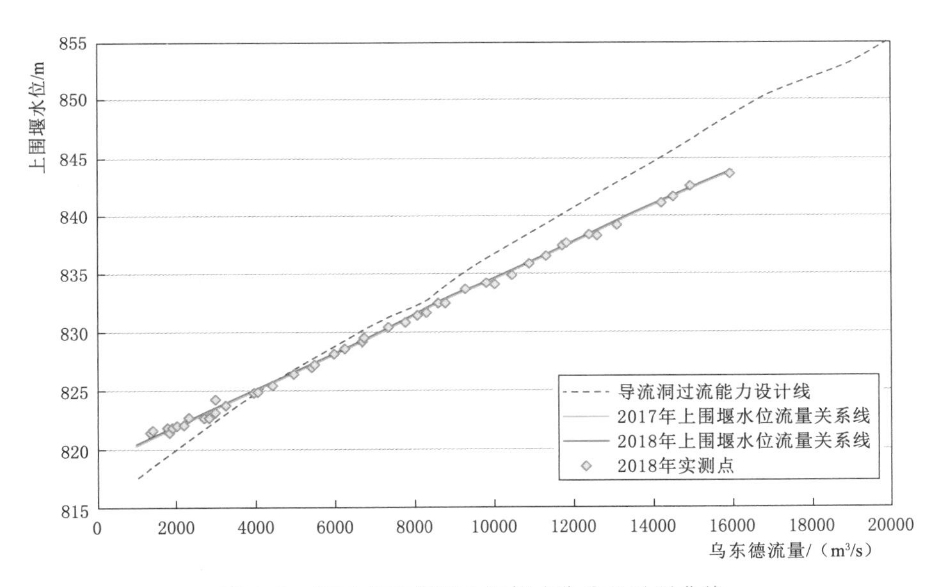

图 6.7 2018 年乌东德上围堰水位流量关系曲线

6.3.1.4 上游水库群应急拦洪能力分析

1. 上游水库群可利用库容分析

2019 年汛期乌东德上游具备拦洪条件的水库有金沙江中游梯级（梨园、阿海、金安桥、龙开口、鲁地拉、观音岩）和雅砻江下游梯级（二滩、锦屏一级）等，依据《长江流域防洪规划》、各电站度汛方案、长江上游水库群联合调度方案等指导文件，分析乌东德上游水库群 2019 年汛期不同时段预留防洪库容。乌东德上游主要水库汛期预留防洪库容见表 6.2。乌东德以上主要水库预留的防洪库容主要集中在 6—7 月，以 7 月预留 42.78 亿 m^3 为最大，8—9 月仅观音岩水库为攀枝花预留 2.53 亿 m^3，拦洪错峰能力有限，但各梯级水库运行水位是一个动态过程，应实时分析上游水库的可利用库容变化情况，为拦洪错峰应急调度提供条件。

雅砻江下游梯级水库 8 月开始控制蓄水，一般 9 月底蓄至正常蓄水位，蓄水过程中流域管理部门可根据防洪形势及各方面的需求及时干预、调整蓄水进程，因此表 6.2 中 8—9 月为理论最小防洪库容，实际中仍有很大的操作空间，能够为乌东德、白鹤滩坝区实施拦洪错峰调度。同时，在非汛期，绝大部分时段内乌东德、白鹤滩上游水库群实际运行水位均低于正常蓄水位，具备应急拦洪错峰调度的条件。

表 6.2　　2019 年乌东德以上水库汛期预留防洪库容表

水系	水库	库容/亿 m^3											
		6 月			7 月			8 月			9 月		
金沙江中游	梨园				1.73	1.73	1.73						
	阿海				2.15	2.15	2.15						
	金安桥				1.58	1.58	1.58						
	龙开口				1.26	1.26	1.26						
	鲁地拉				5.64	5.64	5.64						
	观音岩				5.42	5.42	5.42	2.53	2.53	2.53	2.53	2.53	2.53
	小计				17.78	17.78	17.78	2.53	2.53	2.53	2.53	2.53	2.53
雅砻江下游	锦屏一级	16.00	16.00	16.00	16.00	16.00	16.00						
	二滩	9.00	9.00	9.00	9.00	9.00	9.00						
	小计	25.00	25.00	25.00	25.00	25.00	25.00						
合计		25.00	25.00	25.00	42.78	42.78	42.78	2.53	2.53	2.53	2.53	2.53	2.53

2. 乌东德坝址超额洪量分析

（1）乌东德设计洪水。乌东德水电站坝址设计洪水为华弹（巧家）站设计洪水减去华弹—乌东德这一区域集水面积形成的洪水（详见第 2 章内容），设计成果见表 6.3。

表 6.3　　乌东德水电站坝址设计洪水成果表（观音岩水库建成前）

项　目		频率/%											
		0.01	0.02	0.1	0.2	0.33	0.5	1	2	5	10	20	50
洪峰流量 Q_m/(m^3/s)		42400	40500	35800	33700	32200	30900	28800	26600	23600	21100	18500	14500
时段洪量/亿 m^3	W_{24h}	35.7	34	30.1	28.3	27.1	26	24.2	22.4	19.8	17.8	15.6	12.2
	W_{72h}	104	98.8	87.4	82.4	78.7	75.6	70.3	65	57.6	51.7	45.3	35.5
	W_{7d}	214	204	181	170	163	156	146	134	119	107	93.8	73.5
	W_{15d}	436	415	366	345	329	316	293	270	239	214	187	145

根据《水利水电工程设计洪水计算规范》(SL 44—2006)的规定，选取资料可靠、具有代表性、对工程防洪较为不利的华弹(巧家)站1993年、1974年、1966年的大洪水过程线作为典型。

1966年8月20日至9月25日，洪水，洪峰、各时段洪量均在实测系列中排在第1位，主峰居中，主峰前后各有一小峰，洪水过程十分肥胖，洪峰不突出，量大峰不高，这种类型的洪水对工程较为不利。在巧家站该次洪水组成中，雅砻江小得石占33%，金沙江渡口占49%，渡口—小得石—巧家区间占18%，以金沙江来水为主，区间来水也较大。

1974年8月25日至9月26日，洪水形状为最具代表性的肥胖型单峰，峰形明显。洪峰、24h、72h、7d洪量在实测62年系列中均排第4位，洪峰及各时段洪量基本同频率。在巧家站该次洪水组成中，雅砻江小得石占38%，金沙江渡口占44%，渡口—小得石—巧家区间占18%，区间来水较大。

1993年8月6日至9月12日，洪水为双峰肥胖型洪水，前峰小、后峰大。洪峰、24h、72h、7d洪量在实测62年系列中均排第2位，洪峰及各时段洪量基本同频率。在华弹站该次洪水组成中，雅砻江小得石占41%，金沙江渡口占49%，攀枝花—小得石—华弹区间占10%，以金沙江来水为主，区间来水较小。

以上3个典型洪水过程按洪峰流量、最大7d和15d洪量为控制，采用同频率法计算坝址设计洪水过程线，如图6.6～图6.10所示。

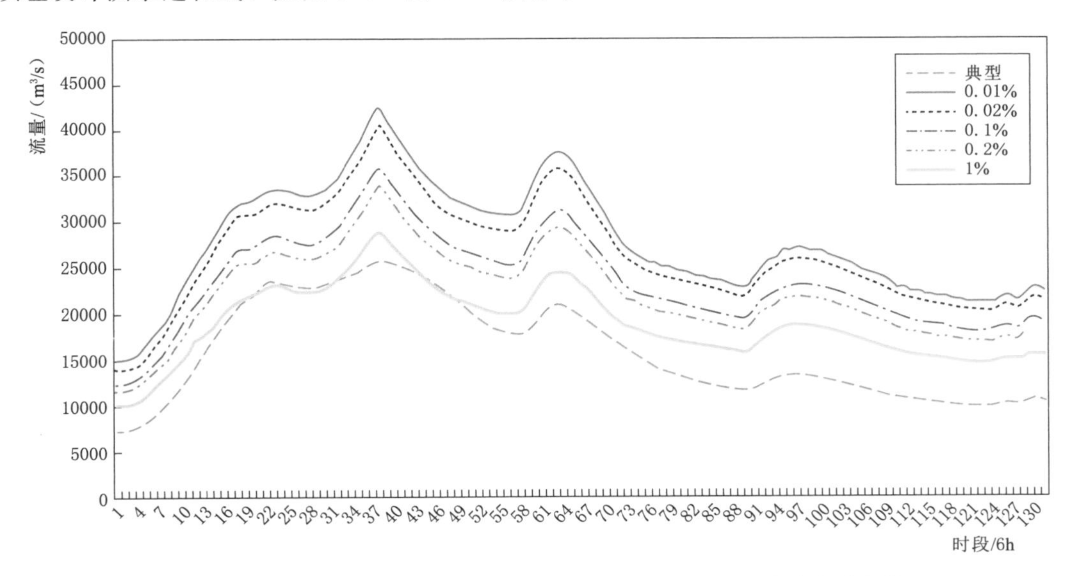

图6.8 以1966年典型洪水计算的乌东德水电站坝址设计洪水过程线

(2) 乌东德超额洪量分析。2019年乌东德电站主体工程及相关主要涉水工程的防洪标准达到了10年一遇以上，大坝坝体临时挡水度汛标准为全年100年一遇设计洪水，采用削峰调度方式，分4种情景讨论乌东德坝址典型年设计洪水的超额洪量，见表6.4。

1) 情景1：乌东德坝址流量按10年一遇洪峰流量控制(洪峰流量分别为21100m^3/s、22700m^3/s)。

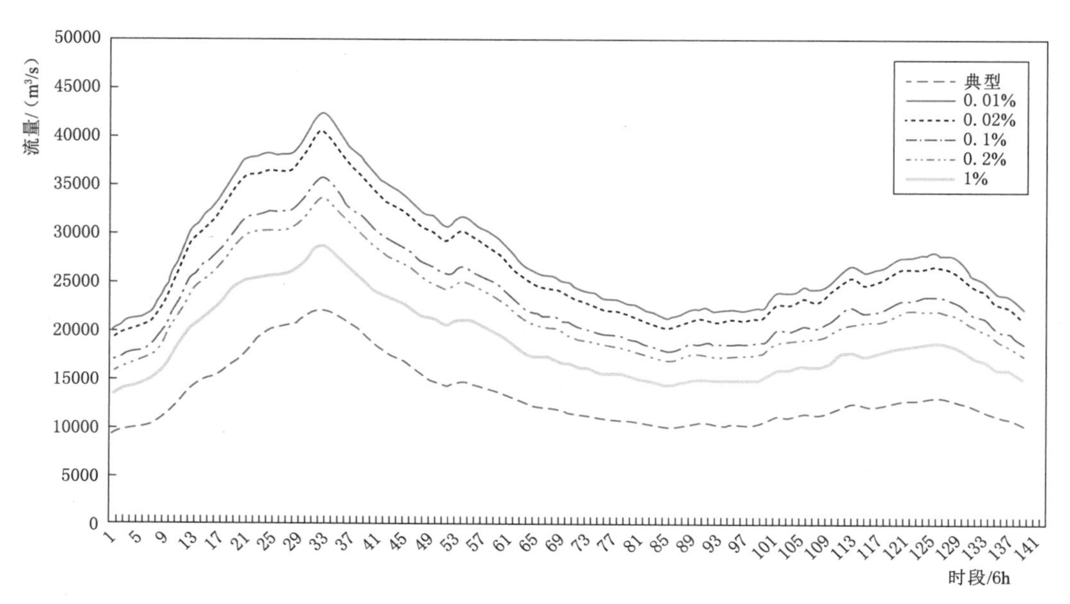

图 6.9　以 1974 年典型洪水计算的乌东德水电站坝址设计洪水过程线

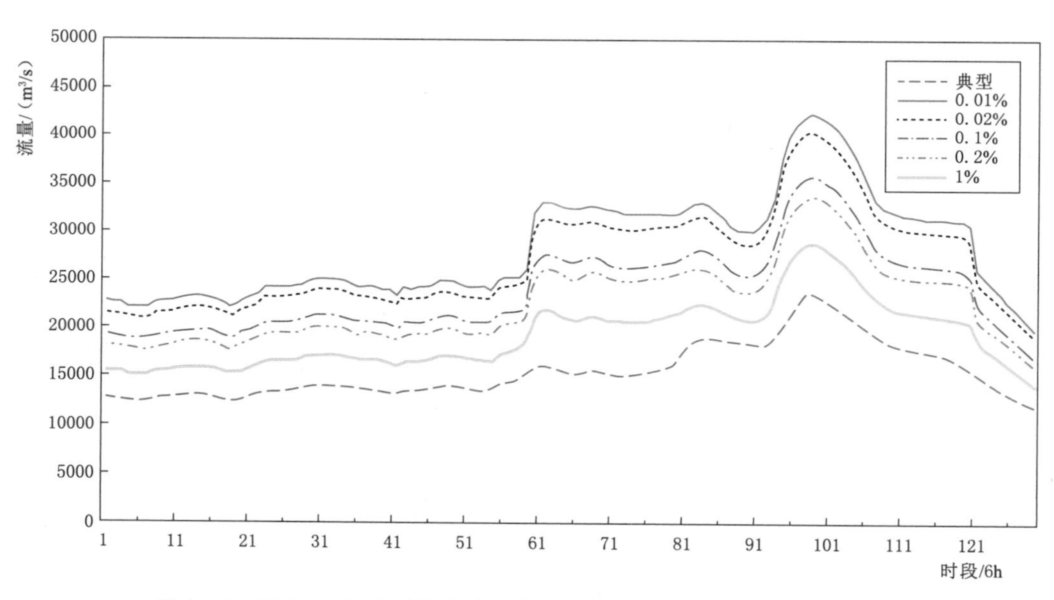

图 6.10　以 1993 年典型洪水计算的乌东德水电站坝址设计洪水过程线

2）情景 2：乌东德坝址流量按 20 年一遇洪峰流量控制（洪峰流量分别为 $23600m^3/s$、$25300m^3/s$）。

3）情景 3：乌东德坝址流量按 50 年一遇洪峰流量控制（洪峰流量分别为 $26600m^3/s$、$28700m^3/s$）。

4）情景 4：乌东德坝址流量按 100 年一遇洪峰流量控制（洪峰流量分别为 $28800m^3/s$、$31100m^3/s$）。

表 6.4　乌东德坝址超额洪量

项　目		典　型　年		
		1966 年	1974 年	1993 年
典型年超额洪量/亿 m^3	情景 1	16.60	2.66	1.04
	情景 2	3.20		
	情景 3			
	情景 4			
1000 年一遇设计洪水超额洪量/亿 m^3	情景 1	97.20	94.10	99.40
	情景 2	60.30	60.20	63.00
	情景 3	26.80	22.90	33.70
	情景 4	11.90	13.10	19.20
500 年一遇设计洪水超额洪量/亿 m^3	情景 1	72.20	71.90	74.00
	情景 2	40.50	39.00	45.30
	情景 3	13.60	13.90	21.40
	情景 4	5.10	8.00	9.80
200 年一遇设计洪水超额洪量/亿 m^3	情景 1	43.40	42.60	46.70
	情景 2	17.80	15.60	24.60
	情景 3	4.20	6.80	8.10
	情景 4	1.10	2.30	1.80
100 年一遇设计洪水超额洪量/亿 m^3	情景 1	24.01	20.39	28.75
	情景 2	7.59	9.33	12.70
	情景 3	1.31	2.44	1.94
50 年一遇设计洪水超额洪量/亿 m^3	情景 1	9.61	10.65	15.42
	情景 2	2.55	4.23	3.91
20 年一遇设计洪水超额洪量/亿 m^3	情景 1	1.77	3.31	2.96

由表 6.4 可知，乌东德坝址发生 1000 年一遇洪水，若按 10 年一遇控制，超额洪量为 94.1 亿～99.4 亿 m^3；若按 20 年一遇控制，超额洪量为 60.2 亿～63.0 亿 m^3；若按 50 年一遇控制，超额洪量为 22.9 亿～33.7 亿 m^3；若按 100 年一遇控制，超额洪量为 11.9 亿～19.2 亿 m^3。

乌东德坝址发生 500 年一遇洪水，若按 10 年一遇控制，超额洪量为 71.9 亿～74.0 亿 m^3；若按 20 年一遇控制，超额洪量为 39.0 亿～45.3 亿 m^3；若按 50 年一遇控制，超额洪量为 13.6 亿～21.4 亿 m^3；若按 100 年一遇控制，超额洪量为 5.1 亿～9.8 亿 m^3。

乌东德坝址发生 200 年一遇洪水，若按 10 年一遇控制，超额洪量为 42.6 亿～46.7 亿 m^3；若按 20 年一遇控制，超额洪量为 15.6 亿～24.6 亿 m^3；若按 50 年一遇控制，超额洪量为 4.2 亿～8.1 亿 m^3；若按 100 年一遇控制，超额洪量为 1.1 亿～2.3 亿 m^3。

乌东德坝址发生 100 年一遇洪水，若按 10 年一遇控制，超额洪量为 20.39 亿～28.78 亿 m^3；若按 20 年一遇控制，超额洪量为 7.59 亿～12.7 亿 m^3；若按 50 年一遇控制，超额洪量为1.31亿～2.44亿m^3。

乌东德坝址发生50年一遇洪水，若按10年一遇控制，超额洪量为9.61亿～15.42亿m^3；若按20年一遇控制，超额洪量为2.25亿～4.23亿m^3。

乌东德坝址发生20年一遇洪水，若按10年一遇控制，超额洪量为1.77亿～3.31亿m^3。

3. 上游水库群应急拦洪能力分析

6月，乌东德上游水库群预留防洪库容为25亿m^3，7月为42.78亿m^3，8—9月为2.53亿m^3。基于超额洪量分析，上游水库群的防洪库容，在6月份能将乌东德坝址1000年一遇洪水控制在50～100年一遇，500年一遇洪水控制在20～50年一遇，200年一遇洪水控制在20年一遇，100年一遇洪水控制在10年一遇（除1993年典型外）。

7月能将乌东德坝址1000年一遇洪水控制在20～50年一遇，500年一遇洪水控制在20年一遇（除1993年典型外），200年一遇洪水控制在10年左右一遇，100年一遇洪水控制在常遇洪水。

8—9月，尽管防洪库容较少，但仍能将乌东德坝址200年一遇洪水控制在100年一遇，100年一遇洪水控制在50年一遇，在一定程度上减轻防洪压力。

表6.5　上游水库群应急调度防洪效应(乌东德坝址)

设计洪水	上游水库群应急调度调控后洪水量级		
	6月	7月	8—9月
1000年一遇	50～100年一遇	20～50年一遇	超100年一遇
500年一遇	20～50年一遇	20年一遇（1993年典型除外）	超100年一遇
200年一遇	20年一遇	10年一遇左右	100年一遇
100年一遇	10年一遇（1993年典型除外）	常遇	50年一遇
50年一遇	常遇	常遇	20～50年一遇
20年一遇	常遇	常遇	10～20年一遇

若乌东德工程防洪标准按100年一遇考虑（乌东德大坝坝体挡水度汛标准），联合上游水库群应急调度，乌东德工程6月、7月可防御1000年一遇洪水，8—9月可防御200年一遇洪水。

考虑到汛期雅砻江下游梯级水库实时运行水位可能在汛限水位以下，在非汛期乌东德以上水库群基本在正常高水位以下运行，因此可能存在实际可利用防洪库容大于表6.4中成果的情况。同时，金沙江中游梯级及雅砻江下游梯级水库汛期可能进行水位动态控制，其实时运行水位可能略高于汛限水位，从而导致可利用防洪库容小于表6.2中的成果。在非汛期，由于库水位基本在正常蓄水位以下，也具备为乌东德水电站拦洪错峰的条件。

6.3.1.5 应急拦洪预报调度方案

1. 启动条件

施工期汛期金中及雅砻江梯级水库为乌东德拦洪错峰的主要洪水为乌东德水电站20年一遇以上洪水，以及未发生超标洪水但工程有拦洪需求的情况。

当预报乌东德水电站坝址将出现10年一遇以下洪水，根据中期天气形势判断坝址发生超标准洪水可能性较小，且上游水库群也不需要进行防洪调度，经判断工程临时有拦洪错峰的需要时，根据工程需求利用上游水库群进行削峰调度。

当短期水情预报乌东德水电站坝址洪水将超过20年一遇，流量分别将超过23600m^3/s、25300m^3/s，且根据中期天气形势判断发生50年一遇以上洪水可能性较小时，可根据上游水库实时可利用库容情况，利用上游水库群进行削峰、错峰调度，尽量控制坝址洪峰流量不超20年一遇。

当短期水情预报乌东德水电站坝址洪水将超过50年一遇，流量分别将超过26600m^3/s、28700m^3/s，且根据中期天气形势判断发生100年一遇以上洪水可能性较小时，可根据上游水库实时可利用库容情况，充分利用上游水库群进行削峰、错峰调度，尽量降低坝址洪峰流量。

当短中期水情预报乌东德水电站坝址将发生100年一遇以上的洪水，流量分别将超过28800m^3/s、31100m^3/s，利用上游水库群在保证自身安全的前提下，尽量降低坝址洪峰流量。

2. 调度方案

当洪水量级较小（小于20年一遇），乌东德水电站又确有防洪需求，且中期预报预见期7d内无明显强降雨过程时，基本可排除发生20年一遇以上洪水的可能性，在保证上游水库安全的前提下，可提前12h启动上游水库群削峰调度。并基于防洪需求，依据水情预报及上游水库群实时调度情况制定应急防洪调度方式。因二滩水库至乌东德坝址传播时间较短（流量大于9000m^3/s时9～12h），且雅砻江下游梯级防洪库容较大，拦蓄效果较为明显，在超额洪量不多的情况下应优先选择雅砻江锦屏一级、二滩水库和金沙江中游水库进行适度控泄配合，洪水过后需及时腾库。

当预报乌东德坝址遭遇20～50年一遇洪水时，分析来水组成和乌东德上游水库群剩余防洪库容，制作应急防洪调度方案，利用上游水库群进行削峰、错峰调度。若处于6—7月，由于防洪库容比较充足，控制乌东德坝址洪峰流量不超20年一遇；若处于8—9月，尽量降低乌东德坝址洪峰流量。

当预报乌东德、白鹤滩坝址遭遇50～100年一遇洪水时，分析来水组成和乌东德上游水库群剩余防洪库容，制作应急防洪调度方案，利用上游水库群进行削峰、错峰调度。若处于6—7月，由于防洪库容比较充足，尽量控制乌东德坝址洪峰流量不超20年一遇；若处于8—9月，尽量控制乌东德坝址洪峰流量不超50年一遇。

当预报乌东德、白鹤滩坝址遭遇100年一遇以上洪水时，上游水库群应在满足自身防洪需求的前提下，尽量降低乌东德坝址洪峰流量。

金沙江中游梯级水库以拦蓄洪量为主，原则上是先上游后下游水库进行拦蓄；雅砻江梯级水库以削峰、错峰调度为主，采用联合调度操作。乌东德以上梯级水库为攀枝花、川渝江段或长江中下游进行防洪调度时，一定程度上会减小乌东德的洪水，一般情况下应兼顾乌东德的防洪需求。

当启动乌东德以上梯级水库拦蓄后，若上游来水继续增加，洪水量级不断攀升，已明确无法保证乌东德的施工防洪需求，或乌东德上游水库自身及其防洪保护对象有防洪需求时，应及时转换调度操作。

6.3.2　乌东德初期蓄水期上游水库应急预报调度方案应用

根据工程建设总体进度安排，2020年1月15—20日，乌东德水电站将完成由临时导流洞到坝身永久中孔过流的转序，坝前水位将由830m左右抬升至890m左右。期间，坝前水位在短期内将抬升60余m。

为减缓水位骤升对拱坝、坝前护坡及回水区岸坡稳定的影响，降低相关风险，保障本次导流转序顺利实施，下闸蓄水期间，乌东德水文气象现场为在本次应急调度中提供水文预报及水库调度方案，为水电站建设管理部门与电网协调上游水电站出库流量控制提供技术支持及方案。通过协调，乌东德水电站下闸蓄水期间上游来水减小，减缓了坝前水位上升速率，将初始24h水位涨幅由33m减小至23.88m，降幅达9.12m。

6.3.2.1　蓄水过程测算

1. 近期来水调洪演算

采用2020年1月4日以来的实际入库流量过程计算库水位抬升过程，4日8时至11日8时坝址平均来水2100m³/s左右，正常略偏多。

由调洪计算（表6.6）可知，从2号导流洞下闸（15日8时）至库水位抬升至890m，历时约74h，其中首个24h的库水位涨幅达33m，前48h涨幅47.5m。

表6.6　上游不拦蓄条件下的调洪计算结果

时　间	入库流量/(m³/s)	平均出库流量/(m³/s)	库水位/m	日涨幅/m	总时间/d
1月15日8时	2100	—	833.00	—	3.1
1月16日8时	2100	464	866.00	33.00	
1月17日8时	2100	501	880.51	14.51	
1月18日8时	2100	573	889.40	8.89	
1月18日10时	2100	600	890.00	0.60	

2. 拦蓄方案调洪演算

（1）方案一：1月14—18日，二滩、观音岩日均出库流量分别按1000m³/s、500m³/s维持。由调洪计算（表6.7）可知，从2号导流洞下闸（15日8时）至库水位抬升至890m，历时约96h，首个24h的库水位涨幅30m，相比上游水库不拦蓄情况减小3m，前48h涨幅43.5m，相比上游水库不拦蓄情况减小4m。

表6.7　拦蓄方案一的调洪计算结果

时　间	入库流量/(m³/s)	平均出库流量/(m³/s)	库水位/m	日涨幅/m	总时间/d
1月15日8时	1700	—	831.00	—	4.2
1月16日8时	1700	396	861.04	30.04	
1月17日8时	1700	461	874.55	13.51	
1月18日8时	1700	536	883.23	8.67	
1月19日8时	1700	581	889.41	6.18	
1月19日12时	1700	601	890.28	0.88	

(2) 方案二：1 月 14—15 日，二滩日均出库流量按 500m^3/s，1 月 16—18 日日均出库流量按 1000m^3/s 维持；观音岩日均出库流量均按 500m^3/s。由调洪计算（表 6.8）可知，从 2 号导流洞下闸（15 日 8 时）至库水位抬升至 890m，历时约 118h，首个 24h 的库水位涨幅 24m，相比上游水库不拦蓄情况减小 9m，前 48h 涨幅 35.5m，相比上游水库不拦蓄情况减小 12m。

表 6.8　　拦蓄方案二的调洪计算结果

时　间	入库流量/(m^3/s)	平均出库流量/(m^3/s)	库水位/m	日涨幅/m	总时间/d
1 月 15 日 8 时	1200	—	830.00	—	5
1 月 16 日 8 时	1200	305	854.11	24.11	
1 月 17 日 8 时	1200	399	865.49	11.38	
1 月 18 日 8 时	1700	485	877.14	11.65	
1 月 19 日 8 时	1700	549	885.00	7.86	
1 月 20 日 6 时	1700	588	890.33	5.32	

6.3.2.2　上游水库拦蓄能力分析

乌东德上游主要水库包括自雅砻江和金沙江中游的梯级水库群，其最末端控制性水库分别为二滩、观音岩水库，以两者为对象，分析拦蓄方案对上游水库自身的影响。

1. 二滩水库

1 月以来，二滩水库来水受上游锦屏一级电站加大出库影响，日均入库流量增加至 1030m^3/s 左右，1 月 9—11 日日均出库流量为 1410m^3/s 左右。当前（1 月 12 日 8 时），二滩水库水位为 1194.36m（图 6.11）。

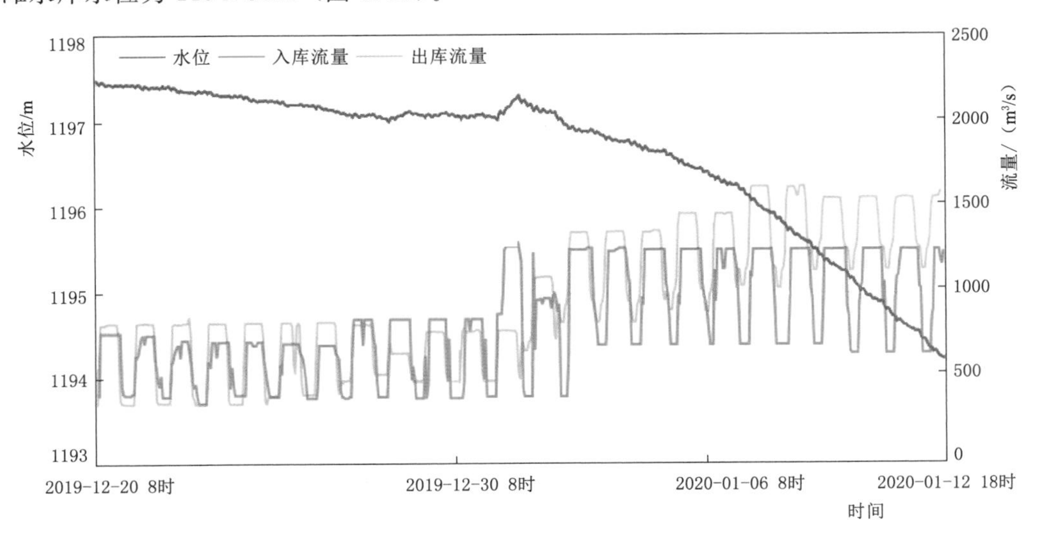

图 6.11　二滩水库实际运行情况

考虑二滩水库 1 月 14—15 日的日均出库流量按 500m^3/s 控制，1 月 16—18 日的日均出库流量按 1000m^3/s 控制（基本维持出入库平衡），1 月 19 日库水位将抬升至

1195.37m，较1月12日8时拦蓄约0.96亿m^3。

2. 观音岩水库

1月以来，观音岩水库日均入、出库流量分别在465～987m^3/s、503～875m^3/s之间波动，库水位在1129～1130m之间波动。当前（1月12日8时），观音岩水库水位为1129.1m（图6.12）。

观音岩水库最小下泄流量为439m^3/s（生态流量）。若1月14日起日均出库流量减至500m^3/s并控制5d，且起调水位按1129.1m考虑，1月19日库水位将抬升至1130.89m，较1月12日8时拦蓄约0.85亿m^3。

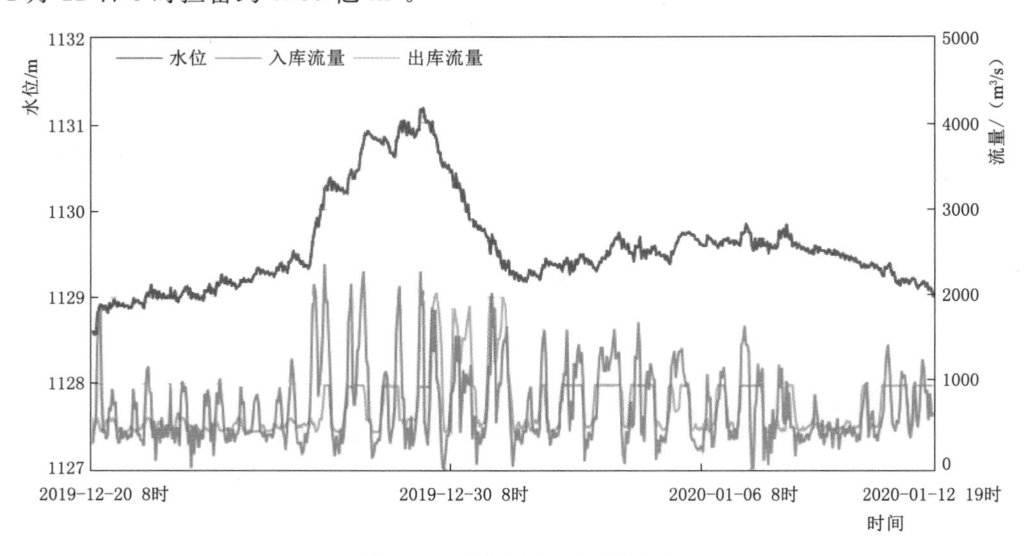

图6.12 观音岩水库运行情况

6.3.2.3 风险分析

1. 大坝自身风险分析

由于大坝未设置导流底孔，导流洞直接过渡到永久泄洪中孔，其间，由于最后一条导流洞（5号）过流能力较小，库水位在短时间内抬升达60m，特别是基于当前来水情况估算，若上游水库不拦蓄，首个24h涨幅将超过30m。

2. 坝前护坡及水库回水区岸坡风险分析

坝前护坡面积大，回水区两岸地质灾害隐患点多，类似库水位连续快速抬升的情况在国内尚属首次，对坝前护坡及水库回水区岸坡的稳定将带来一定风险。

6.3.2.4 需求与协调操作

导流洞泄流向坝身泄洪中孔过流转序能否如期完成，直接影响5条导流洞的堵头封堵能否按期完成，进而影响乌东德蓄水发电的总工期，2号、5号导流洞顺利下闸不容有闪失。

降低导流洞泄流向坝身永久泄洪中孔过流转序过程中由于水位抬升过快带来诸多风险的唯一途径，是减小乌东德入库流量，以减缓坝前水位抬升速度。

通过调洪分析，库水位快速上涨段主要出现在下闸后的最初48h，其累计涨幅占总涨幅的 2/3。因此，初始 48h 的水库水位涨速控制是关键。

综合分析上游来水现状组成，提出了上游水电站出库流量控制方案：2020 年 1 月 14—15 日期间，二滩日均出库流量减少至不超 500m³/s 控制，2020 年 1 月 16—18 日期间，二滩日均出库流量按不超 1000m³/s 控制；2020 年 1 月 14—18 日期间，观音岩水库日均出库流量均按不超 500m³/s 控制。

6.3.2.5 效果分析

2020 年 1 月 12 日，在现场水文气象预报人员提出上游水电站应急协调调度分析方案后，经长江电力梯调中心与国网西南电力调度控制分中心、云南电网协调，商请调减桐子林水电站（雅砻江最后一级水电站，无调节库容）出库流量，1 月 14 日 12 时至 16 日，桐子林水电站日均出库流量按不超过 500m³/s 控制，1 月 17—20 日，桐子林水电站日均出库流量按不超 1000m³/s 控制；商请调减观音岩水电站（金沙江中游最后一级水电站）出库流量，1 月 14—18 日期间，观音岩水库日均出库流量均按不超 500m³/s 控制。

经过协调，上游水库的控泄有效减小了乌东德水电站下闸蓄水期间的入库流量，减缓了坝前水位抬升速度，将初始 24h 水位涨幅由 33m 减小至 23.88m，降幅达 9.12m，降低了导流洞泄流向坝身中孔泄流转序过程中的诸多风险，保障了乌东德水电站第一阶段蓄水顺利完成。

表 6.9　乌东德水电站不同情况下蓄水期间水情过程对比

时　间	实际水情过程			未拦蓄时的水情过程		
	坝前水位/m	日涨幅/m	日均流量/(m³/s)	坝前水位/m	日涨幅/m	日均流量/(m³/s)
1 月 15 日 15 时 15 分	833.42	—	—	833.00	—	—
		23.88	1370		33.00	2100
1 月 16 日 15 时 15 分	857.30			866.00		
		8.17	1020		14.51	2100
1 月 17 日 15 时 15 分	865.47			880.51		
		9.61	1380		8.89	2100
1 月 18 日 15 时 15 分	875.08			889.40		
		9.33	1670		6.40	2100
1 月 19 日 15 时 15 分	884.41			895.80		
		6.54	1730		—	—
1 月 20 日 15 时 20 分	890.95			—		
		2.69	1870		—	—
1 月 21 日 15 时 20 分	893.64	—	—	—	—	—

6.3.3 白格堰塞湖应急监测预报

2018 年 11 月，金沙江上游发生堰塞湖险情，期间乌东德水电站正在进行泄洪洞出口水垫塘抽水以及 5 号导流洞改建施工，根据工作安排及现场需求，乌东德水文气象服务现场及时启动应急预报服务工作。

6.3.3.1 堰塞湖概况

2018 年 11 月 3 日 17 时左右，西藏自治区江达县波罗乡白格村境内金沙江右岸再次发生山体滑坡，导致金沙江主河道被堵并形成堰塞湖。山体滑坡地点与 2018 年 10 月 11 日山体滑坡点一致，是在原残余坝体基础上形成的堰塞体（图 6.13）。此次堰塞体堰顶垭口宽约 195m，长约 273m，高程约 2966.48m，蓄满时最大库容约 7.7 亿 m³。

图 6.13　金沙江“11·3”白格堰塞湖实景

6.3.3.2　堰塞湖发展全过程

1. 堰塞体上游水情变化

2018 年 11 月 3 日 17 时许，金沙江白格附近再次形成堰塞湖，此时堰塞体上游岗托站流量约为 684m^3/s，堰塞湖入湖流量约 800m^3/s，此后来水缓慢消退。堰塞湖水位不断上涨，11 月 12 日 4 时 45 分，堰塞湖水位达到泄流槽底坎（高程 2952.52m），泄流槽开始进水，10 时 50 分，泄流槽全线贯通过流，13 日 13 时 45 分，堰塞湖出现最高水位 2956.40m，总涨幅 64.04m，超过泄流槽底坎 3.88m，相应库容 5.78 亿 m^3。此后坝体过水断面不断扩大，下泄流量不断增加，于 13 日 18 时出现最大过流流量 31000m^3/s。白格堰塞湖坝前水位快速下降，14 日降至 2905m 以下后基本平稳，较最高水位下降约 51.5m。白格堰塞湖（坝前）站水位过程线如图 6.14 所示。

2. 堰塞体下游洪水演进过程

堰塞湖溃坝洪水演进至下游叶巴滩、巴塘、奔子栏、石鼓各站的洪峰流量分别为 28300m^3/s（13 日 19 时 50 分）、20900m^3/s（14 日 1 时 55 分）、15700m^3/s（14 日 13 时）、7170m^3/s（15 日 8 时 40 分），经各站洪峰流量重现期计算分析，初步判断奔子栏及以上各站均为超万年一遇的特大洪水。15 日 3 时，梨园入库来水开始起涨，14 时出现洪峰流量 7410m^3/s。

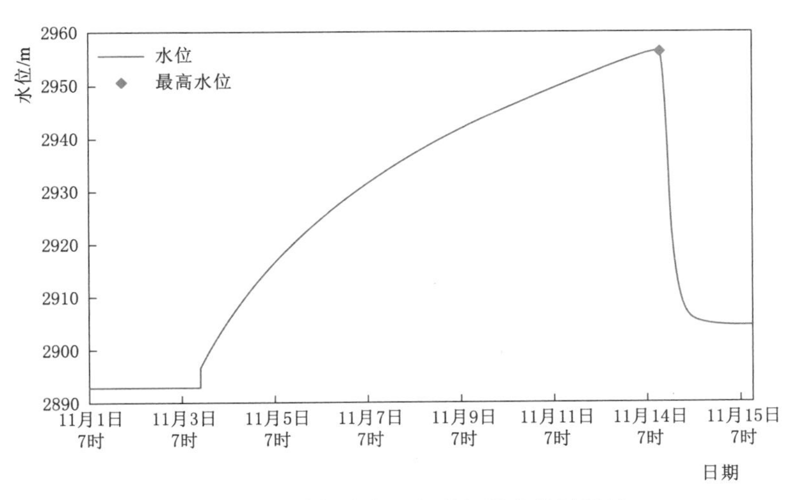

图 6.14 白格堰塞湖（坝前）站水位过程线

堰塞湖下游各站洪峰流量、峰现时间及重现期见表 6.10，金沙江上游沿程主要水文站流量过程线如图 6.15 所示。

表 6.10 叶巴滩、巴塘、奔子栏、石鼓站洪峰特征值统计

特征值	站名			
	叶巴滩	巴塘	奔子栏	石鼓
洪峰流量/(m^3/s)	28300	20900	15700	7170
峰现时间	13 日 19 时 50 分	14 日 1 时 55 分	14 日 13 时	15 日 8 时 40 分
重现期	超万年一遇	超万年一遇	超万年一遇	10 年一遇

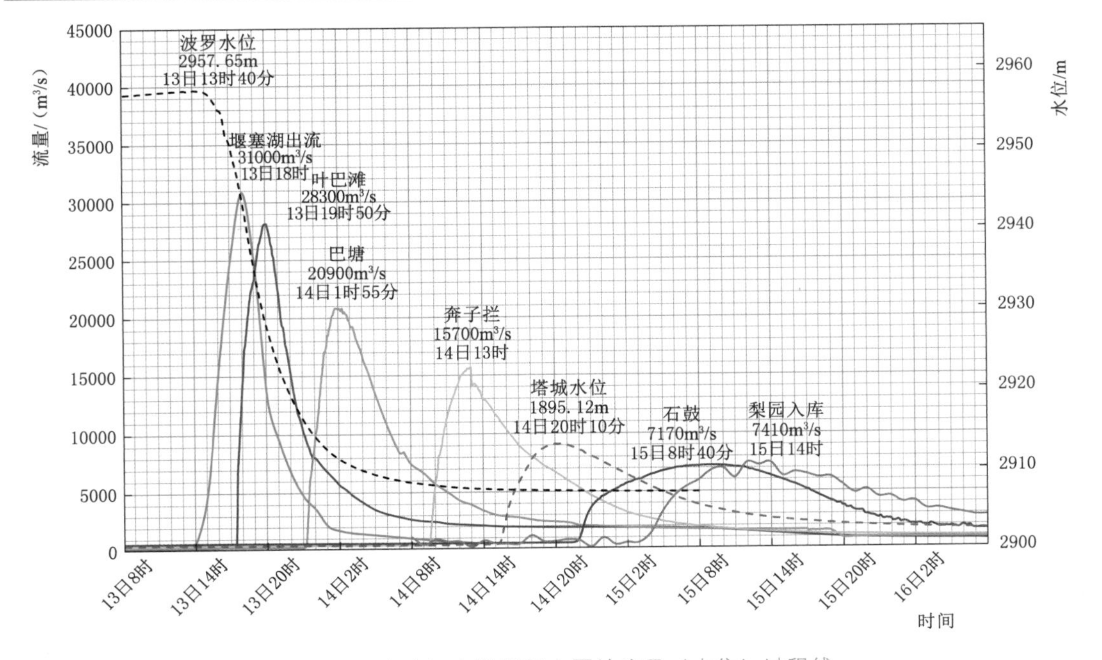

图 6.15 金沙江上游沿程主要站流量（水位）过程线

根据长江防总调度令，11月5日金沙江中游梯级水库开始预泄腾库，加大水库下泄流量。受金沙江中游水库腾库影响，金沙江下游沿程各水文站自11月5日起出现一次涨水过程，攀枝花、三堆子、乌东德、白鹤滩各站最大流量分别达到3990m³/s（8日15时）、6170m³/s（8日15时）、5420m³/s（9日6时）、5780m³/s（9日17时）。

11月10日以后，因堰塞湖阻流影响导致下游来水减少；15日，当溃堰洪水到达金中水库后，因前期已腾出足够库容消纳溃坝洪水，通过金中梯级水库的拦洪调度，基本消除了洪水对下游的影响，金沙江下游来水总体呈消退态势。金沙江下游沿程主要水文站流量过程线如图6.16所示。

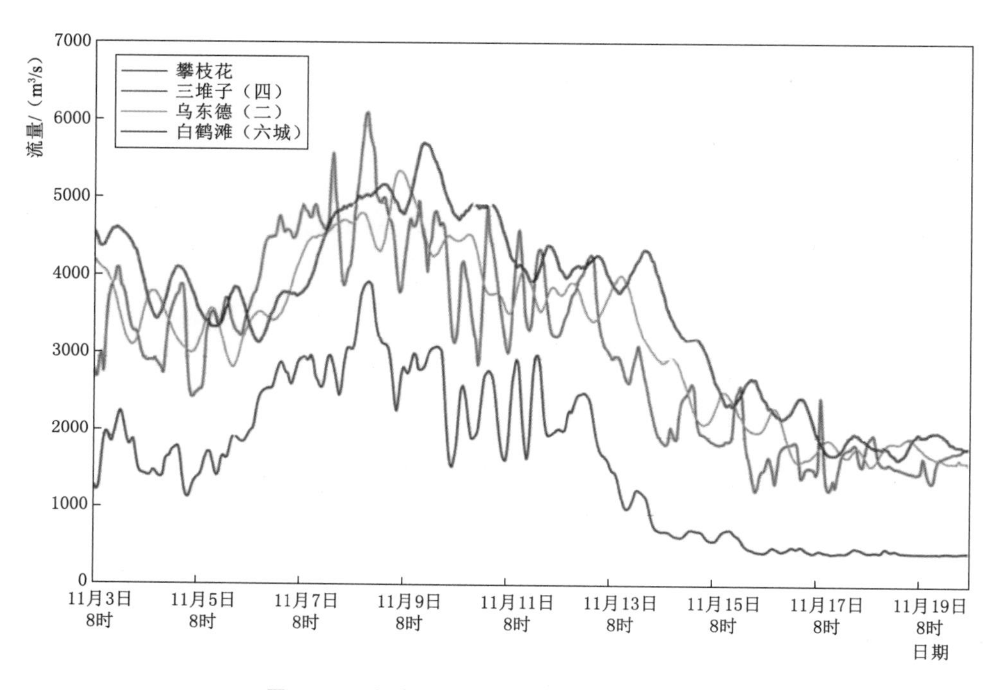

图6.16 金沙江下游沿程主要站流量过程线

6.3.3.3 水文应急监测

1. 水文应急监测体系构建

11月3日，金沙江白格堰塞湖险情发生后，流域水文部门根据上级部门的指示，立即联合各省水文部门和在建工程管理单位，构建水文应急监测体系，并抽调骨干力量组建多组应急监测专业队伍，分别赶赴监测现场指导工作，并成立专家组巡回指导协调开展应急监测，结合堰塞湖的实际情况和各站水文特性，逐站编制超高洪水应急监测预案。

白格堰塞湖附近区域有8个水文（位）站，其中堰塞体上游3个、下游5个，测站所属单位主要有长江委水文局、四川省甘孜水文局以及华电金沙江上游水电开发有限公司。

堰塞体上距岗托水文站约90km，距波罗站约15km，下距叶巴滩水文站约54km，距巴塘水文站约190km。各站具体情况见表6.11。

表 6.11 白格堰塞湖应急监测站网信息表

位 置	站 名	干支流	测验项目	所属单位	观测方式	相对位置
白格堰塞体上游	岗托	干流	水位、流量	长江委水文局	遥测	坝上 90km
	波罗	干流	水位、流量	华电金沙江上游水电开发有限公司（以下简称金上公司）工程专用站	淹没	15km
	白格堰塞湖（坝前）	干流	水位	四川省甘孜水文局	遥测	坝上 15km
白格堰塞湖体下游	白格堰塞湖（坝下）	干流	水位	四川省甘孜水文局	遥测	坝下 52km
	叶巴滩导进	干流	水位、流量	金上公司工程专用站	遥测	坝下 54km
	巴塘	干流	水位、流量	长江委水文局	遥测	坝下 190km
	奔子栏	干流	水位、流量	长江委水文局	遥测	坝下 390km
	石鼓	干流	水位、流量	长江委水文局	遥测	坝下 598km

2. 监测技术和监测要素

考虑堰塞湖溃坝后各站水位涨幅大，各水文站及测流断面对现有大断面进行了加测，根据加测后的大断面资料，结合历史洪水资料对各站水位流量关系进行高水延长。各应急工作组开展现场查勘、增设临时水尺、埋设自记水位管线、安装水位计、进行高程测量、建立了高水应急测验设施，抓紧开展夜测演练、高洪演练、无人机投放浮标演练。

为保障水文应急监测工作顺利进行，流域水文部门（长江水利委员会水文局）、地方政府及相关部门加强联系，协助办理应急监测队伍车辆通行证，提供帐篷、电力保障、水文站物资转移、紧急撤离安置点等相关保障。

3. 水文应急监测信息管理

根据实测站网分布和来源，本次堰塞湖附近测站来自长江委水文局、四川省甘孜水文局、金上公司三家单位。堰塞湖发生后，第一时间协调三家单位的数据传输链路，打开数据共享通道，建立水雨情实测数据实时交换共享机制，及时更新至长江洪水预报调度系统和手机 App，保障数据的时效性；收集叶巴滩、苏洼龙、拉哇三座在建或已建水利工程的基本信息以及金中梯级水库群的运行信息；与西藏自治区水文局建立信息共享机制，加强沟通；确定专人与堰塞湖前方工作组保持联系和沟通，及时传送分析材料和实时数据，保证监测信息、分析材料的实时更新。

6.3.3.4 堰塞湖多源信息融合

坝上水位数据资料是堰塞湖应急处置的基础性资料，主要用于复核堰塞湖水位容积曲线、预测堰塞湖漫溃时间以及推算溃流过程和残余水量。在堰塞湖处置过程中，水位监测站运行维护的主体负责部门存在不一致的现象，站与站之间高程的统一与数据资料的一致性是应急处理的关键问题之一。

堰塞湖坝上站波罗站与白格堰塞湖（坝前）站从涨水面到退水最大变幅出现前，均有较为完整的水位观测数据。其中坝前 15km 处波罗站测站基面为当地水电站建设的采用的水准点引据得到，属黄海基面；坝前 3km 堰塞湖（坝前）站采用 RTK 建立的 GPS 大地测量系统，属假定基面。为统一基面，获得相对准确的坝前水位，避免两站水位数据相互矛盾，通过观测比对，两站在较长时间内有较为稳定的1.35m高差，实测水位过程如图6.17所示。因此，通过波罗站与坝前水位站的高差值分析校核，实时校正坝前水位值。

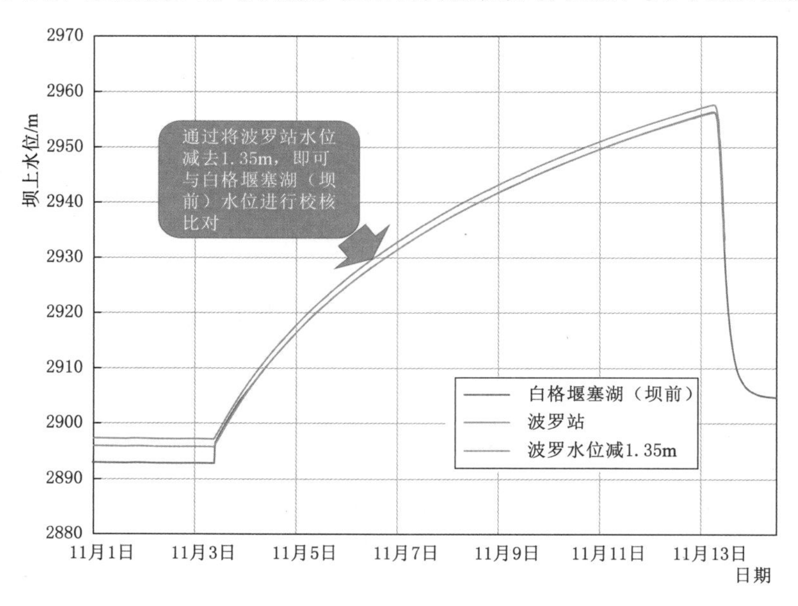

图6.17 坝上两站实测水位过程线

6.3.3.5 全过程预报分析

1. 河道距离与传播时间分析

11月4日上午，在获悉堰塞湖险情发生的第一时间，乌东德现场利用Google Earth工具并参考相关水库可研报告，量算堰塞体位置至下游沿程各站的距离，并统计历史场次洪水中干流各站的平均传播时间，详见图6.18和表6.12。由图、表可知，堰塞体至乌东德、白鹤滩坝区的距离分别约1340km、1530km，洪水传播时间分别约3d、3.5d。

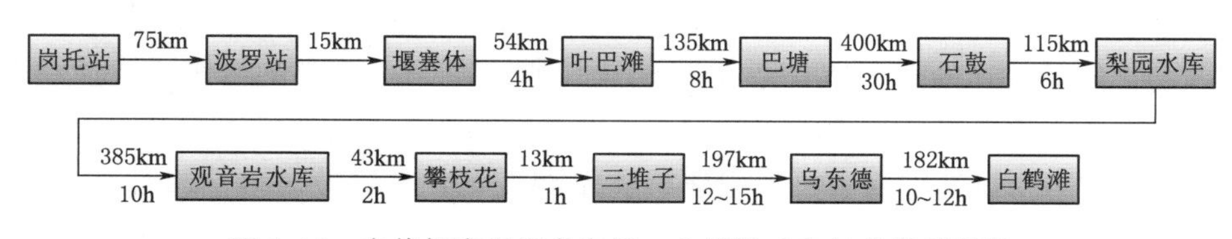

图6.18 白格堰塞湖至乌东德、白鹤滩水电站传播时间图

表6.12 白格堰塞湖至乌东德、白鹤滩水电站平均传播时间统计表

统计项	至乌东德	至白鹤滩	统计项	至乌东德	至白鹤滩
河道距离/km	1340	1530	传播时间/d	3	3.5

2. 洪水预报分析

在初步获取堰塞湖险情信息后，乌东德现场组织堰塞湖库容曲线等基础资料分析和相关预报，持续滚动加密预报会商分析，联合开展洪水溃坝流量分析计算和溃坝洪水演进分析，在资料严重匮乏、无超标准洪水预报经验借鉴的困难下，基于洪峰、洪量尽可能外包考虑，提供了较为准确的金沙江上中游重要站洪峰预报成果（表6.13），为堰塞湖处置、

金中梯级水库调度以及下游防洪提供了技术支撑。

表 6.13　　金沙江上中游重要站洪峰预报成果

站点	实况			预报		
	洪峰水位/m	洪峰流量/(m^3/s)	峰现时间	洪峰水位/m	洪峰流量/(m^3/s)	峰现时间
巴塘	2494.91	20900	2018-11-14 1时55分	2494.9	21000	2018-11-14 2时
奔子栏	2018.98	15700	2018-11-14 13时	2019	15000	2018-11-14 13时
石鼓	1826.47	7170	2018-11-15 8时40分	1833.5	12000	2018-11-15 0时
梨园入库	—	7410	2018-11-15 14时	—	11000	2018-11-15 6时

根据堰塞湖的发展、溃坝洪水演进和金中水库群调度变化，乌东德现场人员不定期滚动预报、动态研判险情对乌东德、白鹤滩坝区来水可能的影响：

11月4日上午，在获悉堰塞湖险情发生的第一时间，根据入库流量预报及调洪计算，估算堰塞湖过流时间在14d以后，其传播至乌东德、白鹤滩坝区的时间分别约3d、3.5d，判断应对时间较为充足。

11月5—10日，根据长江防总关于金中梯级水库预泄腾库的调令，分析出堰塞湖的影响可被金中水库消纳，8日8时判断出金下来水大幅上涨（超10000m^3/s）的可能性不大。

13日下午，根据13日中午堰塞体过流信息，判断堰塞湖蓄水量约5.78亿m^3，堰塞体溃坝形成的洪峰流量虽然很高，但经长距离河道调蓄，峰值将明显坦化。

14日，根据长江防总关于金中梯级水库实施拦洪调度的最新调令，判断堰塞湖的溃坝洪水对金沙江下游无明显影响。

15日，综合分析通过金中梯级水库拦洪调度，将总体消除堰塞湖溃堰洪水对金沙江下游的影响，金沙江下游来水平稳波动，乌东德超5000m^3/s可能性较小，若不拦洪，乌东德、白鹤滩坝区洪峰流量均将超过8000m^3/s以上。

3. 保障服务

金沙江“11·3”白格堰塞湖可能对乌东德、白鹤滩工程造成了较大威胁，建管公司、两电站建设部领导高度重视、积极应对，安排乌东德水文气象现场从以下几个方面开展了专项水情保障服务：

（1）建立信息共享机制，密切监视水情变化。通过加强与地方和流域水文机构沟通，获得堰塞湖应急监测站（坝前水位站、叶巴滩水文站）以及上中游巴塘、奔子栏、石鼓等沿程水文站实时信息；通过与金中梯级水库沟通，监视水库实时运行信息；及时获取长江防总关于金中梯级水库的预泄、拦蓄调度方案。

（2）滚动分析、科学研判。每日跟踪堰塞湖的发展和金中水库群调度变化，结合雅砻江来水预测，动态研判乌东德、白鹤滩坝区来水趋势和发生各量级洪水的风险。

（3）现场查勘，精准了解涉水施工需求。11月5日，获悉乌东德正在进行泄洪洞出口水垫塘抽水以及5号导流洞改建工作，水情预报员到达第一现场，实地了解水垫塘挡水子堰加高、5号导流洞底坎高程并关注流量和水位、现场人员水情信息获取、人员撤离流程等情况，为开展针对性的水情保障服务奠定了基础。

（4）加强值班，提供水情预警和咨询服务。11月4日起，乌东德现场开始水情防汛值班，并就堰塞湖险情发展和影响的研判结果，及时发布《白格堰塞湖（二）应急水情保障专题服务》分析材料，共8期。4—15日期间，乌东德共发布重要水情提示短信5次15519条，常规预报短信12次37200条，白鹤滩共发布重要水情提示短信4次18060条，常规预报短信12次58722条，期间还提供国家能源局、禄劝、会东、巧家地方防办等的信息报送和水情咨询服务。

6.3.3.6　应急处置措施

1. 工程措施

（1）堰塞体引流槽开挖。此次堰塞体堰顶高程约2966m，蓄满时最大库容约7.7亿m^3。11月5日，经现场查勘和分析，为减小堰塞体漫溃时洪峰流量，部际联合工作组决定采取人工干预措施，对堰塞体开挖泄流槽引流，降低过流高程。现场先后调用工程机械18台开挖堰塞体泄流槽。11月11日下午泄流槽开挖完成，泄流槽总长220m，顶宽42m，底宽3m，最大深度15m，底坎高程2952.52m。12日4时45分，堰塞湖水位到达底坎高程。

（2）苏洼龙在建水电工程围堰破拆。苏洼龙在建水电工程位于巴塘站下游，工程已经核准，并于2017年实现大江截流，目前处于基坑施工阶段。工程采用右岸导流隧洞及泄洪洞联合泄流，上游围堰堰顶高程为2431.0m，下游水位为2396.6m，下游围堰堰顶高程为2398.0m。

经分析认为，在不进行人工干预的前提下，堰塞湖溃坝洪水将超过上游围堰堰顶高程10多m，若不进行破堰，上游围堰将会溃决。为防止溃堰造成洪水叠加、减轻下游沿程特别是梨园水电站的防洪压力，由国家能源局指导，华电集团制定了苏洼龙在建水电工程上围堰破拆方案。经对苏洼龙围堰不同破口方案分析，破拆方案考虑围堰从中部向两侧破口，确定上游围堰破口高程为2399.00m，下游围堰破口高程为2387.00m。上下游围堰分别于11月7日1时和11月8日1时40分开始进行破口施工。上游围堰破口工作于11月10日22时10分完成，顶部开口宽度为120.57m，底部宽度为10.89m；下游围堰破口工作于11月10日16时4分完成，顶部开口宽度108m，底部宽度10.5m。

11月14日凌晨，堰塞湖泄流洪峰抵达苏洼龙水电站，3时50分出现最大洪峰流量19800m^3/s，最高水位2417.60m，为当地有历史记录以来最高水位。

2. 非工程措施

（1）金中梯级腾库预泄。11月5日12时至15日10时期间，长江防总发布第64号～第70号共7个调度令，要求金沙江中游梯级水库逐步降低运行水位，进行腾库操作。梨园、阿海、金安桥、龙开口、鲁地拉、观音岩等水库分别最低降至1590.08m、1492.15m、1402.67m、1291.47m、1218.74m、1129.09m运行，合计最大可用防洪库容13.58亿m^3（14日8时）。金沙江中游梯级水库水位运行过程如图6.19～图6.24所示。

（2）金沙江中游梯级水库拦蓄削峰。11月15日，溃堰洪水进入梨园水库库区，最大入库流量为7410m^3/s（15日14时），最大出库流量控制在4490m^3/s（15日22时），削峰率达39.4%，库水位由15日3时1590.43m最高拦蓄至1617.28m，上涨26.85m，拦

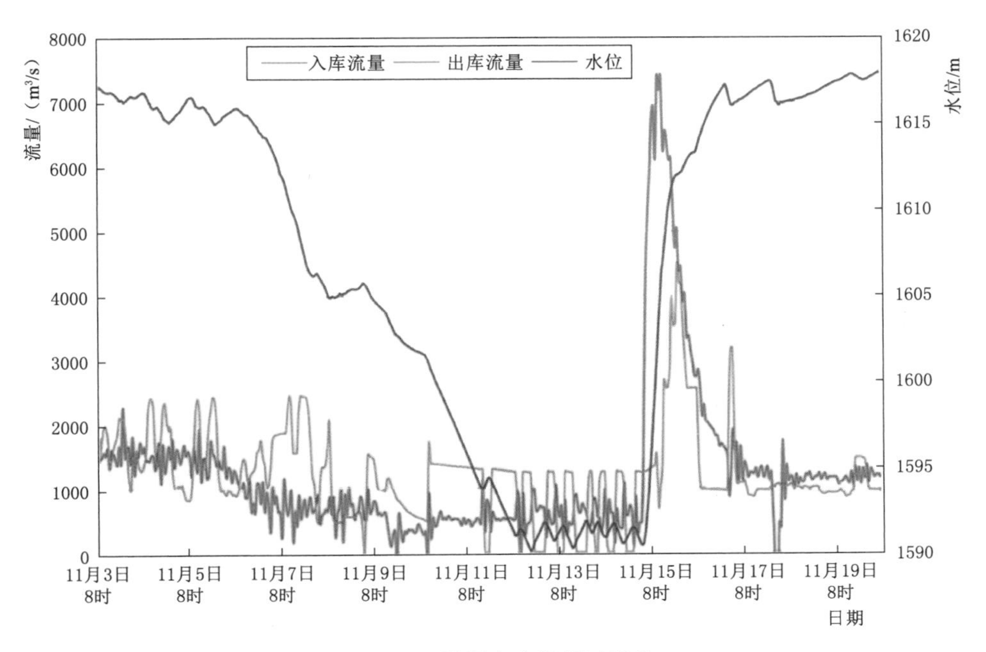

图 6.19 梨园水库运行过程线

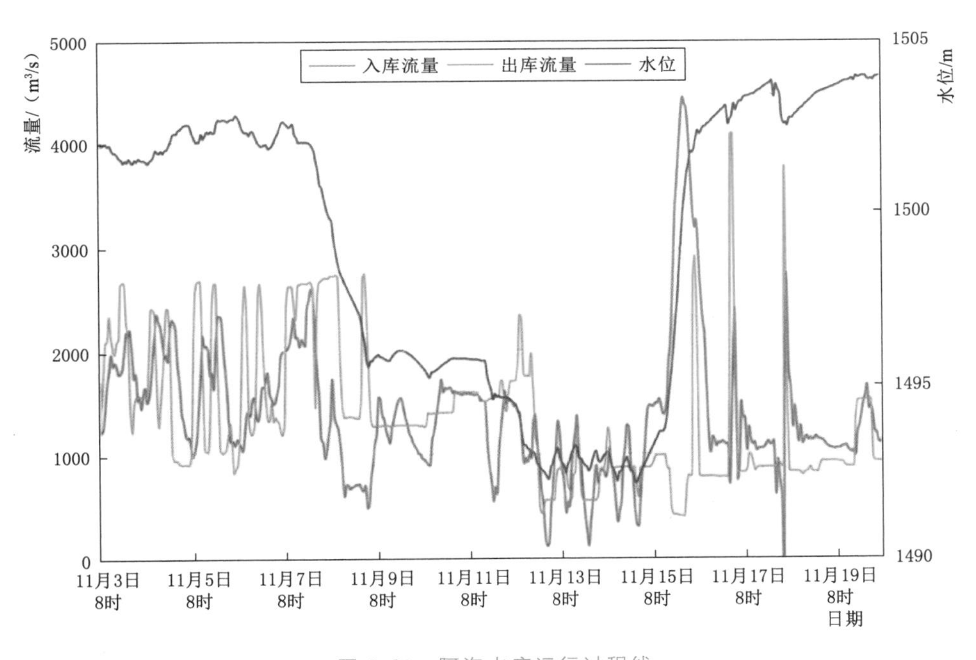

图 6.20 阿海水库运行过程线

洪量为 3.27 亿 m^3；阿海水库 16 日 1 时入库洪峰 4430m^3/s，7 时最大出库 2900m^3/s，削峰率为 34.5%，库水位由 15 日 0 时 1492.15m 拦蓄至 1503.05m，上涨 10.9m，拦洪量为 2.15 亿 m^3；梨园和阿海两库的拦洪量合计达 5.42 亿 m^3，已基本消纳了本次堰塞湖溃堰洪水，金中其余水库亦逐步回蓄至接近正常高水位，金沙江下游此后无洪峰出现，总体呈

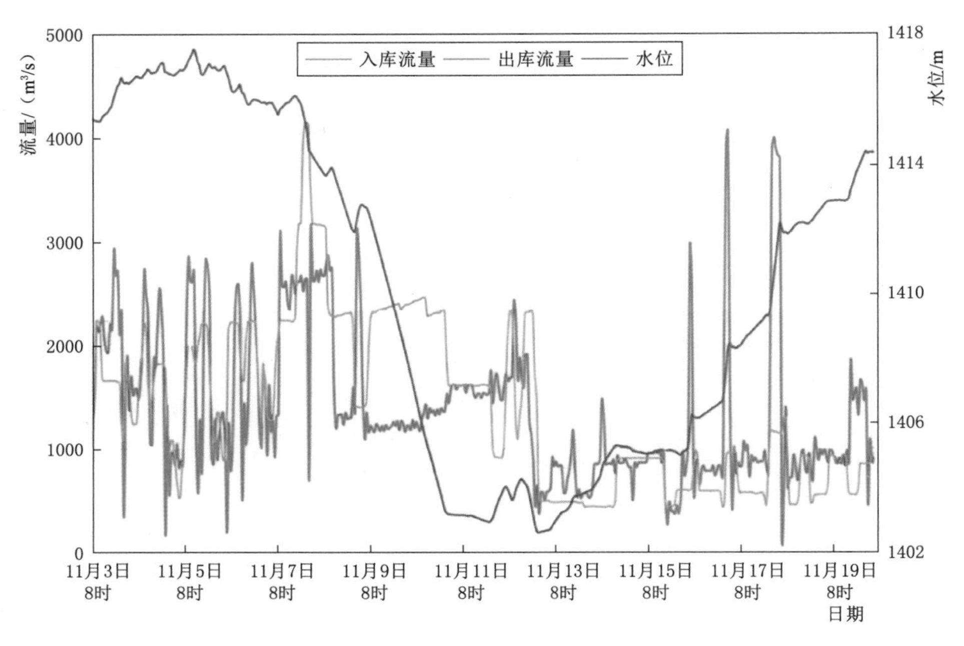

图6.21　金安桥水库运行过程线

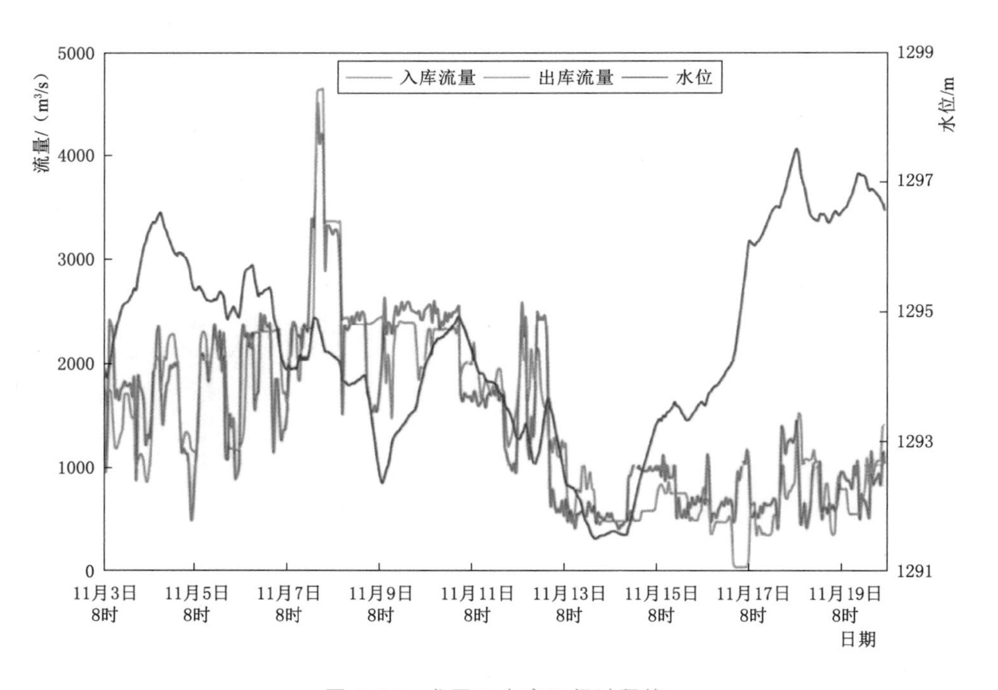

图6.22　龙开口水库运行过程线

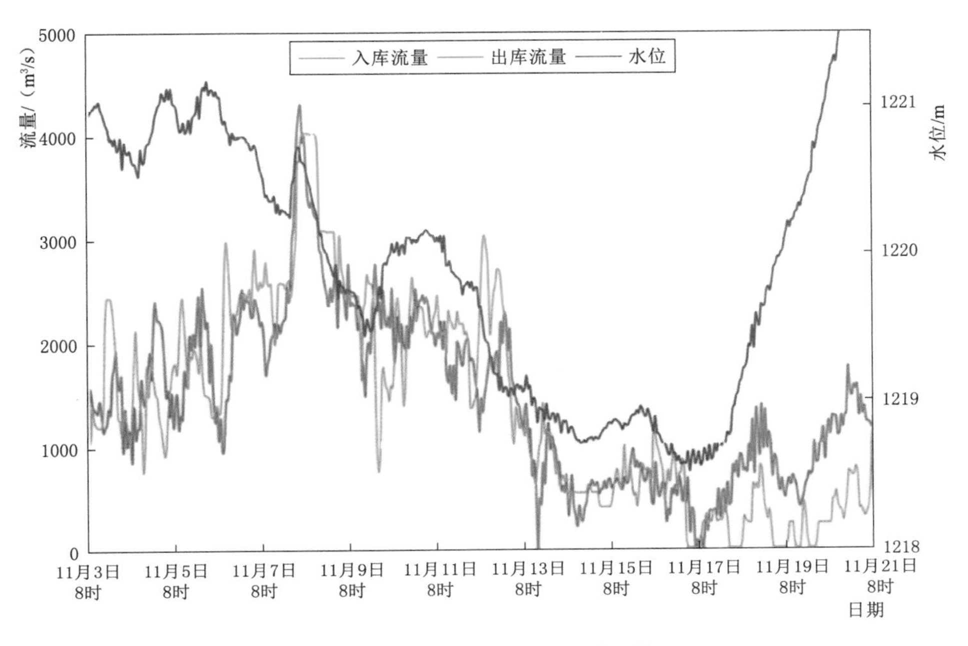

图6.23 鲁地拉水库运行过程线

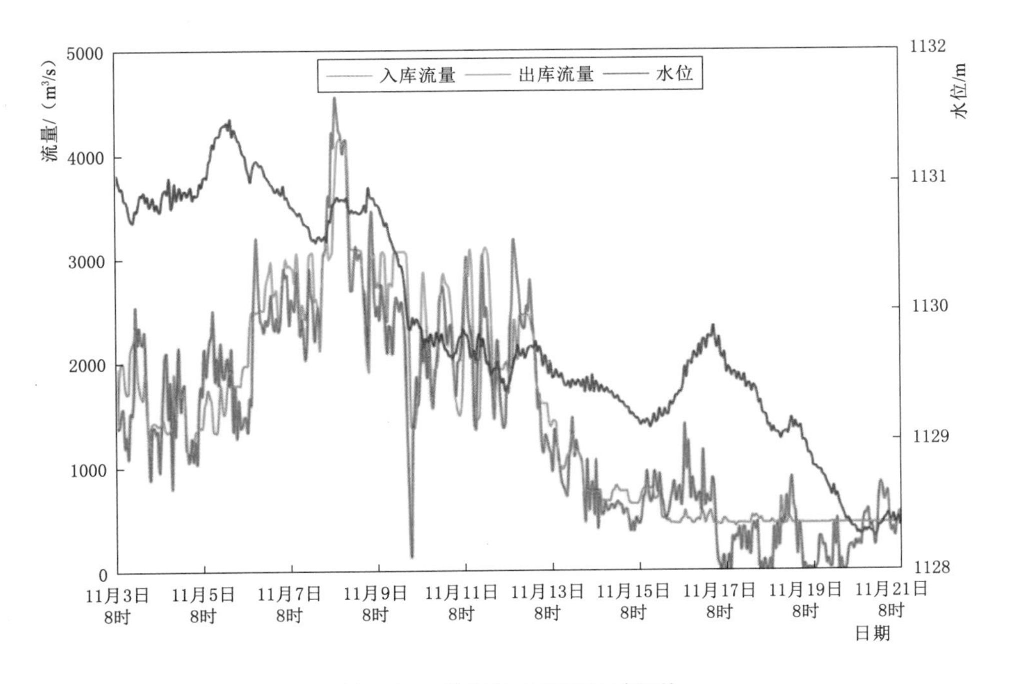

图6.24 观音岩水库运行过程线

退水态势。金中梯级水库的拦蓄有力保障了金沙江下游在建乌东德、白鹤滩工程的枯水施工安全。

6.4　本章小结

本章重点介绍了金沙江下游梯级水电站施工期洪水预报中应急防洪预报调度相关技术，主要包括水库应急拦洪预报调度技术和堰塞湖溃坝洪水预测预警技术。

（1）提出了水电站应急拦洪预报调度技术流程框架，详细论述了水情保障能力分析、上游水库应急拦洪能力分析、应急拦洪调度方案制作（基本原则、控制条件、调度方案）以及操作流程等相关技术内容，并以 2019 年乌东德应急拦洪预报调度方案和乌东德初期蓄水期期间的实际应用为例进行了说明，以期为水电站应急拦洪预报调度工作提供参考。

（2）提出了堰塞湖溃坝洪水预测预警工作流程框架，从水文应急监测、堰塞湖要素多源融合、堰塞湖全过程预报以及堰塞湖水情监测预报预警流程等方面全方位进行了介绍，并结合 2018 年白格堰塞湖应急处置工作给出了实际案例，可为堰塞湖洪水预测预警提供借鉴。

第7章 结语及展望

7.1 主要认识

金沙江下游乌东德、白鹤滩、溪洛渡、向家坝4个梯级水电站是我国近期开发建设的最大规模的梯级电站，建设周期长、施工难度大。施工期水文气象预报作为一项防洪非工程措施，在保障水电站施工人员、设备以及施工进度中发挥了重要作用。从2004年开始中国三峡建工（集团）有限公司和长江委水文局开始开展金沙江下游梯级施工期水文气象预报及管理工作，见证了4座水电站的全部建设过程，积累丰富的施工期水文气象预报和管理经验，解决了诸多实际问题。本书为开展金沙江下游梯级水电站施工期水文气象预报服务实践工作的经验总结和技术提炼，涵盖了水电站施工期水文气象预报全流程工作，提出了相应解决方案，积累相关实践经验，主要认识及成果如下：

（1）暴雨洪水特性是流域天然属性，具有一定的规律性，掌握流域暴雨洪水特性可为水文气象预报方案编制、实时预报专家经验交互、应急预报调度方案制作提供科学支撑。本书介绍了金沙江流域暴雨洪水特性、历史洪水、设计洪水、洪水组成及遭遇、洪水传播时间、主要控制站水位流量关系等规律及分析成果，结果表明：金沙江暴雨的时空分布极不均匀，洪水主要由暴雨形成，一般发生在6—10月，尤以7—9月最为集中；雅砻江洪水是金沙江洪水的重要组成部分，雅砻江洪水与金沙江中游洪水遭遇频率较高。金沙江下游梯级水电站建设后，水电站之间原有河道变为水库首尾相接状态，洪水传播时间显著减少；金沙江中下游主要站点大断面变化不大，水位流量关系较稳定。

（2）水文测报是施工期水文气象预报的“耳目”和“尖兵”，水文测报工作涉及水文信息采集、处理、测报系统建设、报汛管理等多方面内容。本书系统介绍了水文信息采集与处理的通用技术方法，结合金沙江下游梯级水电站水情自动测报系统建设全过程，详细介绍了金沙江自然地理特性、工程需求、作业特点的水文信息采集、处理的针对性解决方案。

（3）水电站气象预报包括流域分区定量降水预报和施工区单站气象预报。流域面雨量预报是洪水预报的重要输入边界，直接关系到洪水预报精度和预见期长度，施工区单站气象预报是施工区人员设备安全和工程质量的重要保障。本书介绍了面雨量和单站气象预报的关键技术，基于金沙江流域暴雨成因分析，结合气象要素监测技术水平和数值预报手段，提出了适合金沙江流域特性和满足工程需求的气象预报预警方案，实践表明效果良好。

（4）洪水预报是水电站施工安全和进度安排的重要保障措施。水电站施工期可划分为施工前期、围堰束流期、截流期、围堰挡水期、初期蓄水期5个阶段，不同阶段工程特性不同、预报要素不同，故预报方法、预警指标不同。本书介绍了不同施工期水文预报的基本模型方法，主要包含降雨径流模型、河道演算模型、相关图法、堰流水力学、管道水力学等，总结提炼了水电站施工期水文预报服务中区间洪水预报、泄流曲线跟踪复核、移民点水位预报等关键技术，从洪水预报体系、预警流程、预报系统建设、预报精度评定和典型实践案例等多方面、全方位介绍了施工期洪水预报工作内容、工作方式、工作流程。

（5）防洪应急预报调度是处理超标准洪水或突发事件，保障水电站施工区安全的重要举措。本书重点介绍了梯级水电站施工期洪水预报中应急防洪预报调度相关技术，主要包括水库应急拦洪预报调度技术和堰塞湖水溃坝洪水预测预警技术。提出了水电站应急拦洪预报调度技术流程框架，详细论述了水情保障能力分析、上游水库应急拦洪能力分析、应急拦洪调度方案制作（基本原则、控制条件、调度方案）以及应急预报调度操作流程等相关内容的技术实现方法，并给出了2019年乌东德应急预报调度方案编制案例；提出了堰塞湖溃坝洪水预测预警工作流程框架，从水文应急监测融合技术体系、堰塞湖洪水全过程预报技术以及堰塞湖水情监测预报预警流程等方面全方位进行了介绍，并结合2018年白格堰塞湖应急处置工作给出了实际案例。通过技术介绍并结合实际案例，可为水电站防洪应急调度提供技术和工作流程参考。

7.2 展望

在水电站施工建设完成初期蓄水后，即转入运行期，相比施工期的天然条件，流域内的产汇流特性发生变化，原有预报方法适应性面临挑战，而水库面临综合效益发挥的需求，对预报水平提出更高要求，在信息共享、基础规律、预报新技术、实时调度技术等方面仍需进行深入研究和思考：

（1）拓展流域信息共享维度。对多数流域而言，流域内的水电开发归属不同发电企业，水文站网建设和管理则属于不同地方水文部门。受工作体制、管理机制以及安全性和保密性等多方面因素影响，各个利益主体和不同部门之间的水雨情信息无法直接互相连通，导致信息无法及时共享，容易形成信息孤岛，对流域预报和综合调度造成不利影响，亟须进行水雨情工情数据的整合与共享。在调研流域内发电企业、地方水文部门现有站网现状、报送机制、信息存储以及数据结构的基础上，亟须研究流域内多源异构信息共享关键技术，包括信息的汇集、分析、存储、融合、分发规则和共享体制机制。通过构建统一信息共享平台，加强流域内各相关部门之间合作，持续扩大信息共享维度，实现流域信息的可视化展示与数据服务的构建，可为流域联合防洪调度、水资源综合利用等提供良好数据支撑。

（2）加强水库建成后水文气象基础规律探索。随着梯级水库群的建成投产，形成了河库系统的多阻断新格局，流域下垫面条件和产汇流规律将发生新变化。一方面，库区原有天然河道和部分陆面成为水库回水区，形成超大库面，一定程度上将改变局地蒸发、降水等水汽循环机理；另一方面，水库库区及下游河道水文水力条件及洪水波形态均发生了变化，河道洪水演进规律呈现新特征；同时，大型水库群的拦蓄运用，亦对流域内洪水组成和洪水过程造成影响。因此，围绕强人类活动影响的流域变化环境，从水文气象要素演变规律、流域水汽循环机理、多阻断条件下洪水传播特性等方面揭示水库建成后水文气象基础规律变化特征和成因，可为开展水库运行期水文预报奠定良好基础。

（3）攻关水库互馈影响的水文预报技术。水库群的建成使得原有天然河道破碎化、阻断化，影响了连续性，难免对预报精度、预见期造成不利影响，而水库综合效益的发挥又对预报水平提出了更长预见期、更高精度的新需求，亟待研究攻克水库互馈影响下的水文预报关键技术。流域水利工程调度与水文气象预报是相互交织在一起的，预报是调度的基础，调度又会影响预报结果，因此从流域角度需要实行预报调度一体化。为了实现预报调度一体化，除需要共用基础信息，还需要在充分掌握流域水文特性及工程特征的基础上，进一步分析调度对象节点与调度目标节点之间的响应关系，建立统一的模型算法，包括产汇流计算、河道水流演进、水库调洪、库群调度等模型；将流域内大型水库已有的调度规程和联合调度方案等研究成果进行归类整合，并处理成预报调度模型可调用计算的形式，构建水库群调度规则库，同时借助系统进行展示和交互；构建以重要水库、调度目标节点及干支流水文控制断面为节点的预报调度体系，构建自动预报、交互预报等一体化计算流程和业务工具，最终实现预报与调度的无缝衔接和互馈嵌套。

（4）探究库群实时预报调度技术与方案。准确的入出库流量计算是水库实时预报调度的基础支撑，从入库流量报汛与预报、泄流曲线校核和出库流量计算等方面，聚焦水库入出库流量的代表性研究，探索不同入出库流量的计算方法、代表性及适用范围，以期为准确预报、水量平衡计算、科学调度提供重要的数据支撑。大规模水库群建成投产，使其成为流域综合管理的骨干工程和有效手段，其调度运行需要统筹协调上游和下游多种用水需求，对径流进行合理的重新分配。例如：汛期需要合理的拦蓄洪水，在保障自身安全的前提下，减轻中下游的防洪压力；充分利用洪水资源，实施汛期运行水位浮动控制，提供水资源利用效率；蓄水期需要统筹全局蓄水情势，控制蓄水进程、协调蓄水次序，避免上下游争水、无水可蓄的局面。因此，亟须开展实时预报调度技术研究，优化水库群实时调度方式，基于实时工况和预报信息，分析研判流域防洪和蓄水形势，科学合理控制洪水、管理洪水和利用洪水，统筹协调多目标调度需求，缓解多水库之间的竞争协同关系，充分发挥水库群综合效益。

参 考 文 献

[1] 《中国河湖大典》编纂委员会. 中国河湖大典长江卷（上）[M]. 北京：中国水利水电出版社，2010.

[2] 魏希侃. 金沙江治理开发与长江防洪 [J]. 中国水利，1999 (3)：33.

[3] 郝世昌. 金沙江流域暴雨洪水特性 [J]. 中南水电，1991 (1)：43 - 51.

[4] 陈松生，张欧阳，陈泽方，等. 金沙江流域不同区域水沙变化特征及原因分析 [J]. 水科学进展，2008 (8)：475 - 482.

[5] 余娟. 金沙江、雅砻江流域暴雨特性分析 [J]. 水力发电学报，1989 (1)：34 - 45.

[6] 岑思弦，秦宁生，李媛媛. 金沙江流域汛期径流量变化的气候特征分析 [J]. 资源科学，2012，34 (8)：1538 - 1545.

[7] 汪耀奉. 金沙江历史洪水特性概述 [J]. 四川水利，1999，20 (3)：46 - 48.

[8] 梁忠民，钟平安，华家鹏. 水文水利计算 [M]. 北京：中国水利水电出版社，2006.

[9] 张新田，邵骏，邴建平，等. 金沙江干流与雅砻江洪水遭遇规律研究 [J]. 水文，2018，38 (4)：29 - 34.

[10] 郑静，周鹏飞，许银山. 金沙江中游与长江中下游洪水遭遇规律分析 [J]. 人民长江，2015，46 (18)：43 - 47.

[11] 程海云，陈力，许银山. 断波及其在上荆江河段传播特性研究 [J]. 人民长江，2016，47 (21)：30 - 34，37.

[12] 李素霞，魏恩甲，何文学，等. 明渠非恒定急变流断波要素的计算 [J]. 西北农林科技大学学报：自然科学版，2001，29 (5)：144 - 146.

[13] 卢程伟，陈莫非，张余龙，等. 断波在朱沱—三峡坝址库区河段传播规律分析 [J]. 长江科学院院报，2021，38 (8)：14 - 18，24.

[14] 陆桂华. 水文站网规划与优化 [M]. 郑州：黄河水利出版社，2001.

[15] 水利部水文司. 水文站网规划技术导则实用方法 [M]. 南京：河海大学出版社，1993.

[16] 中华人民共和国水利部. 水文情报预报规范：SL 250—2000 [S]. 北京：中国水利水电出版社，2001.

[17] 吴琨，张亮，同斌，等. 岷、横江来水对向家坝水文站顶托影响分析 [J]. 人民长江，2014 (12)：59 - 61.

[18] 舒大兴. 水文信息系统现代化研究：水文信息采集，传输，处理及应用 [D]. 南京：河海大学，2005.

[19] 周忠远，舒大兴. 水文信息采集与处理 [M]. 南京：河海大学出版社，2005.

[20] 魏文秋，张利平. 水文信息技术 [M]. 武汉：武汉大学出版社，2003.

[21] 陈桂英，赵振国. 短期气候预测评估方法和业务初估 [J]. 应用气象学报，1998，9 (2)：51 - 58.

[22] 贾小龙，赵振国，李维京，等. 我国短期气候预测技术进展 [J]. 应用气象学报，2013，24 (6)：641 - 655.

[23] 丁一汇，宋永加，刘一鸣，等. 我国短期气候动力预测模式系统的研究及试验 [J]. 气候与环境研究，2002，7 (2)：236 - 246.

[24] 王绍武，朱锦红. 短期气候预测的评估问题 [J]. 应用气象学报，2000，11 (Z1)：1 - 10.

[25] 王绍武. 气候预测与模拟研究 [M]. 北京：气象出版社，1993.

[26] 魏凤英，张先恭．逐步回归周期分析的改进方案及其在气候预测中的应用［J］．气象，1989，15（7）：3-7．
[27] 陈长霖．全球海平面长期趋势变化及气候情景预测研究［D］．青岛：中国海洋大学，2010．
[28] 王乐，张方伟，闵要武，等．基于多气候因子的长江流域长期降水预测研究［J］．人民长江，2021，52（7）：81-87．
[29] 解明恩，BENGT L．长期气候预测的一种两层耦合法［J］．气象科技，1998（2）：40-43．
[30] 陈烈庭．进一步发展我国长期天气预报和气候预测的研究［J］．气象，1986（7）：16-20．
[31] 张韧．反演大气动力系统与中小尺度天气预报［J］．海洋科学，1997（1）：17-20．
[32] 柳崇健，戴念军．计及地形效应后中小尺度天气预报的一个改进［J］．新疆气象，1992（4）：1-5．
[33] 智协飞，高洁，张小玲．雷达同化资料在中尺度天气系统短时预报中的应用［C］// 第六届长三角气象科技论坛论文集，2009．
[34] 张小玲，杨波，盛杰，等．中国强对流天气预报业务发展［J］．气象科技进展，2018，8（3）：8-18．
[35] 芮孝芳．水文学原理［M］．北京：中国水利水电出版社，2004．
[36] 张恭肃，王成明．对API模型的改进［J］．水文，1996（4）：20-25．
[37] 赵人俊．流域水文模拟：新安江模型与陕北模型［M］．北京：水利电力出版社，1984．
[38] 赵人俊，王佩兰．新安江模型参数的分析［J］．水文，1988（6）：4-11．
[39] 刘金涛，宋慧卿，张行南，等．新安江模型理论研究的进展与探讨［J］．水文，2014，34（1）：1-6．
[40] 汪芸，涂启玉，陈华．洪水演算中马斯京根法的新改进［J］．人民长江，2008，39（24）：23-25．
[41] 程海云，黄艳．丹麦水力研究所河流数学模拟系统［J］．水利水电快报，1996，17（19）：24-27．
[42] 孙桂华．实用水文预报中反馈模拟实时校正的应用［J］．水文，1991（1）：24-29．
[43] 彭杨，陈伟锋，纪昌明．分期导流过水围堰水力计算模型研究及应用［J］．长江科学院院报，2007，24（3）：75-78．
[44] 程海云，葛守西．三峡工程明渠截流龙口水文预报实践［J］．人民长江，2003（S1）：59-61．
[45] 葛守西，牛德启，程海云．三峡工程大江截流龙口，明渠水文要素的预报技术［J］．水文，1999（1）：22-27．
[46] 黄忠恕．工程截流期的水文气象预报［J］．人民长江，1996（10）：18-19，49．
[47] 陈森林，肖舸，赵云发，等．三峡工程大江截流期水力学要素预报研究（1）：龙口水力学要素计算模型［J］．水电能源科学，1999（1）：13-16．
[48] 杨峰．泄洪建筑物泄流能力复核的探讨［J］．河北水利，2000（2）：42-43．
[49] 张林夫．竖井式溢洪道流态与泄流能力的探讨［J］．水利水电技术，1988（12）：15-19．
[50] 席秋义．水库（群）防洪安全风险率模型和防洪标准研究［D］．西安：西安理工大学，2006．
[51] 章四龙．洪水预报系统关键技术研究［D］．南京：河海大学，2005．
[52] 张健挺，史运良．复杂洪水预报系统的集成技术研究［J］．水科学进展，1999（4）：405-410．
[53] 邹冰玉，高珺，李玉荣．通用型水文预报平台开发与应用［J］．人民长江，2011，42（6）：101-105．
[54] 高珺，邹冰玉，欧阳骏．GIS技术在长江防洪调度系统中的应用［J］．地理空间信息，2009，7（6）：91-93．
[55] 周惠成，梁国华，王本德，等．水库洪水调度系统通用化模板设计与开发［J］．水科学进展，2002（1）：42-48．
[56] 程海云．“11·3”金沙江白格堰塞湖水文应急监测预报［J］．人民长江，2019，50（3）：23-27，39．
[57] 熊莹，周波，邓山．堰塞湖水文应急监测方案研究与实践：以金沙江白格堰塞湖为例［J］．人民长

江，2021，52（S1）：73－76，84.

［58］ 张孝军．堰塞湖水文应急监测方案的设计［J］．水利水文自动化，2010（1）：1－5.

［59］ 马耀昌，芦意平，杨秀川，等．水位快速变动下白格堰塞湖水位监测方法［J］．人民长江，2019，50（11）：75－79.

［60］ 段唯鑫，沈浒英．舟曲堰塞湖水文气象预报应急保障实践［J］．人民长江，2011，42（S1）：48－50.

［61］ 张建新．堰塞湖溃决水文分析与应急应用研究［D］．北京：清华大学，2009.

［62］ 王敏，卢金友，姚仕明，等．金沙江白格堰塞湖溃决洪水预报误差与改进［J］．人民长江，2019，50（3）：34－39.

［63］ 周宏伟，梁煜峰，周家文，等．无资料地区堰塞湖溃决灾害预警体系建立方法：2015110232086［P］．2017－10－10.

［64］ 曾明，陈瑜彬，邹冰玉．堰塞湖溃决洪水演进预报方法探讨：以“11·3”金沙江白格堰塞湖为例［J］．水利水电快报，2019，40（3）：8－11，70.

［65］ 陈祖煜，张强，侯精明，等．金沙江“10·10”白格堰塞湖溃坝洪水反演分析［J］．人民长江，2019，50（5）：1－4，19.

［66］ 侯精明，马利平，陈祖煜，等．金沙江白格堰塞湖溃坝洪水演进高性能数值模拟［J］．人民长江，2019，50（04）：12－15，74.

［67］ 周兴波，杜效鹄，姚虞．金沙江白格堰塞湖溃坝洪水分析［J］．水力发电，2019，45（3）：8－12，32.

［68］ 杨开斌，许浩，李天庆，等．马斯京根系列方法在金沙江“11.03”白格堰塞湖溃决洪水演进中的应用［J］．水电能源科学，2022，40（3）：71－74.

［69］ 陈敏．金沙江白格堰塞湖处置中水库应急调度经验与启示［J］．人民长江，2019（5）：10－14.

［70］ 李炜．水力计算手册［M］．北京：中国水利水电出版社，2006.

［71］ 谢任之．溃坝等水力学［M］．济南：山东科学技术出版社，1993.